내 인생을 바꾸는
호주에서 홀로서기

내 인생을 바꾸는
호주에서 홀로서기

초판 1쇄 발행 2006년 12월 10일
전면 개정판 3쇄 발행 2013년 3월 13일

지은이 한용석
감수 Richard Brown

펴낸이 김영철
펴낸곳 국민출판사
등록 제6-0515호
주소 서울특별시 마포구 서교동 382-14
전화 (02)322-2434(대표)
팩스 (02)322-2083
홈페이지 www.kukminpub.com

편집 최용환, 오수환, 이예지
디자인 서정희
영업 김종헌, 이민욱
경영 한정숙

ⓒ 한용석, 2006
ISBN 978-89-8165-166-4 13980

호주에서 홀로서기

지은이 | 한용석 감수 | Richard Brown

국민출판

책 속의 나, 한용석

여섯 살 때부터 시작한 태권도를 그만두고 실의에 빠져 있던 중, 인생의 전환점을 찾고 더 넓은 세상을 보고자 무작정 호주로 떠났다. 호주에 대해 아는 것이라고는 영어를 쓰는 나라라는 것밖에 없었고 당시 내 영어 실력은 알파벳만 겨우 읽는 수준이었다.

'50만 원으로 1년 동안 호주에서 살아남아 보자' 라는 비장한 심정으로 날아간 호주. 아는 것이 없어 실수도 많았고 시행착오도 겪었지만 스스로 놀랄 만큼 참 많이 성숙해지는 시간이었다. 워킹홀리데이 메이커로 1년 동안 호주에서 살아남기에 성공한 후 귀국했지만, 공부에 대한 욕심이 생겨 다시 짐을 싸들고 호주로 떠났고 역시 현지에서 학비와 생활비를 벌어 2년간 공부를 마치고 돌아왔다.

요즘에는 내가 호주에 갈 때와는 달리 클릭 한 번이면 호주에 관한 정보들이 쏟아진다. 하지만 너무 많아서 오히려 어떤 정보가 꼭 필요한 정보이고 옳은 정보인지 구분하기가 더 어려워졌다. 떠나기 전에 필요한 정보, 현지에서 일을 구하고 생활할 때 알면 유용한 정보들이 무엇일까 고민하며 이 책을 썼다. 내 경험과 노하우가 용기 있게 떠나는 여러분에게 날개를 달아주었으면 좋겠다.

Thanks

이 책을 내기까지 지켜봐주신 사랑하는 나의 어머님과 일생의 벗이 되어준 사랑하는 진금희, 수유리 시방세 친구들, URC 친구들, 하정훈 가족들, 쌍문동 친구들, 파랑새의 꿈 가족들, 타임스터디 전 직원에게 감사의 마음을 전한다. 또한 기꺼이 책에 필요한 사진을 제공해준 서종현님, 박지영님, 김민경님, 배동렬님, 이인재님, 박광일님, 권지혜님에게도 감사드린다.

일러두기
INTRODUCTORY REMARKS

1. 이 책은 호주 현지 사정과 필자의 호주 체험을 바탕으로, 꼭 필요한 생활 정보와 영어 표현을 골라 정리한 알짜배기 호주 체험 안내서입니다.

2. 워킹홀리데이를 준비하는 과정에서부터 한국으로 돌아오기까지 부딪힐 수 있는 모든 상황에 대한 정보와 유용한 상황 대화가 담겨 있습니다. 어학연수생, 여행자를 위한 정보들도 있습니다.

3. 부록에는 호주에서 네이티브 스피커처럼 지낼 수 있게 도와줄 각종 영어 표현과 영어 자료를 실었습니다. 이 책에 나오는 모든 영어 표현은 호주 네이티브 스피커가 확인한, 실제로 호주에서 사용하는 영어 표현입니다.

4. 필자가 운영하는 인터넷 다음 카페 〈파랑새의 꿈〉에 있는 정보와 사진들을 기본으로 내용을 구성했습니다. 카페에 올린 사진 외에도 많은 카페 회원들이 책에 필요한 사진을 제공하며 도움을 주었습니다.

5. 이 책은 2011년 12월까지 수집한 정보를 바탕으로 했습니다. 만일 현지에서 바뀐 내용이나 새로운 정보가 있으면 〈파랑새의 꿈〉 카페를 이용하거나 국민출판사 이메일(kukminpub@hanmail.net) 혹은 홈페이지(www.kukminpub.com)로 연락주시기 바랍니다.

MP3

늦숙한 이방인 되기 1

호주로 가는 비행기 안에서부터 귀국하는 순간까지, 현장에서 바로 사용 가능한 상황영어를 책에 있는 예문과 함께 호주인의 발음으로 들을 수 있습니다. 미국식 영어와는 다른 호주식 영어를 미리 익혀보세요.

동영상

늦숙한 이방인 되기 2

호주에서 집 구하는 법, 일자리 구하는 법, 대중교통 이용하는 법 등 실제로 살아보지 않고서는 알 수 없는 깨알 같은 정보를 워킹홀리데이 선배들의 인터뷰와 포토 후기로 만나볼 수 있습니다.

교육자료

늦숙한 이방인 되기 3

본문과 관련해 알아두면 좋은 디테일한 추가 정보를 영어 스크립트와 함께 구성했습니다. 보고 듣는 즉시 실생활에서 바로 사용할 수 있는 스마트한 영상정보를 지금 바로 확인하세요.

* 스마트폰 이용자가 아닌 경우, 다음 카페 〈파랑새의 꿈〉 http://cafe.daum.net/tommyhan에서 QR코드 연동 콘텐츠를 확인할 수 있습니다.

목차
CONTENTS

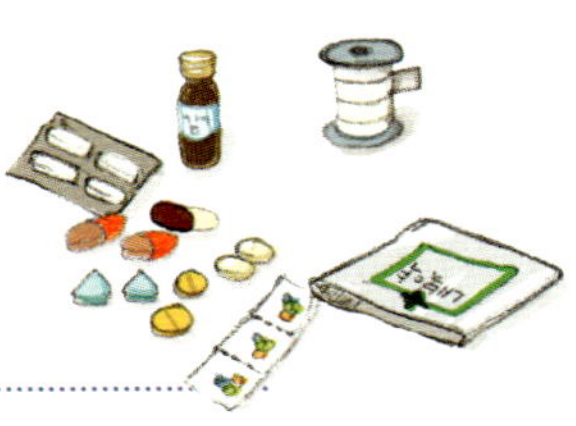

알찬 호주 생활을 위한
10계명

1 한 가지 목적을 확실하게 설정하라

호주에 갈 계획을 세웠다면 먼저 호주에 가려는 목적을 분명히 해야 한다. 영어 공부를 할 것인가? 경험을 쌓을 것인가? 여행을 할 것인가? 사람들은 대개 욕심을 부리며 한꺼번에 두세 마리의 토끼를 잡으려고 한다. 하지만 호주로 떠나기 전에 이 세 마리의 토끼 중 어느 토끼를 잡을 것인지 결정해야 한다. 영어, 경험, 여행, 모두 할 수 있다는 것이 호주 생활의 장점이긴 하지만 세 가지를 만족스럽게 하기에 1년이라는 기간은(2년이 될 수도 있겠지만) 너무나 짧다.

한 가지 확실한 목적을 가지고 생활해나갈 때 오히려 더 많은 것들을 얻어서 돌아올 수 있다. 하지만 처음부터 여러 가지를 다 얻어오겠다는 욕심으로 떠나면 한 가지도 확실하게 얻어오기 힘들다. 목적이 분명하면 어떻게 생활해야 할지도 보인다.

2 비자 선택을 신중하게 결정하라

자신의 목적이 무엇인지, 비자조건이 어떤지 등을 고려해 비자를 결정해야 한다. 워킹홀리데이 비자는 일하면서 여행할 수 있는 비자로, 만 18세 이상 30세 이하 대한민국에 거주하는 한국인이면 누구나 받을 수 있다. 1년(혹은 2년) 동안 자유롭게 여행하며 여행 경비나 생활비 마련을 위해 한 업체에서 최대 6개월까지 일할 수 있다. 다양한 경험을 원하는 사람이라면 워킹홀리데이 비자를 받는 것이 좋다.

영어 실력 향상이 주목적이라면 당연히 학생 비자를 받아야 한다. 호주에서 학교를 다닐 사람이라면 누구나 학생 비자를 받을 수 있으며, 어학연수는 최고 1년까지 가능하고 1년 이후부터는 정규과정에 진학해야 한다. 합법적으로 주당 20시간까지 일을 할 수 있기 때문에 스스로 생활비도 벌고 생활영어도 익힐 수 있다. 학교 출석률이 80% 이하로 떨어지면 강제출국되며 호주에 재입국하기 힘들다. 그러니 영어 공부가 목적인 사람들만 학생 비자를 신청하자. 비자 신청을 준비하고 빠르면 4주, 보통 6주 정도 후면 비자를 받을 수 있으며, 일찍 준비할수록 여러 가지 장학 혜택을 받을 수 있다.

마지막으로 관광 비자는 호주에서 3개월 이내 관광 또는 연수가 목적인 사람들이 받는 비자다. 아르바이트가 불가능하기 때문에 연수비용이나 여행 자금은 한국에서 가져가야 한다. 세 비자 중 가장 빨리 발급받을 수 있는 비자로 여행사에 여권 사본만 내면 ETA 전산 비자를 발급해준다.

3
호주의 문화와
생활 방식을
알고 떠나라

많은 사람들이 처음 기대했던 것과는 달리 호주 친구들을 사귀는 것이 생각만큼 쉽지 않다고 말한다. 여러 가지 이유가 있겠지만 내 생각엔 그네들과 말할 공통 관심사나 이야깃거리가 없다는 것이 가장 큰 이유인 것 같다. 기껏 용기를 내어 말을 걸어도 대화를 5분 이상 이어가기가 쉽지 않다. 서로 관심사가 비슷하고 생각이 잘 맞아야 친구가 될 수 있는 건 한국 사람이나 호주 사람이나 마찬가지다.

워킹홀리데이를 준비하며 비자 받는 방법, 은행 계좌 개설하는 방법 등을 아는 것도 중요하다. 하지만 나는 여러분에게 그보다 더 중요하게 준비해야 할 것이 있다고 말하고 싶다. 호주 문화와 호주 사람들의 삶에 관심을 가지라는 것이다. 호주 사람들은 어떤 TV 프로그램을 시청하는지, 호주에서 유명한 스포츠는 무엇이며 유명한 영화배우는 누구인지, 최근 회자되는 뉴스는 무엇인지, 생활 패턴은 어떤지 등 말이다. 요즘엔 인터넷 카페나 신문들을 통해 한국에서도 얼마든지 호주에 관한 최근 뉴스를 접할 수 있다. 한국에 있을 때부터 호주 문화와 사람들에 대해 꾸준히 관심을 가지고 알아간다면 그들의 문화를 더 잘 이해할 수 있을 뿐만 아니라 그들과 더 친해질 수 있을 것이다.

알찬 호주 생활을 위한 10계명

4

영어를 철저히 준비하고 떠나라

외국인과 직접 부딪히다 보면 영어 실력이 저절로 향상될 것이라고 막연하게 생각하는 사람들이 많은데 사실은 절대 그렇지 않다. 기본적인 영어 회화 실력이 없으면 호주에 가서도 한국 사람들하고만 어울리게 된다. 또 한국 사람이 없는 지역에서는 자칫 평생 경험해보지 못한 왕따가 될지도 모른다. 떠나기 전부터 열심히 준비해서 외국 친구들을 많이 사귀고 돌아올 수 있기를 바란다.

5

현실적인 계획을 세워라

호주는 항상 푸르고 화창하고 아름다운 꿈의 나라가 아니다. '가서 그냥 열심히 생활하면 되지, 뭐'라는 생각으로 떠나는 사람들을 많이 보는데 이렇게 무작정 떠나면 가서 실망하게 된다. 자신의 환경과 능력, 재능을 바탕으로 호주에서 어떻게 생활할 것인지 현실적인 계획을 세워야 한다.

6

현실에 충실하라

목적을 확실하게 세웠다면 자신이 처한 현실에 충실하라. 그러다 보면 목적을 달성할 수 있고 호주 생활이 자신의 인생에 큰 도움이 된다. 최선을 다한 호주 생활은 자신의 인생을 바꿀 수 있는 좋은 기회다.

7

친구는 영어로 대화할 수 있는 친구로 사귀어라

처음 호주에 도착했을 때는 영어가 자연스럽지 않기 때문에 궁금한 것이나 어려운 문제들을 주변에 있는 한국 사람들에게 부탁하게 되고, 그러다 보면 자연스럽게 한국 사람들하고만 어울리게 된다. 굳이 한국 친구들을 외면할 필요는 없지만 영어가 서툴러도 처음부터 외국 친구들에게 다가가려는 적극적인 노력이 필요하다. 영어로 대화할 수 있는 친구(일본, 중국, 브라질 등)를 가장 친한 친구로 만든다면 영어를 생활화할 수 있을 것이다.

일을 하려면 기본적인 회화가 가능해야 한다. 하지단 회화가 잘 안된다고 해서 한인 업체에서만 일하면 영어 실력도 향상되지 않을 뿐더러 한국 문화만 접하게 되어 다양한 경험도 할 수 없다. 회화 실력이 낮더라도 영어를 사용할 수 있는 곳에서 일하자.

8

영어를 사용할 수 없는 업체에서는 일하지 마라

여행을 통해 호주의 다채로움을 느껴보기 바란다. 호주는 세계적으로 인정받는 관광대국으로 대자연의 아름다움과 웅장함을 맘껏 느낄 수 있는 곳이다. 여행을 하면 다양한 문화를 체험하고 Z국에서 온 여행자들을 만날 수 있어 좋다. 미리 여행지에 대한 정보를 수집하고 여행을 떠난다면 큰 어려움 없이 즐거운 여행을 할 수 있을 것이다.

9

호주 여행을 꼭 하고 돌아와라

10

마지막 한 가지는 여러분이 직접 생각해보길 바란다

비자 받기, 비행기 예약하기, 갖가지 준비물 챙기기 등등.

무엇부터 어떻게 준비해야 할까? 지금은 막막해 보이지만

차근차근 준비하고 조금만 부지런을 떤다면 혼자서도 문제없다.

자, 이제부터 시작해볼까?

호 주 에 서
홀 로 서 기
SURVIVAL
ENGLISH
출국 준비
최대한 알뜰하게
준비하는 법

1. 워킹홀리데이 비자 받기

워킹홀리데이 비자는 여행을 목적으로 아르바이트를 하면서 영어 공부도 할 수 있는 비자다. 호주의 경우, 대한민국에 거주하는 만 18세 이상 30세 이하 한국인이면 누구나 비자 신청이 가능하며 입국한 날로부터 1년 혹은 2년간 자유롭게 체류할 수 있다. 여행 경비나 생활비 마련을 위해 한 업체에서는 최대 6개월까지 일할 수 있으며 어학연수는 최대 4개월까지 가능하다.

국내에서의 준비 기간은 대략 2~3개월 정도 걸린다.

여권 신청하기

외국에서 여권은 주민등록증이다. 다시 말해 내가 누구인지 증명해주는 신분증이다. 환전할 때, 비자 신청할 때, 출국할 때, 면세점에서 물건 살 때, 숙소에서 체크인할 때, 여행자 수표를 사용할 때, 은행 계좌를 만들 때, 클럽에 들어갈 때 등 여러모로 필요하다.

여권은 특별한 사연이 없는 한 복수 여권을 발급받도록 하자. 언제 또 외국에 나갈 일이 생길지 모르니까 말이다. 구청 또는 대행기관에 신청한다.

비자 신청하기

호주 이민성 홈페이지에 접속해서 본인이 직접 신청한다. 여권 번호, 발급일, 발급 국가 등이 필요하니 여권을 발급받은 후 신청하자.

비자 신청비는 A$270이며, 해외에서 사용 가능한 신용카드(VISA, MASTER, AMERICAN EXPRESS 등)로 결제하면 된다. 비자 접수가 완료되면 Referral Letter를 프린트해서 신체검사를 받는다.

신체검사 받기

Referral Letter와 여권, 여권용 사진 1장(병원에 따라 3장 또는 요구하지 않을 수도 있음), 신체검사 비용(15만 원 또는 5만 원)을 가지고 호주 신체검사 지정병원에 간다. 서울의 삼성병원과 부산 해운대백병원은 예약이 필수이며, 서울의 다른 병원은 예약 없이 그냥 가도 괜찮다. 기관지 질병이나 폐렴을 앓고 있는 경우 비자가 거절될 수 있으며, 완치가 되었어도 흔적이 남아 있기 때문에 비자 승인을 받기까지 짧게는 4주, 길게는 6개월을 기다리게 될 수도 있다. 이런 경우 완치 증명서와 X-ray(최소 6개월 이전) 사진을 가지고 신체검사를 받으러 가면 좋다.

〉〉복수 여권

5년 미만, 5년, 10년 동안 횟수에 제한 없이 국외 여행을 할 수 있는 여권 (만 24세 미만의 병역 미필자는 5년 미만의 복수 여권을 받을 수 있다.)

〉〉단수 여권

외국 여행을 1번 할 수 있는 여권

단수 여권을 신청해야 하는 특별한 사연
❶ 병역 미필자(만 25세 이상)
❷ 본인이 요청한 경우
❸ 관계 부처로부터 요청이 있는 경우
❹ 여권 상습 분실로 관계 기간에서 조사 중인 경우

〉〉여권 발급기관

- 서울 강남구청, 강동구청, 강북구청, 강서구청, 관악구청, 광진구청, 구로구청, 금천구청, 노원구청, 도봉구청, 동대문구청, 동작구청, ㅁ포구청, 서대문구청, 서초구청, 성동구청, 성북구청, 송파구청, 은천구청, 영등포구청, 외교통상부 여권과, 용산구청, 은평구청, 종로구청, 중구청, 중랑구청
- 지방 ㄹ 지방 광역시청 및 도청

★신체검사 지정 병원

신촌 세브란스병원 02-2228-5808
서울 삼성병원 02-3410-0227
서울 삼육의료원 02-2249-3511
부산 해운대백병원 051-797-0369

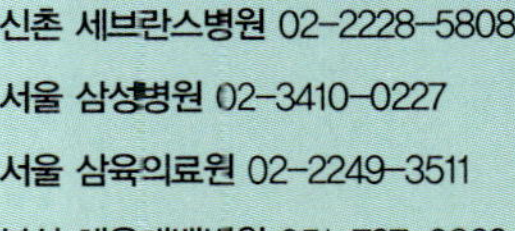

★ 호주에서 12주 이하 어학연수를 계획하고 있는 경우에는 5만 원짜리 신체검사를 받아도 된다.

★ 여권 인지대

여권 종류	유효 기간	수수료	대상
복수 여권	10년	55,000원	만 18세 이상
	5년	47,000원	만 8세 이상~ 만 18세 미만
		35,000원	만 8세 미만 기간연장 재발급 해당자
	5년 미만	15,000원	국외여행허가 대상자, 잔여 유효기간 부여 재발급
단수 여권	1년	20,000원	1회 여행만 가능
기재사항 변경		5,000원	동반 자녀 분리 사증란 추가 (1회)
유효기간 연장 재발급		25,000원	

★ 호주 이민성 홈페이지
www.immi.gov.au

★ 비자 신청 방법
파랑새의 꿈 카페 http://cafe.daum.net/tommyhan에 자세히 설명되어 있다.

신청비를 결제하고 나서 TRN(Transaction Reference Number)번호를 적어놓는다. 비자 진행 상황을 확인하거나 승인 메일을 출력할 때, 신청비 영수증을 출력하거나 문의 메일을 보낼 때 TRN 번호가 필요하다. TRN 번호를 분실한 경우에는 https://www.ecom.immi.gov.au/inquiry/query/query.do?action=eVisa로 들어가서 send a reques를 클릭하여 TRN 번호를 확인할 수 있다. 이름, 생년월일, 여권 번호, 국적, 성별을 입력하면 며칠 후 이민성에서 이 메일로 TRN 번호를 보내 준다.

지역 선택하기

우리나라보다 77배나 더 큰 호주. 지역에 따라 기후 차도 많이 나고 분위기도
다르다. 한 번 이동하려면 지역 간 거리가 멀기 때문에 경비도 많이 들고, 새로
터를 잡는 곳에서 일자리를 구할 때까지 생활할 경비도 있어야 한다. 어디로 입
국할지 신중하게 결정하도록 하자.

> **★지역을 선택할 때 고려해야 할 사항**
> 기후, 한국인 비율, 일자리 여부, 여행 계획,
> 물가, 생활 분위기 등

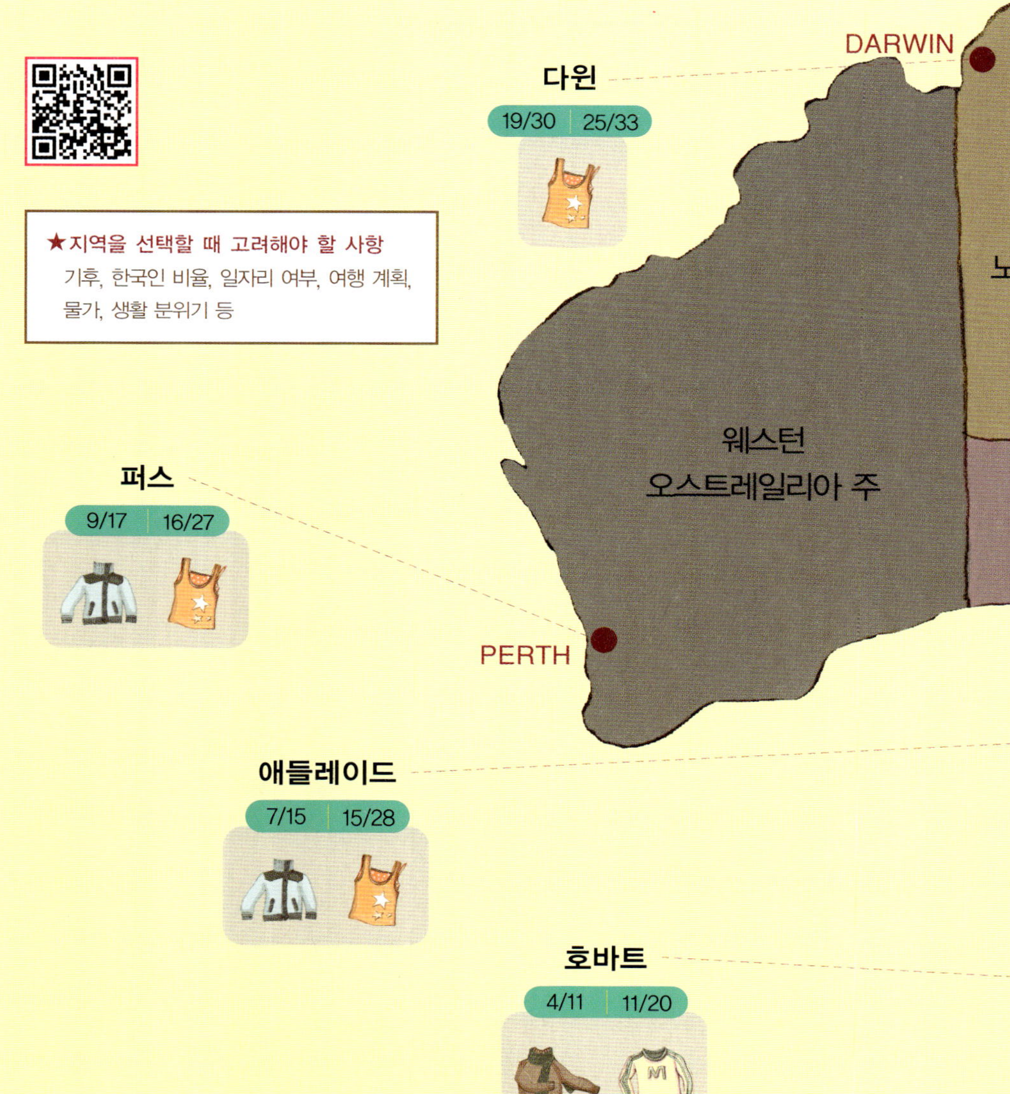

여름옷
가을옷
초겨울옷
겨울옷
기온 (단위:℃)
7월
12월
최저/최고
최저/최고
케언스
CAIRNS
17/26
23/31
브리즈번
9/20
17/29
퀸즐랜드 주
골드코스트
8/20
16/29
BRISBANE
GOLDCOAST
시드니
8/16
17/25
뉴사우스
웨일스 주
SYDNEY
리 주
스
일리아 주
캔버라
0/11
11/26
ADELAIDE
빅토리아 주
CANBERRA
MELBOURNE
멜버른
태즈메이니아 주
3/16
13/24
HOBART

1. 시드니 Sydney

호주의 제1도시로 뉴사우스웨일스 주New South Wales의 수도. 연간 350만 명의 관광객이 찾아드는 세계 3대 미항 중 하나며 호주 경제 상업의 중심지다. 영어 실력이 부족하더라도 한국 사람이 운영하는 업체가 많기 때문에 일자리를 쉽게 구할 수 있다. 생활비나 학비가 다른 지역에 비해 약간 비싸지만 일자리가 많기 때문에 그만큼 벌 수 있다. 겨울은 짧고 여름이 길며, 겨울 날씨는 우리나라 초겨울 날씨 정도다.

City Review

2. 멜버른 Melbourne

호주 제2의 도시로 빅토리아 주Victoria의 수도. 가든 시티Garden City라는 애칭이 있을 정도로 상공에서 보면 푸른 대지가 장관을 이룬다. 우아한 가로수 길, 세련된 유럽풍의 고층 건축물, 현대적인 마천루가 공존하는 낭만적인 도시이자 교육 도시다. 세계적으로 유명한 경마대회나 테니스 대회 같은 대규모 행사가 많이 열리기 때문에 지루하지 않게 생활할 수 있다. 호주 대륙 남단에 있고 바닷가에 인접한 지역이라 겨울에는 바닷가에서 불어오는 찬바람이 강하다. 하루에 사계절이 다 있다고 할 만큼 날씨 변화가 심한 편이다. 중국 업소들이 많다 보니 다른 지역에 비해 아시아 업체의 보수가 낮은 편이다.

3. 브리즈번 Brisbane

호주 제3의 도시로 퀸즐랜드 주Queensland의 수도. 브리즈번이라는 지명은 뉴사우스웨일스 주 정부 관리자인 토마스 브리즈번에서 유래되었다. 여름 평균 기온이 32℃, 겨울 평균 기온이 15℃ 정도로 1년 내내 푸른 숲과 꽃을 볼 수 있다. 날씨나 생활환경이 좋고 시드니나 멜버른에 비해 생활비가 저렴하며 좋은 어학연수 학교들이 많아 유학생들에게 인기가 높은 지역이다. 겨울에도 스웨터나 가벼운 패딩 점퍼 정도면 추위를 이길 수 있고 여름이 긴 편이다.

4. 골드코스트 Gold Coast

퀸즐랜드 제2의 도시로 국제적인 명성을 지닌 관광 지역이다. 해안을 따라 45km에 이르는 새하얀 모래사장이 펼쳐져 있으며 유난히 파도가 높아 서핑의 천국Surfer's Paradise으로 불린다. 세계적으로 유명한 관광 지역이기 때문에 유동 인구가 많아 일자리가 다양하다. 겨울에도 점퍼 하나면 충분하다.

5. 애들레이드 Adelaide

사우스오스트레일리아 주South Australia의 수도. 빅토리아와 에드워드 왕조식의 우아한 건물과 식민지 시대의 주택들이 잘 보존되어 있어 역사의 흔적이 넘쳐나는 도시다. 도시가 작아 일자리가 적으며 동양계 학생들이 많아 어학연수 중 다양한 나라의 학생들을 사귀는 데 어려움이 있다. 하지만 어학연수 학교의 규모가 크지 않아 가족적인 분위기에서 공부할 수 있다. 겨울이 짧으며 두껍지 않은 점퍼와 스웨터 필요.

6. 퍼스 Perth

호주 대륙에서 가장 큰 웨스턴오스트레일리아 주Western Australia의 수도. '세계에서 가장 청결한 도시', '세계에서 가장 고립된 도시', '빛의 도시'라 불리며, 공해에 물들지 않은 자연환경과 여러 민족이 어울려 사는 문화적 환경을 자랑한다. 다른 도시들과 동떨어져 있어 지역 간 이동이 불편하고 유동 인구가 많지 않아 일자리가 적은 편이다. 한겨울에도 영상의 기온을 유지하기 때문에 한국에서 늦가을, 초겨울에 입는 옷을 준비해가면 된다.

7. 케언스 Cairns

퀸즐랜드 북부에 위치한 아담한 마을로, 1년 내내 날씨가 따뜻해 래프팅, 스쿠버다이빙, 스카이다이빙, 스노클링 등 다양한 액티비티activity를 언제나 즐길 수 있다. 덥고 비가 많이 오는 12~2월에는 학생들이 많지 않지만 7~9월에는 다른 지역의 추위를 피해 케언스로 몰려들기 때문에 거주하는 사람들의 비율이 유동적인 지역이다. 일본인들에게 유명한 관광 지역인 만큼 일본인의 비율이 높으며 면세점이나 식당 등 일자리도 많은 편이다.

8. 호바트 Hobart

태즈메이니아 주Tasmania의 수도. 웰링턴 산Mt. Wellington을 뒤로 하고 더웬트 강Derwent River 유역에 펼쳐진 아름다운 항구 도시다. 호주에서 겨울에 가장 추운 도시인 호바트는 섬 지역인 만큼 조용한 분위기에서 공부할 수 있고 생활비나 학비가 타 지역에 비해 저렴하다는 장점이 있다. 하지만 조용한 분위기로 인해 지루하다고 느낄 수 있으며 일자리가 많지 않다.

9. 캔버라 Canberra

호주의 수도. 7개 주를 관할하는 연방 정부의 수도 특별 구역ACT-Australia Capital Territory의 중심지다. 캔버라는 행정 중심의 도시로 크기가 작기 때문에 학교들이 그다지 많지 않고 일자리도 별로 없다. 주로 유학생들이 대학 진학 전 파운데이션 과정을 위해 많이 간다. 날씨는 온화하고 사계절이 뚜렷한 편이다. 일교차가 심하고 겨울철에는 시드니, 멜버른보다 춥다.

10. 다윈 Darwin

노던티리토리Northern Territory의 수도. 호주에서 가장 북단에 위치하고 있으며 다양한 문화가 조화를 이루는 편안하고 현대적인 도시다. 아름다운 해변과 붉은색과 황금색의 드넓은 사막 지역이 대조를 이루며 묘한 아름다움을 자랑한다. 한국 학생들의 비율이 1% 정도밖에 안 된다.

11. 선샤인 코스트 Sunshine Coast (누사Noosa, 칼라운드라Caloundra)

선샤인 코스트는 브리즈번에서 북쪽으로 96km 떨어진 곳으로, 여러 개의 해변을 끼고 있다. 관광 사업이 활발해 일자리가 풍부하며 숙소비와 교통비가 저렴한 것이 장점이다. 선샤인 코스트는 동양인들에게는 비교적 많이 알려지지 않았지만 유럽인이나 호주 사람들에게는 유명한 휴양지다. 동양 사람들이 많지 않은 곳에서 조용히 영어를 공부하려는 학생들에게 추천!

12. 바이런 베이 Byron Bay

뉴사우스웨일스 주에 속하는 도시지만 브리즈번에서 버스로 1시간 반 정도밖에 걸리지 않는다. 서퍼들과 자연을 사랑하는 사람들의 천국으로 1년 내내 돌고래를 볼 수 있으며 하얀 등대로 유명하다. 동양인보다 유럽인이 많은 지역으로 관광 목적 이외에도 요즘은 영어연수 지역으로 관심을 받고 있다.

학교 선택하기

호주에서 생활하고 일을 하려면 어느 정도 영어로 의사소통이 가능해야
한다. 영어 실력이 많이 부족하다고 느낀다면 먼저 어학연수 학교에서
3~4개월 공부한 뒤 일자리를 구하도록 하자. 학교에 등록하면 하루에 최
소 네 시간 이상 체계적으로 공부할 수 있으며 유럽, 동남아, 아시아에서
온 학생들과 쉽게 어울릴 수 있다.

학교를 선택할 때는 공부 기간이 길지 않기 때문에 특별 코스로 유명한 학교를 찾기보다 학교의 위치, 규모, 시설, 분위기, 액티비티 가능 여부, 장학 혜택 등을 고려해서 결정한다.

학교 등록은 한국, 호주 양국에서 모두 가능하다. 한국에서 등록하면 유학원에서 처음 지낼 숙소(홈스테이)를 소개해주고 공항 픽업을 제공한다. 학교를 신청하고 입학 허가서를 받는 데는 대략 2~5일 정도 걸린다. 현지에서 유학원을 통하지 않고 직접 어학연수 학교를 찾아가 등록하는 경우에는 할인 혜택이나 장학 혜택을 받을 수 없다.

> 어학연수 학교 선택 → 입학 신청서application form 작성 → 입학 신청서 해당 학교에 보내기 → 입학 허가서offer letter 받기 → 학비 지불 → 날짜에 맞춰 학교 가기

비자 승인받기

비자를 신청하면 일반적으로 3~5주 뒤에 비자를 접수할 때 적은 이메일 주소로 비자 승인 레터를 발송해준다. 만일 비자를 신청한 후 이민성으로부터 질문 메일이나 추가서류 요청메일을 받으면 영문 답장이나 요청한 자료를 보내주어야 한다. 4주가 지나도 비자가 나오지 않는 경우에는 이민성에 비자 승인을 빨리 해달라는 독촉 메일을 보내는 것이 좋다.

E-Visa는 전산으로 승인되는 비자이기 때문에 출국할 때 승인 레터를 가져가지 않아도 된다. 하지만 만에 하나, 전산상 오류가 있을 수도 있으니 지참하도록 하자.

항공권 예약하기

항공권은 미리 예약해두었다가 비자 승인을 받고 난 후 발권하도록 한다. 비자 승인이 늦어져 발권을 취소하게 되면 취소 수수료를 물어야 한다. 예상 출국 시기가 성수기(방학 시즌)와 겹칠 때는 원하는 날짜에 항공권이 없을 수 있으니 미리미리 예약하도록 하자.

호주 전문 유학원이나 호주 전문 여행사를 통해 예약하면 스페셜 요금을 적용받을 수 있다. 같은 항공권이라도 다음 내용에 따라 요금이 달라지므로 조건과 요금을 잘 비교해서 선택하자.

- 언제 발권받느냐.
- 언제 출국하느냐.
- 경유지가 어디냐.
- 공동구매냐, 개인구매냐.
- 어느 여행사 혹은 유학원에서 사느냐.
- 3개월 오픈이냐, 편도냐, 1년 오픈이냐

관광 비자의 경우 왕복 항공권이 있어야 입국이 가능하지만, 워킹홀리데이 비자나 학생 비자의 경우엔 편도 항공권만으로도 입국할 수 있다. 만약 입국 시 문제가 된다면 항공권을 구입할 수 있는 자금이나 신용카드 등을 보여준다.

호주에 갈 때나 한국으로 돌아올 때 다른 나라를 여행하고 싶은 사람은 스톱오버(경유지에 며칠 머물면서 여행)할 수 있는 경유 항공권을 사도록 한다. 항공사마다 조건이 다르고 추가 요금을 요구하는 경우도 있으니 항공권을 구입하기 전에 이런 점들을 잘 확인하도록 하자.

출국하기

비자를 승인받은 후 1년 안에 호주에 입국해야 하며, 입국 후 1년간 체류할 수 있다.

워홀 메이커들이 많이 이용하는 항공편 분석

QANTAS 1. 콴타스 항공 (호주 항공)

장점 가격이 저렴하고 호주 항공이기 때문에 호주 전 지역에 입국 가능하다. 아시아나 항공과 제휴해 저렴한 가격으로 시드니 직항도 가능하다.

단점 우리나라에는 콴타스 항공이 들어오지 않아 일본까지 다른 항공사 항공편을 이용해야 한다.

서울 02-777-6871

JAL 2 JAL 항공 (일본 항공)

장점 가격이 저렴하고 일본에서 스톱오버할 수 있다.

단점 항공 스케줄에 따라 일본에서 하룻밤 숙박해야 하는 경우가 있다 숙박비는 항공사에서 지불.

서울 02-757-1711
부산 051-469-1215

항공사마다 비수기와 성수기 기간 설정이 다르고 요금도 다르다. 각 항공사 홈페이지나 유학원, 여행사 홈페이지에서 확인할 수 있다.

KOREAN AIR 4. 대한항공 (한국 항공)

장점 대한항공의 최대 장점은 시드니와 브리즈번의 경우 직항 노선이고 우리 입맛에 맞는 기내식이 제공된다는 점이다. 비빔밥, 한식 제공.

단점 가격이 가장 비싸고 앞좌석과의 거리가 좁아 불편하다.

서울, 부산 1588-2001

CATHAY PACIFIC 3. 캐세이패시픽 항공 (홍콩 항공)

장점 홍콩에서 스톱오버할 수 있으며 경유 시간이 짧다. 공항세도 저렴하다.

단점 귀국편 날짜 변경 시 수수료가 매회 있다.

서울 02-3112-800
부산 051-462-0332

항공사별 대략적인 평균 요금(왕복)

기 간		콴타스 항공 (특가 금액) QANTAS	JAL 항공 (특가 금액) JAL	캐세이패시픽 항공 CATHAY PACIFIC	대한항공 KOREAN AIR
비수기	3월 1일~6월 30일 9월 1일~11월 30일	80만 원+tax	80만 원+tax	85만 원+tax	145만 원+tax
준성수기	7월 1일~7월 19일 8월 16일~8월 30일 12월 1일~12월 20일 1월 15일~2월 28일	85만 원+tax	85만 원+tax	90만 원+tax	160만 원+tax
성수기	7월 20일~8월 15일 12월 21일~1월 14일	90만 원+tax	90만 원+tax	110만 원+tax	210만 원+tax

2.준비물

환전하기

호주의 화폐단위는 호주 달러(A$)며, A$1는 100센트다. 지폐는 A$5, A$10, A$20, A$50, A$100 다섯 종류가 있고, 동전은 5센트, 10센트, 20센트, 50센트와 A$1, A$2가 있다. 호주 지폐는 폴리머라는 재질로 만들어져 때가 잘 타지 않고 찢어지지 않는다.

가서 당장 쓸 A$500 정도만 A$20, A$50 지폐로 환전하고 나머지는 여행자 수표로 바꾸도록 하자. 여행자 수표는 현찰보다 더 저렴하게 살 수 있으며 되팔 때도 더 비싸게 팔 수 있다. 은행에서 구입하자마자 여권에 있는 서명과 동일한 서명을 해두어야 분실해도 타인이 쓸 수 없다. 여행자 수표 오른쪽 위에 있는 수표 번호를 적어두면 분실 시 재발급받을 수 있다.

주거래 은행, 수속을 맡아 진행해온 유학원, 여행사의 주거래 은행에서 환전하면 좀 더 높은 환율을 적용받을 수 있다.

도시별 대략적인 생활비 (기준: 일주일)

5센트 / 10센트 / 20센트 / 50센트 / 1달러 / 2달러

F I 9 9 6 7 7 6 8 4

식비

시드니	A$50
멜버른	A$45
기타 지역	A$40

교통비

시드니	A$35
멜버른	A$30
기타 지역	A$25

방 값(셰어)

시드니	A$140~A$150
멜버른	A$130~A$140
기타 지역	A$120~A$140

용돈

시드니	A$100
멜버른	A$95
기타 지역	A$85

돈은 얼마 정도 가져가면 좋을까? 씀씀이에 따라 다르겠지만, 일반적으로 셰어를 할 경우, 한 달에 A$1,300 정도 생활비가 든다. 따라서 3, 4개월 어학연수를 할 계획이라면 학비와 초기 생활비로 대략 800~900만 원 정도, 왕복 항공 요금 130만 원 정도가 필요하다. 어학연수를 하지 않는 경우에는 초기 정착 비용으로 최소 400~500만 원 정도가 든다.

VIP Backpackers 카드 발급하기

VIP 백팩커스 카드VIP Backpacker Resorts of Australia(이하 VIP 카드)는 호주, 뉴질랜드 여행자들이 가장 많이 사용하는 숙박 할인 카드다. 백팩커스 호스텔(이하 백팩커)에서 할인받을 수 있으며 지역 투어나 레포츠 등도 할인 예약할 수 있다. 유학원이나 여행사에서 36,000원 정도(현지에서 또는 웹사이트를 통해 구입 가능)에 판매한다.

한 지역에서 오래 지낼 계획이라면 굳이 할인 카드가 필요 없지만 지역을 옮겨 다니면서 지내거나 여행을 할 생각이라면 VIP 카드 하나 정도는 준비해 가자.

★유럽에는 유스호스텔이 많은 반면 호주에는 백팩커가 많다. 그래서 호주를 여행할 때는 유스호스텔 카드보다 백팩커 카드가 더 쓸모 있다. 웹사이트 www.vipbackpackers.com 을 통해 미리 예약할 수 있다.

국제학생증 ISIC 발급하기

국제학생증ISIC(international Student Identity Card)은 해외를 여행하는 학생들에게 필요한 세계 공통 학생 신분증이다. 교육부가 정한 정규 중·고등학교, 대학, 대학원에 재학 중인 만 12세 이상의 학생이면 발급 가능하며, 여러 가지 혜택을 받을 수 있다. 인터넷 사이트 www.isic.co.kr에서 카드를 신청할 수 있으며 오프라인 발급처를 검색할 수 있다. 발급 비용은 14,000원이며 재학증명서, 신분증, 여권 사진 1장이 필요하다.

국제 운전면허증 발급하기

차를 렌트하거나 구입할 계획이라면 반드시 국제 운전면허증을 챙겨가야
한다. 국제 운전면허증은 여권 사본, 면허증, 여권용 사진 1장, 수수료
7,000원을 가지고 가까운 운전면허 시험장에 가서 신청하면 바로
발급받을 수 있다. 유효기간이 발급된 날로부터 1년이
니 출국 전에 너무 일찍 발급받지 않도록 한다.
법적으로 국제 운전면허증 소지자는 각 주에서 3개월까
지 운전할 수 있지만 지역 이동 시 신고 제도가 없기 때문
에 사실상 1년간 운전할 수 있다고 보면 된다.

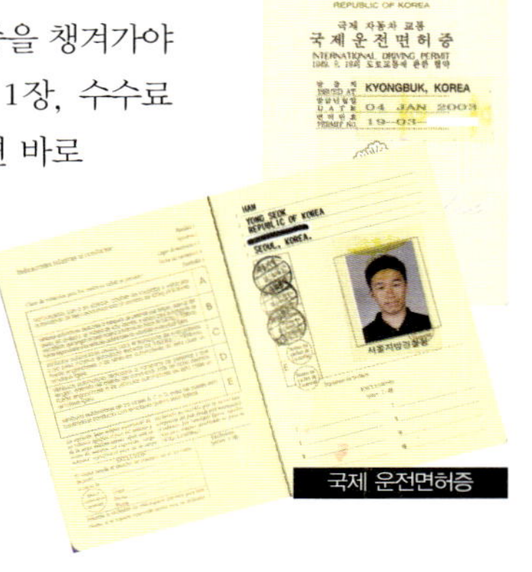
국제 운전면허증

보험 가입하기

필수 사항은 아니며 호주 정부의 권유 사항이다. 하지만 호주 현지 의료
비가 한국보다 많이 비싸기 때문에 만약의 사고나 질병에 대비해 가입하
는 것이 좋다. 워홀 메이커들은 워킹홀리데이 전용 보험에 가입해야 하는
데, 3개월 이상의 장기 보험이기 때문에 물건 분실에 대한 혜택은 받을 수
없고 의료 혜택에 대해서만 보상받을 수 있다. 보험료에 따라 한도액이
달라지며 사고로 다쳤을 경우에는 보상 한도액까지 전액 보상받을 수 있
고, 질병의 경우에는 자기가 10만 원을 부담하고 그 이상의 금액은 한도
액까지 전액 보상받는다. 보험료는 1년
에 약 13~30만 원 정도. 보험 모집 자격
을 갖춘 여행사, 유학원을 통해 가입하
도록 한다.

해외 유학생 보험 카드

신용카드 준비하기

비상시 사용할 수 있는 신용카드를 하나쯤 가져가는 것이 좋다. 해외에서
사용할 수 있는 신용카드에는 Visa Card, Master Card, American
Express Card, Diners Card, JCB Card 등이 있다. 출국 전에 호주에서
사용할 수 있는 한도액을 미리 체크하도록 한다. 분실에 대비해 신용카드
분실신고센터 직통 전화번호를 따로 기재해놓자. 분실 신고만 제때 하면
보상받을 수 있다.

3.짐 꾸리기

호주도 사람 사는 곳이다. 생활하는 데 필요한 물건은 호주에서도 모두 판다. 소모품은 당장 가서 쓸 것만 가져가고, 가격 면에서 우리나라에서 사는 것이 현지에서 사는 것보다 더 싼 것들(옷, 전자사전, 침낭, 화장품, 디지털 카메라, 안경, 렌즈 등)로 짐을 꾸려보자.

가방은 되도록 튼튼한 것을 준비한다. 한곳에 계속 머물 생각이라면 모르지만 여러 지역을 이동하면서 생활할 계획이라면 이동하기에 편하고 튼튼한 가방이 필요하다. 가방 무게는 가벼운 것이 좋다. 개인적으로 바퀴가 튼튼하면서 많이 달린 가방을 추천한다.

한국 전자 제품도 소켓만 구입하면 호주에서 사용할 수 있다. 소켓은 호주 한인 슈퍼마켓에서 약 5달러에 판매한다. 부피가 큰 전자 제품은 호주에서 중고로 저렴하게 구입할 수 있으니 가져가지 말자. 중고 관련 정보는 인터넷, 학교, 한인 슈퍼마켓, 유학원 등의 게시판에서 쉽게 얻을 수 있다. 가끔 현지 대형 슈퍼마켓에서 행사 기간에 새 제품을 중고 가격으로 판매하기도 한다.

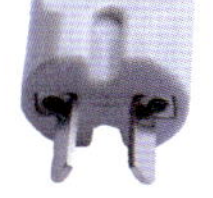

소켓

수화물의 무게 규정은 항공사마다 다르지만, 일반적으로 가방 개수에 상관없이 수화물 무게가 20kg을 넘지 않으면 된다. 자신이 이용할 항공사의 수화물 규정을 미리 확인한 후 짐을 싸도록 한다. 규정 무게가 넘으면 1kg당 22,000~25,000원 정도 추가 운임을 지불해야 한다.

기내용 가방은 가로(55)×세로(40)×높이(20)가 115cm 이상이 되면 선반에 넣을 수 없기 때문에 반드시 규정을 지켜야 한다. 가방 무게가 10kg

이상이면 추가 운임을 지불하는 것이 원칙이다. 하지만 특별히 무거워 보이는 경우가 아니면 무게를 체크하지 않는다. 책처럼 부피는 작으면서 무게가 많이 나가는 것들을 기내용 가방에 넣고 가벼운 척 들고 가는 것도 요령이다.

무기가 될 수 있는 물건(칼, 공구, 볼링공, 야구 배트, 바늘, 손톱깎이 등 유사시 무기가 될 수 있는 물품)은 비행기에 반입할 수 없으니 수화물 가방에 넣도록 한다.

국제선 모든 편을 대상으로 액체 및 젤류에 해당하는 제품에 대해 기내 반입을 제한하고 있다. 용기당 100ml 이하의 경우, 지퍼백(20cmX20cm)에 넣은 상태로 1인당 지퍼백 1개만 기내에 반입할 수 있다.

출국 당일 편명에 맞춰 구입한 면세품인 경우, 규정 허용량을 초과해도 면세점에서 별도의 봉투에 담아 영수증과 함께 포장해준 것은 도착 시까지 개봉하지 않겠다는 조건으로 기내에 반입할 수 있다. 단 환승할 경우에는 해당 국가의 규정에 따라 폐기 혹은 압수될 수 있다.

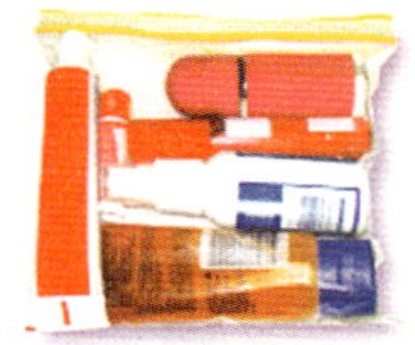

기내 반입용 포장

고추장, 김치, 김은 호주에서도 살 수 있다. 괜히 가방만 무거워지니 가져가지 말자. 굳이 가져가야 한다면 냄새와 국물이 밖으로 새지 않도록 진공 포장하고 세관원이 알 수 있도록 제품명을 영문으로 표기한다. 술은 2,250ml까지, 담배는 250개비까지 반입할 수 있다. 우리나라보다 담뱃값이 비싸다 보니 종종 담배를 숨겨서 가는 사람들이 있는데, 세관원들이 가방을 열고 일일이 검사하기 때문에 그런 행동은 자제하기 바란다.

감기약, 소화제, 설사약,
항생제, 소독약, 파스,
연고, 반창고, 뿌리는 모기약,
평소 복용하는 약

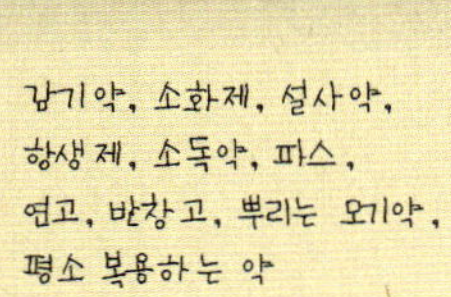

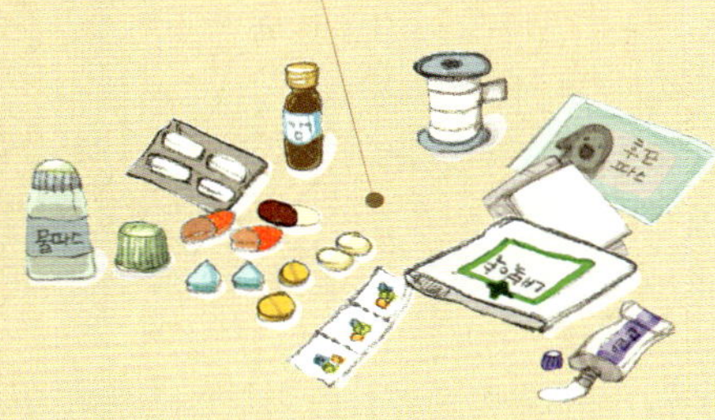

세면용품, 수건, 면도기,
손톱깎이, 반짇고리
치약, 칫솔은 단기간 쓸 것 준비

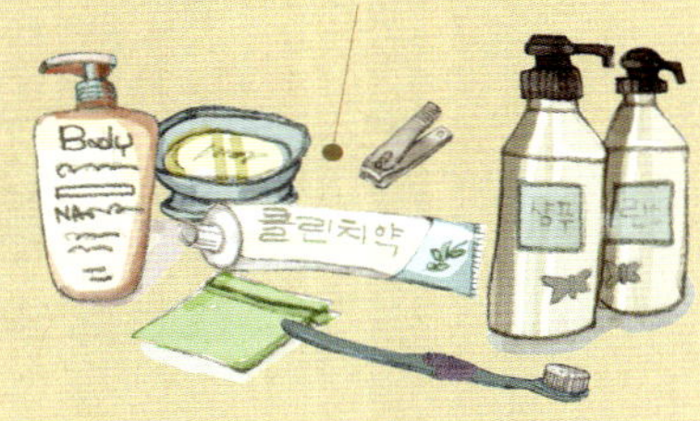

디지털 카메라, CD player, 충전기,
노트북, 드라이어, 전자사전 (영어 사전)

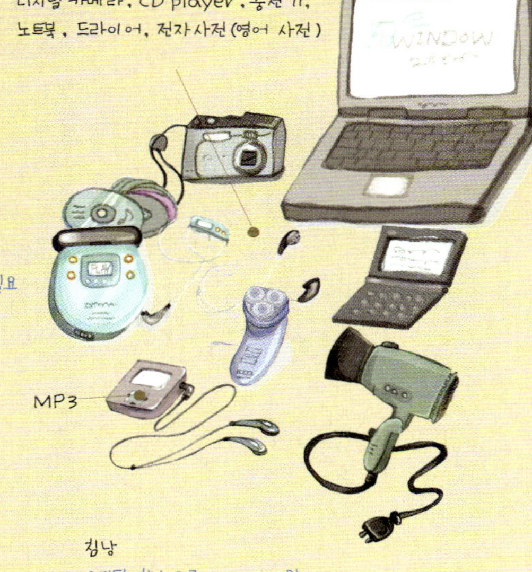

여권용 사진 (10매)
이력서, 비자 연장, 학생증 발급 시 필요

침낭
오리털 침낭으로 50,000원
정도가 무난하다.

돈, 여권, 항공권, 신용카드, VIP카드, 국제 운전 면허
증, 보험 증서, 주민 등록 초본, 각종 복사본, 이력서,
가족 사진, 친구들 사진, 친구들 연락처
여권 번호, 교부 일자 등을 적어 자기 이메일로 보낸다.

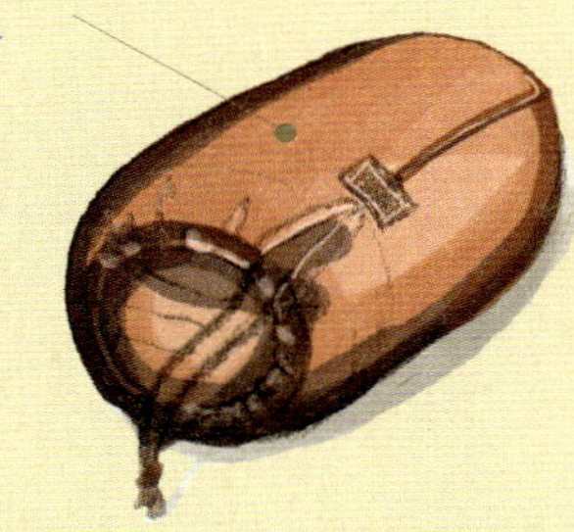

Luggage
짐 꾸리기
화장 품
선크림
속옷 , 양말
알람 시계
모자
수영복
안 가져가면 정말 후회한다. 여자 들은
비키니 수영복 (원피스 수영복을 입은 사람이
별로 없다). 남자 들은 사각 수영복
필기 도구
일기장
DIARY
의류
여름옷 우주로,
가는 지역에 따라
캐리어
휴대용 휴지
여행 배낭
남자는 40~50리터 , 여자 는
30~40리터 정도가 여행할 때
가지고 다니기 적당하다.
선물
전통 부채, 엽서 ,
담배 (한 갑에 A $8),
소주 (한 병에 A $18)
안경 , 렌즈
여분을 준비하고 안경점 전화번호를
적어간다.

4. 워킹홀리데이 비자 연장하기

세컨드 워킹홀리데이 비자

호주 정부에서 인정해주는 두 번째 워킹홀리데이 비자다. 워홀 메이커로 호주에 입국한 뒤 호주 이민성에서 지정한 농장farm에서 3개월 이상 일하면 Second Working Holiday Visa(이하 세컨드 비자)를 신청할 수 있는 자격이 주어진다. 세컨드 비자의 유효 기간은 최대 1년이며, 첫 번째 비자가 만료되지 않은 상태라면 첫 번째 비자의 만료 기간에서 최대 1년이 추가되어 2년 동안 호주에 체류할 수 있게 된다.

(첫 번째 비자 1년 + 두 번째 비자 1년 = 총 2년)

세컨드 워킹홀리데이 비자 신청

★세컨드 비자 신청을 위해 준비해야 할 것★

1. 여권 만기일이 넘지 않고 유효해야 한다.
2. 고용확인서 Form 1263-Employment Verification 농장주의 서명이 있어야 한다.
3. 신체검사 지정된 병원에서 신체검사를 받은 후 영수증을 보관한다.

이민성 사이트에 접속해서 비자를 신청한다. 세컨드 비자의 경우에는 호주 내에서Applicants in Australia 또는 호주 밖에서Applicants outside Australia 모두 신청할 수 있다. 방법은 첫 번째 워킹홀리데이 비자 신청 방법과 동일하며, 해당 농장에서 3개월 이상 일한 경력증명 체크사항만 추가된다. 비자를 신청하고 신용카드로 인터넷 결제를 한 뒤, 지정된 병원에서 신체검사를 받는다. 신체검사 결과는 병원에서 이민성으로 바로 보내거나 자신

이 직접 이민성에 제출한다. 비자
신청 후 이민성에서 고용확인서
요청 메일이 오면 고용확인서를
팩스로 보내거나(이름, 여권 번호, 생년
월일을 적어서) 직접 제출하면 된다.
시기에 따라 다르지만 보통 2~3
주 정도 후면 비자 승인을 받을
수 있다.

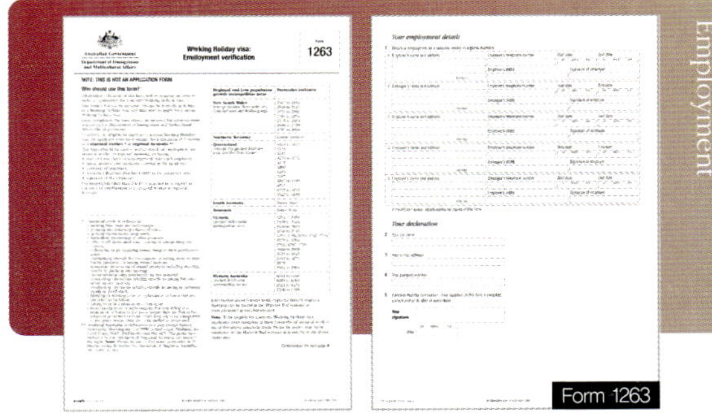

고용확인서

세컨드 비자를 신청하려면 시드니, 뉴캐슬New Castle, 울런공Wollongong, 뉴사우스웨일스 주 센트럴코스트NSW Central Coast, 브리즈번, 골드코스트, 퍼스, 멜버른, 수도 특별 구역을 제외한 지역에서 seasonal worker로 얼마 동안 일했다는 고용확인서가 필요하다.

고용확인서는 호주 이민성에 가서 받아오든지 이민성 홈페이지에서 다운 받아 작성하면 된다. 작성을 하려면 농장주 및 능장에 관한 정보가 필요하다. 농장 일을 마쳤을 때 농장주에게 작성해달라고 하면 된다.

★Form 1263 다운받기
www.immi.gov.au/allforms/pdf/1263.pdf

용석	Excuse me. Can I ask you something?
	실례지만, 뭐 좀 여쭤봐도 될까요?
직원	Of course. What can I do for you?
	물론입니다. 무엇을 도와드릴까요?
용석	Can I get Form 1263 to apply for a second working holiday visa?
	세컨드 비자를 신청하려고 하는데, Form 1263을 받을 수 있을까요?
직원	Yes. You can find that form right over there. You can also download it from the Immigration webpage. This is our homepage address.
	그럼요. 저쪽에서 찾을 수 있을 겁니다. 그리고 이민성 홈페이지에서도 다운받을 수 있어요. 이게 저희 홈페이지 주소입니다
용석	Thanks a lot.
	감사합니다.

1. 비자 신청비와 신체검사는?

첫 번째 비자 신청할 때와 같이 신청비 A$270를 내고 신체검사를 받아야
한다. 이때 여러분이 한국에 귀국한 상태라면, 예전과 같이 호주 대사관
지정 병원에서 신체검사를 받는다. 호주에 있는 경우라면 호주 이민성에
서 지정 병원 리스트를 받아 그중 한 곳을 골라 예약한 후 검사를 받는다.

이민성 직원	**Hi! What can I do for you?** 안녕하세요. 무엇을 도와드릴까요?
용석	**I applied for a second working holiday visa a couple of days ago, so I have to have my health examined. Can you tell me which hospital I can go to?** 제가 며칠 전에 세컨드 워킹홀리데이 비자를 신청했는데, 이제는 신체검사를 받아야 해요. 어느 병원에서 받아야 하나요?
이민성 직원	**Okay. Wait a minute. Here's a list of hospitals. You can check the addresses and phone numbers here.** 알겠습니다. 잠깐만요. 병원 리스트입니다. 이걸로 주소와 연락처를 확인하세요.
용석	**Oh! Thanks.** 아! 감사합니다.

직원	Hello?
	여보세요?
용석	Hi. I applied for a second working holiday visa a couple of days ago. Now I have to have my health examined. Can I make an appointment now?
	안녕하세요. 제가 며칠 전에 세컨드 워킹홀리데이 비자를 신청했거든요.
	이제는 신체검사를 받아야 하는데, 지금 예약할 수 있나요?
직원	Sure. When would you like an appointment?
	물론입니다. 언제쯤 원하시죠?
용석	Would this Thursday be OK?
	이번 주 목요일은 괜찮은가요?
직원	Let me see. Yes, this Thursday at 2 o'clock. Please tell me your name and phone number.
	잠깐만요. 네, 이번 주 목요일 2시에 가능합니다.
	이름과 전화번호를 말씀해주세요.
용석	Okay. My name is Tommy Han and my phone number is 0432 369 007.
	네. 토미 한입니다. 휴대폰 번호는 0432 369 007입니다.
직원	Thank you. See you on Thursday. Bye.
	좋습니다. 그럼 목요일에 뵙죠.

2. 세컨드 워킹홀리데이 비자를 신청할 때 나이가 만 30세가 넘는다면?

세컨드 비자 신청 시 만 30세가 넘으면 신청할 수 없다.

3. 워킹홀리데이 비자로 호주에 갔다가 귀국했는데, 다시 세컨드 비자를 신청할 수 있을까?

첫 번째 워킹홀리데이 비자로 3개월간 농장에서 일했다는 증거만 있으면 신청할 수 있다. 만 30세 미만이라면 귀국 기간이 길었어도 상관없다.

4. 농장에서 3개월간 일했다는 것은 어떻게 증명할까?

고용확인서가 필요하다, 고용확인서 외 기업 증명서 payment summary, 급여 내역서 payment details(Pay Slips), 세금 환급 tax return, 고용주 신원 확인 employer references 중 하나로도 증명할 수 있다. 증빙 자료가 되려면 ABN넘버 Australian Business Number, 일을 한 기간 start date&end date, 고용주명 employer's name, 고용주 서명 signature of employer 등이 반드시 기입되어 있어야 한다.

용석 Hi, Steve. Can I ask you something?

안녕하세요, 스티브. 뭐 좀 물어봐도 될까요?

농장주 Oh, Yong Seok. How can I help you, mate?

아, 용석. 뭘 도와줄까요?

용석 Could you please write something down in this form so I can get a second working holiday visa?

세컨드 비자를 받으려고 하는데, 이 문서 좀 작성해주시겠어요?

농장주 Sure. Just give it to me.

물론이죠. 이리 줘요.

용석 Okay. Here it is. Thanks.

네, 여기 있습니다. 감사합니다.

Can I get a payment summary here?

제가 여기서 기업 증명서를 받을 수 있나요?

Please give me my payment details.

급여 내역서를 주시겠습니까?

5. 농장 일 3개월은 12주?

3개월이라는 기간은 일수로 88일을 뜻한다. 3개월 동안 같은 농장에서 일할 필요는 없지만 일한 날짜를 합한 기간이 반드시 88일 이상이 되어야 한다. 일한 기간은 농장에 고용된 기간을 말한다. 예를 들어 주중에 일하고 주말에 쉬었을 경우 주말도 일한 기간에 포함된다. 다만 반드시 풀타임으로 일해야 한다.

Part 1

수화물을 부치고 공항에 배웅하러 나온 가족들, 친구들과 인사를 나누고 돌아서면 이제부터는 정말 나 혼자 모든 일을 해결해나가야 한다. 경유지에서 비행기 갈아타기, 호주 세관 통과하기, 숙소까지 찾아가기 등등. 모르면 옆 사람에게 물어보면서 하나하나 해나가면 된다.

호 주 에 서
홀 로 서 기
SURVIVAL
ENGLISH
출발하기
능수능란한
입국자

1. 호주로 가는 비행기 안에서

자리 잡기

비행기에 탑승하면 좌석 위에 있는 번호를 보고 자기 자리를 찾아 앉는다. 혹시 처음 타는 비행기라 자리를 잘 못 찾겠으면 승무원에게 탑승권을 보여주면서 Excuse me. Where is my seat?(죄송하지만, 제 자리가 어디죠?)라고 말해보자.

용석	I'm looking for my seat.
	제 자리를 찾고 있습니다.
승무원	May I see your boarding pass, please?
	탑승권을 보여주시겠습니까?

My seat Number is D-36. Could you please tell me where it is?

제 좌석 번호가 D-36인데, 어디인가요?

It's over there on the aisle.

저기 통로 쪽입니다.

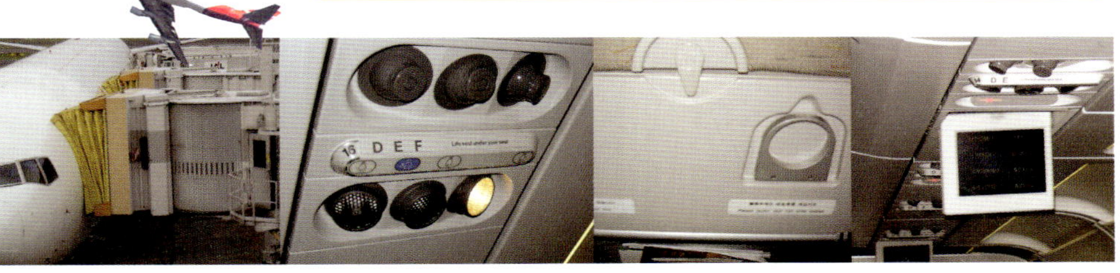

기내용 가방은 좌석 위 선반overhead bin에 넣는데, 이 때 가방이 너무 무거우면 튼튼해 보이는 외국 덩치 아저씨에게 Excuse me. Could you help me to put my stuff in?(저기, 죄송하지만 제 가방 넣는 것 좀 도와주시겠어요?)라고 말하면서 도움을 요청해보자.

장시간 동안 비행기를 탈 때는 좌석 선택을 잘해야 한다. 특히 비행기에서 밤을 보낼 때 더 그렇다. 통로 쪽에 앉으면 창가 좌석에 앉은 사람이 화장실에 갈 때마다 일어나주어야 하고 창가 좌석에 앉으면 매번 통로 쪽에 앉은 사람을 깨워야 한다. 귀찮든지 미안하든지 둘 중 하나를 택하자.

배정된 좌석이 너무 불편해서 승무원flight attendant에게 빈 좌석으로 옮겨 달라고 요청하면 좌석을 바꿔주기도 한다. 참고로 비상구 좌석은 앞자리가 없기 때문에 공간이 넓다.

용석	**Excuse me. Could I please change seats?** 죄송합니다만, 자리 좀 바꾸어주실 수 있습니까?
승무원	**Yes, no problem. Would you like an aisle seat or a window seat?** 네, 가능합니다. 통로 쪽과 창가 쪽 중 어떤 좌석을 원하십니까?
용석	**Window seat, please.** 창가 쪽 자리였으면 좋겠습니다.

middle seat
중간 좌석
economy class
일반석
business class
비즈니스석

Could I please move to a window seat?
창가 쪽 자리로 옮겨도 되겠습니까?
Could I move to that empty seat over there?
저기 빈자리로 옮겨도 되겠습니까?
May I sit here?
여기에 앉아도 됩니까?
Is it alright if I recline my seat?
(뒷사람에게) 의자를 눕혀도 괜찮을까요?
Would you please raise your seat?
의자를 앞으로 당겨주시겠어요?

기내 서비스

비행기가 이륙하고 어느 정도 시간이 지나면 승무원들이 분주하게 오가
면서 식사를 준비해준다.

Would you like beef or chicken?

쇠고기와 닭고기 중 어느 것으로 하시겠어요?

I don't feel like eating now. May I have it later?

지금은 먹고 싶지 않네요. 나중에 먹어도 되나요?

Can I have a meal now?

지금 식사할 수 있습니까?

기내식

기내식을 먹은 후에는 원하는 사람에게 음료수를 제공하는데, 호주까지
가는 10시간 동안 한숨 푹~ 자고 싶다면 위스키 한 잔 부탁해서 마시는
것도 좋은 방법이다. 한 잔으로 안 된다면 과감하게 한 잔 더 요청하자~!
"위스키 이빠이 플리즈~~."

용석	Excuse me. Could I have something to drink, please?
	미안하지만 뭐 좀 마실 것 있나요?
승무원	Sure. What would you like?
	We have coffee, tea, milk, and whisky.
	그럼요. 무엇을 드릴까요? 커피, 차, 우유, 그리고 위스키가 있습니다.
용석	Whisky, please. Thank you.
	위스키 주세요. 고마워요.

기내에서는 식사, 음료수, 술과 간단한 안주, 담요blanket, 신문newspaper, 헤드폰headphone, 베개pillow 등의 서비스를 무료로 제공받을 수 있다. 단, 술은 취하지 않을 정도로만 서비스받을 수 있고 헤드폰이나 담요는 비행기에서 내릴 때 가지고 내리면 안 된다. 호주에서 쓰려고 비행기 담요를 가지고 내리는 사람들이 많은데, 세관에 걸리면 국제적인 망신이다. 찜찜한 일은 아예 하지 않는 것이 좋다.

입국 신고서(세관 신고서) 작성하기

호주에 도착할 때쯤 되면 승무원들이 호주 입국 신고서(세관 신고서Incoming Passenger Card)를 나누어준다. 작성해두었다가 호주에 도착해서 입국 신고할 때 여권에 끼워서 건네주면 된다. 입국 신고서를 어떻게 작성하는지 모를 때는 옆에 앉은 외국인에게 도와달라고 브탁해보자. 입국 신고서를 작성하면서 이런저런 이야기를 나눌 수 있어 좋다. 간혹 승무원에게 물어보면 한국어로 된 입국 신고서를 가져다주는 경우도 있다.

Do you have any Incoming Passenger Cards for Koreans?

한국어로 된 입국 신고서가 있습니까?

May I have one?

그걸 하나 주시겠습니까?

용석	**Excuse me. Could you help me with something?**
	실례합니다. 죄송하지만 좀 도와주실 수 있겠습니가?
외국인	**Yes. What can I do for you?**
	예. 무엇을 도와드릴까요?
용석	**Would you please check my Incoming Passenger Card?**
	제 입국 신고서 좀 봐주실 수 있을까요?
외국인	**Sure.**
	좋습니다.

Please show me how to fill in this form.

이 카드 작성법 좀 알려주세요.

May I have another card? I have made some mistakes.

카드 한 장 더 주세요. 제가 좀 틀리게 작성했습니다.

Are you bringing into Australia
: 아래 물건들을 호주로 반입합니까? 모두 No에 체크

YOU MUST ANSWER EVERY QUESTION - IF UNSURE
: 모든 항목에 체크할 것

Family name: 성
예) HAN

Given names: 이름
예) Yong Seok

Passport number
: 여권 번호
예) BS1234567

Incoming passenger card • Australia
PLEASE COMPLETE IN ENGLISH WITH A BLUE OR BLACK PEN

- Family/surname
- Given names
- Passport number
- Flight number or name of ship
- Intended address in Australia

State

Do you intend to live in Australia for the next 12 months? Yes No

If you are NOT an Australian citizen
Do you have tuberculosis? Yes No
Do you have any criminal conviction/s? Yes No

DECLARATION
The information I have given is true, correct and complete. I understand failure to answer any questions may have serious consequences.

YOU MUST ANSWER EVERY QUESTION - IF UNSURE, X Yes
Are you bringing into Australia

1. Goods that may be prohibited or subject to restrictions, such as medicines, steroids, firearms, weapons of any kind or illicit drugs? Yes No
2. More than 2250mL of alcohol or 250 cigarettes or 250g of tobacco products? Yes No
3. Goods obtained overseas or purchased duty and/or tax free in Australia with a combined total price of more than AUD$900, including gifts? Yes No
4. Goods/samples for business/commercial use? Yes No
5. AUD$10,000 or more in Australian or foreign currency equivalent? Yes No
6. Any food - includes dried, fresh, preserved, cooked, uncooked? Yes No
7. Wooden articles, plants, parts of plants, traditional medicines or herbs, seeds, bulbs, straw, nuts? Yes No
8. Animals, parts of animals and animal products including equipment, eggs, biologicals, specimens, birds, fish, insects, shells, bee products, pet food? Yes No
9. Soil, or articles with soil attached, ie, sporting equipment, shoes, etc? Yes No
10. Have you visited a rural area or been in contact with, or near, farm animals outside Australia in the past 30 days? Yes No
11. Have you been in Africa or South America in the last 6 days? Yes No

YOUR SIGNATURE   Day Month Year   TURN OVER THE CARD   English

---

Flight number or name of ship
: 항공기 편명 또는 선박명
예) QF 360

Do you intend to live in Australia for the next 12 months?
: 앞으로 12개월 동안 호주에서 머물 예정인가?
No에 체크 – 보통 12개월 안에 돌아오므로

Intended address in Australia
: 호주 내에서 머무를 주소
예) 홈스테이 집 주소 or 백팩커 주소

1. 의약품, 스테로이드, 총포물 혹은 그 밖의 무기나 불법 약품 등 금지되거나 제한된 물건을 소지했습니까? Yes or No에 체크
2. 2,250ml 이상의 술이나 250개비 또는 250g 이상의 담배 제품을 소지했습니까? No에 체크
3. 선물을 포함하여 합계 금액이 A$900 이상 되는 물건을 해외에서 샀거나 호주 내에서 면세로 구입한 물건이 있습니까? No에 체크
4. 사업용/통상 용도의 상품/견본이 있습니까? No에 체크
5. 호주 달러 A$10,000 이상의 화폐 또는 외국 화폐를 소지했습니까? No에 체크
6. 모든 형태의 음식류, 말린 음식, 생음식, 절인 음식, 익혔거나 또는 익히지 않은 음식을 포함, 먹을 수 있거나 요리할 수 있는 음식을 소지했습니까? No에 체크. 음식물이 있으면 Yes.
7. 목각 제품, 식물의 일부분, 전통 의약품 또는 약초, 씨앗, 뿌리 종류를 소지했습니까? No에 체크
8. 동물, 동물의 일부분, 기타 동물에 관련된 제품. 즉 동물을 이용한 기구, 알, 생물 표본, 새, 어류, 곤충, 산호, 조개껍데기, 꿀벌, 땅콩 제품, 애완동물용 음식을 포함한 각종 제품을 소지했습니까? No에 체크
9. 흙 또는 흙이 묻어 있는 물건. 즉 운동 기구 또는 신발 등을 소지했습니까? No에 체크
10. 지난 30일 사이에 호주 밖의 다른 나라의 농장을 방문한 적이 있습니까? No에 체크
11. 지난 6일 사이에 아프리카나 남아메리카에 머문 적이 있습니까? No에 체크

If you are NOT an Australian citizen
: 만약 당신이 호주 사람이 아니라면,

Do you suffer from tuberculosis?
: 당신은 결핵을 앓고 있는가? No에 체크
Do you have any criminal conviction/s
: 당신은 전과가 있는가? No에 체크

DECLARATION : 선언
The information I have given is true, correct and complete. I understand failure to answer any questions may have serious consequences.: 내가 제공하는 정보들은 모두 사실이고 틀림없으며 완결되었다. 만약 질문에 대한 대답에 실수가 있을 경우, 그것이 심각한 결과를 가져올 수도 있음을 숙지하고 있다.
YOUR SIGNATURE: 서명 예) 한용석(여권에 있는 서명과 동일한 서명)
Day, Month, Year: 일, 월, 년 예) 15, 08, 2012
TURN OVER THE CARD: 카드를 뒤집으세요.

입국 신고서

YOUR CONTACT DETAILS IN AUSTRALIA
: 호주 국내 연락처

Phone
: 전화번호
예) (82) 2 722 6787

E-mail OR Address   State
: 이메일 주소 또는 호주 현지 주소
예) 호주에서 거주할 주소를 아즈 모를 경우 이메일 주소만 적는다.
홈스테이나 백팩커 주소를 적어도 된다. State란에는 시드니 NSW, 멜버른 VIC, 브리즈번/골드코스트
/케언스 QLD, 퍼스 WA, 애들레이드 SA, 호바트 Tas로 기입한다.

PLEASE COMPLETE IN ENGLISH
: 영어로 작성을 완결해주십시오

PLEASE [X] AND ANSWER A OR B OR C
B에 체크

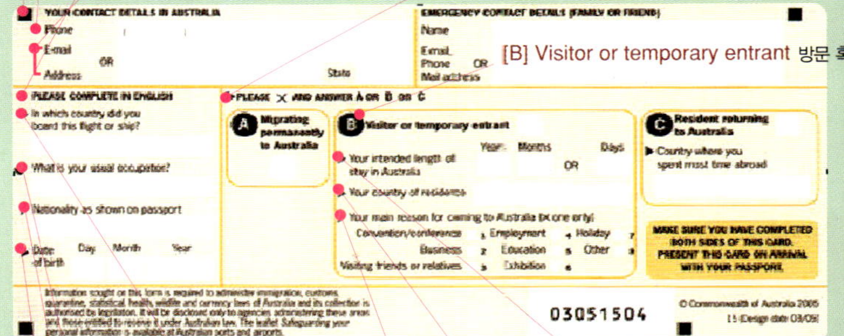

[B] Visitor or temporary entrant 방문 혹은 임시 거주자

In which country did you board this flight or ship?
: 당신은 어느 나라에서 이 비행기 또는 선박을 타고 왔습니까?
예) Japan(보통 일본을 경유하는 경우가 많으므로)

What is your usual occupation?
: 당신의 직업이 무엇입니까?
예) Student(회사원의 경우에는 Office worker)

Nationality as shown on passport
: 여권상 국적은 어디입니까?
예) Republic of Korea

Date of birth
: 생년월일(Day, Month, Year: 일, 월, 년)
예) 12, 08, 1980

Your intened length of stay in Australia
: 호주에서의 예상 체류 기간
예) 1Years 0Months

Your country of residence
: 영구 거주 국가명
예) South Korea

Your main reason for coming to Australia X one only
: 호주를 방문하는 주요 이유(한 항목에만 X표시)
여) Holiday(7)에 체크(학생 비자일 경우 Education(5)에 체크)

의약품은 한약, 양약 모두 가져갈 수 있으며 세관 신고서에 약품이 있다고 체크하면 된다. 세관 신고서는 솔직하게 작성해야 한다. 만일 거짓으로 작성했다가 걸리면 물건도 압수당하고 벌금까지 쿠과된다(또는 최고 10년의 징역). 하지만 솔직하게 작성하면 물건은 압수당할 수 있지만 벌금은 내지 않는다. 그러니 자기 가방은 자기가 싸고 입국 신고서에 신고 품목을 정확하게 기재하도록 하자.

★반입 금지품
prohibited article

달걀 관련 제품, 달걀 완제품, 국수, 마요네즈, 수프, 깡통 처리되지 않은 육류 제품, 한약재, 살아 있는 동물, 화초류, 씨앗과 견과류, 과일 및 채소

2. 공항에서

환승하기

일본, 싱가포르, 홍콩, 태국 등 제3국에서 환승할 때는 기내용 가방만 챙겨 경유지에서 비행기를 갈아타면 된다. 한국에서 보낸 수화물은 호주 공항으로 곧바로 보내진다.

인천공항(김포공항)에서 탑승권boarding pass을 한 장만 받았다면 경유지에서 새 탑승권을 발급받아야 한다. 경유지에 내려 환승객transit passengers 안내판을 따라가다 보면 탑승권을 받는 곳이 나오는데, 이곳에서 여권과 항공권을 보여주면 새 탑승권을 받을 수 있다. 공항에서 탑승권을 두 장 주었다면 경유지에서 새 탑승권을 발급받지 않아도 된다.

용석	**Excuse me. Where can I get a boarding pass?**
	실례합니다만, 어디에서 탑승권을 받을 수 있나요?
직원 A	**Can I see your flight ticket?**
	항공권 좀 보여주시겠어요?
용석	**Here it is.**
	여기 있어요.
직원 A	**Okay. Look at this. You have to go to the Qantas Check-In desk. That's just over there.**
	네. 여기 보세요. 당신은 콴타스 체크인 데스크로 가셔야 합니다.
	바로 저기에 있네요.
용석	**Hi. Could I please have a Boarding Pass to Perth?**
	안녕하세요. 퍼스로 가는 탑승권 좀 주시겠어요?

직원 B	Yep. Could you show me your passport and flight ticket?
	넵. 여권과 항공권 좀 보여주시겠어요?
용석	Here you go.
	여기 있습니다.
직원 B	Okay, thanks. Do you want a window seat?
	네, 감사합니다. 창가 쪽 자리를 원하세요?
용석	Yes, please.
	네.
직원 B	Alright. Here's your Boarding Pass. Please check your flight details. ˉhanks.
	좋습니다. 탑승권입니다. 항공편 세부 사항을 확인하세요. 감사합니다.

Which gate should I go to?

몇 번 출구로 가야 하나요?

용석	How long will we stop here?
	이 공항에서 얼마나 체류하나요?
직원	About three hours.
	약 세 시간 정도요.

처음 해외로 가는 사람들 중에서 영어를 잘 못하는 사람들은 경유지에서 비행기를 잘 갈아탈 수 있을까 걱정을 많이 한다. 하지만 전혀 그럴 필요 없다. 한 손에 여권, 다른 한 손에 항공권을 들고 공항 직원에게 보여주면서 한국어로 "어디로 가야 하나요?" 하고 물어도 공항 직원은 어디로 가야 하는지 말해준다(호주로 가는 항공권을 들고 물어보는데 그 정도 눈치도 없겠는가?). 그런데 내가 공항 직원의 말을 못 알아듣는 안타까운 상황은 벌어질 수도 있겠다. 그럴 때도 당황하지 말고 그냥 모르겠다는 제스처만 취하라. 공항 직원이 내 손을 잡고 직접 갈아타는 탑승구gate로 데려다줄 것이다.

waiting room
대합실
departure
출발지
arrival
도착지
connecting flight
갈아탈 비행기
transfer desk
환승 데스크

Excuse me. Do you know where gate number 15 is?

실례합니다만, 15번 탑승구가 어디죠?

What time does the plane board?

탑승은 몇 시부터입니까?

Where can I confirm my flight?

제가 탈 비행기 편은 어디서 확인할 수 있나요?

Where is the transit counter?

갈아타는 곳이 어디인가요?

Excuse me. I lost my boarding pass.
What should I do?

실례합니다만, 제가 탑승권을 분실했거든요. 어떻게 하면 되나요?

I think I missed my flight.

제가 탈 비행기를 놓친 것 같습니다.

★환승 시, 공항에서 파는 음식은 비싼 편이니 기내식을 꼭 챙겨 먹도록 하자.

환승을 기다리며 대기하는 시간은 짧게는 네다섯 시간에서 길게는 대여섯 시간이 될 수 있다. 나는 호주에 갈 때 방콕 공항에서 10시간을 기다려야 했는데, 기다리는 동안 나처럼 환승을 위해 기다리는 워홀 메이커들을 많이 만날 수 있었다. 그들과 게임도 하고 정보도 교환하면서 나름대로 즐겁게 시간을 보냈던 기억이 난다. 기내용 가방에 책을 한 권 넣어가는 것도 환승 시간을 지루하지 않게 보낼 수 있는 한 방법이다.

Where is the duty-free shop?

면세점은 어디에 있나요?

공항 구조

어느 공항이나 구조는 비슷비슷하다.

입국 심사대 → 수화물 찾는곳 → 세관 검사대 → 공항 대기실

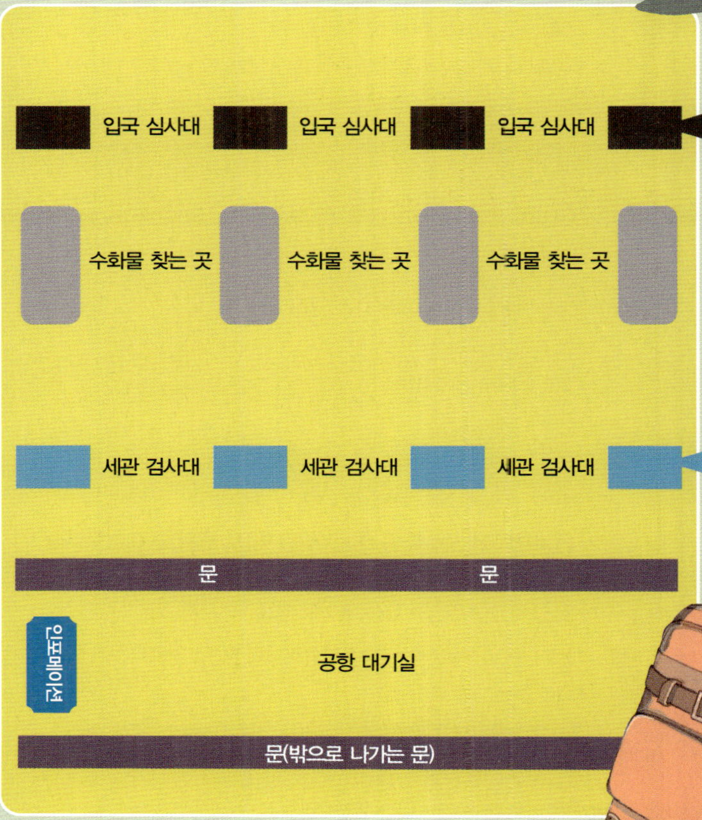

입국 심사대　입국 심사대　입국 심사대

수화물 찾는 곳　수화물 찾는 곳　수화물 찾는 곳

세관 검사대　세관 검사대　세관 검사대

문　문

유료전화

공항 대기실

문(밖으로 나가는 문)

★ 택시 역　★ 버스 역

입국 심사대 통과하기

비행기에서 내려 앞에 가는 사람을 계속 따라가다 보면 입국 심사대 passport control가 나온다. 입국 심사를 받을 때는 이민성 직원이 물어보는 질문에 주의해서 대답해야 한다! 비자법에 어긋나는 말을 하면 문제가 될 수 있다. 입국 목적을 물어볼 때는 자신의 비자 특성에 맞게 대답하자!

★숙지하고 있어야 할 비자법★

1. 워킹홀리데이 비자는 6개월 이상 한 고용주 밑에서 일하면 안 된다.
2. 4개월 이상 학교를 다닌다고 하면 안 된다.
3. 워킹홀리데이 비자의 호주 입국 목적은, 파트타임part time job으로 생활비를 충당하면서 여행을 통해 문화를 교류하는 것이다.

★학생 비자
주당 20시간 이상 일을 하면 안 되고, 학교 출석률이 80% 이하로 떨어지면 안 된다.

★관광 비자
2~3개월 학교를 다니기 위해 입국한다 할지라도 입국 목적이 여행이라고 말해야 한다.

이민성 직원   May I see your passport, please?

여권 좀 보여주시겠습니까?

용석   Yes. Here you are.

예, 여기 있습니다.

이민성 직원   What's the purpose of your visit?

호주에는 어떤 목적으로 방문하셨습니까?

용석   I'm just traveling in Australia on a Working Holiday Visa.

워킹홀리데이 비자로 문화 경험을 할 예정입니다.

이민성 직원   How long will you be staying in Australia?

호주에 얼마나 머물 예정이십니까?

용석   No more than a year.

1년 이하로 지낼 예정입니다.

이민성 직원   Where will you be staying?

어디에서 지낼 예정이신가요?

용석   I'll be staying at the backpacker's hostel in the city.

시티에 있는 백팩커에서 지낼 예정입니다.

How much money do you have with you?

돈은 얼마나 가지고 계시나요?

I have about nine hundred dollars.

약 900달러 정도 있습니다.

Do you have a return ticket to Korea?

한국으로 돌아갈 수 있는 비행기 표는 있나요?

For a vacation. / For study. / Just traveling.

휴가로 왔습니다. / 공부하러 왔습니다. / 여행입니다.

I plan to stay around 10 months.

저는 10개월 정도 머물 예정입니다.

What is your occupation?

당신의 직업은 무엇입니까?

Did you reserve a hotel room?

호텔은 예약하셨나요?

Is this your first visit to Sydney?

시드니 방문이 처음이십니까?

sightseeing
관광
expected period of stay
예정 체류 기간
resident
거주자
non-resident
비거주자

가방 찾기

입국 심사대를 통과하면 이제 가방을 찾으러 갈 차례. Luggage Claim이라는 안내판을 따라가면 수화물 찾는 곳이 나온다. 수화물을 찾는 곳이 십여 군데가 넘기 때문에 내 가방이 어디서 나오는지 알 수 없는 경우가 종종 있는데, 이때는 공항 직원에게 가지고 있던 탑승권 영수증을 보여주면서 이렇게 물어보면 된다.

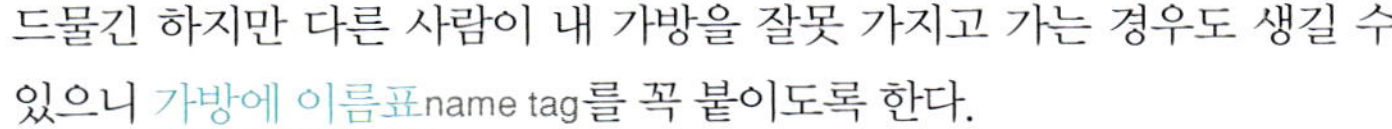

드물긴 하지만 다른 사람이 내 가방을 잘못 가지고 가는 경우도 생길 수 있으니 가방에 이름표name tag를 꼭 붙이도록 한다.
Luggage Claim에 가방이 없다면 한국에서 가방을 보낼 때 받은 수화물 보관증claim tag과 여권, 탑승권을 가지고 해당 항공사 직원에게 분실 사실을 알린다. 직원에게 잃어버린 가방의 크기와 색깔, 가방 안에 들어 있는 내용물 목록, 가방을 찾으면 배달받을 수 있는 숙소 주소와 연락처를 적어준다. 대부분 며칠 뒤에 찾을 수 있지만, 정말로 분실된 경우에는 가방 무게를 환산해서 상한액이 정해지므로 귀중품이나 현금은 되도록 몸에 지니고 비행기에 탑승하도록 하자.

가방 이름표name tag

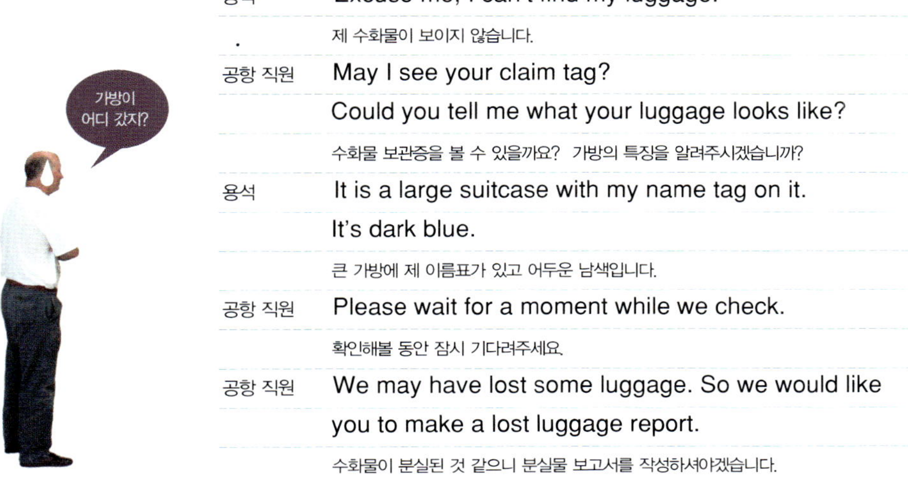

용석	Excuse me, I can't find my luggage.
	제 수화물이 보이지 않습니다.
공항 직원	May I see your claim tag? Could you tell me what your luggage looks like?
	수화물 보관증을 볼 수 있을까요? 가방의 특징을 알려주시겠습니까?
용석	It is a large suitcase with my name tag on it. It's dark blue.
	큰 가방에 제 이름표가 있고 어두운 남색입니다.
공항 직원	Please wait for a moment while we check.
	확인해볼 동안 잠시 기다려주세요.
공항 직원	We may have lost some luggage. So we would like you to make a lost luggage report.
	수화물이 분실된 것 같으니 분실물 보고서를 작성하셔야겠습니다.

용석	How soon will you find it?
	언제쯤 제 가방을 찾을 수 있을까요?
공항 직원	I'm not sure. I'm sorry about that.
	죄송하지만 정확하게 알 수 없습니다.
용석	Please deliver the luggage to this Backpacker's Hostel as soon as you've located it.
	(백팩커 주소를 알려주면서) 죄송하지만 가방을 찾는 대로 제가 지내는 백팩커로 보내주세요.

I think I've lost my luggage.

제 가방을 잃어버린 것 같은데요.

Please help me find my luggage.

제 수화물 찾는 것 좀 도와주세요.

Please call me at ★★ when you find my luggage.

제 가방을 찾으시면 ★★로 연락주세요.

Your luggage hasn't arrived.

당신 가방은 아직 안 나왔습니다.

Could you please check it immediately?

지금 바로 확인해주시겠습니까?

How many pieces of luggage have you lost?

가방을 몇 개 분실하셨습니까?

My luggage has been damaged.

가방이 손상되었어요.

That brown backpack is mine.

저 갈색 여행자 가방이 제 거예요.

Where can I get a cart?

카트가 어디에 있습니까?

세관 검사대 통과하기

보통 수화물 찾는 곳에서 정면으로 걸어 나오다 보면 세관 검사대Customs 가 있는데, 세관 직원에게 세관 신고서를 주면 혹시 특별한 물건이 있는 지 가방을 검사한다. 호주의 세관 검사는 다른 나라보다 조금 더 까다로 운 편이다.

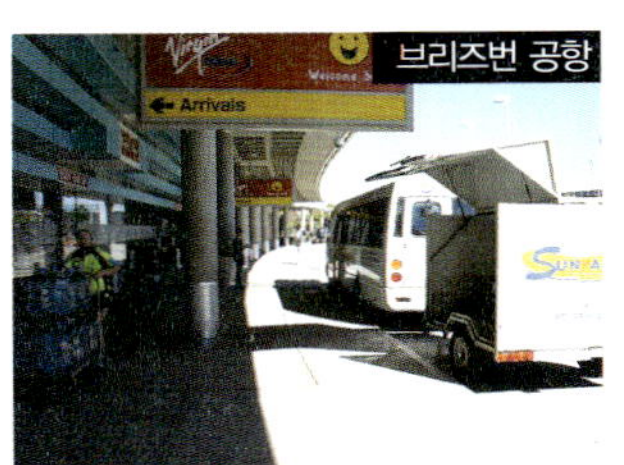

세관 직원	Excuse me. Do you have anything to declare?
	실례합니다. 신고할 물건이 있습니까?
용석	No, nothing. Just the normal allowance.
	아니요, 아무것도 없습니다. 정상적으로 통과될 수 있는 물건들입니다.
세관 직원	Have you read the customs form?
	세관 신고서를 읽어보셨나요?
용석	Yes, I have.
	네, 읽어봤습니다.
세관 직원	Okay then. Could you open up your suitcase for me, please?
	알겠습니다. 그러면 가방을 열어주시겠습니까?
용석	Sure.
	예, 그러죠.
세관 직원	Are you carrying any animal or agricultural products?
	혹시 동물이나 농산품을 가지고 오셨나요?
용석	No. None at all.
	아니요, 전혀 없습니다.
세관 직원	Okay. That's fine, thank you. You can proceed.
	좋습니다. 감사합니다. 가셔도 됩니다.

호주 출장을 갈 때 호주에 사는 친구의 부탁으로 친구 어머님께 가방을 하나 받아 들어간 적이 있었는데, 가방에 무엇이 있냐는 질문에 친구의 부탁으로 가져가는 것이고 음식물이 있을 거라고 애매하게 대답했더니 내가 가져간 모든 가방을 검사했다. 가방 안에 무엇이 있는지 정확하게 알지 못하거나 세관 직원의 의심을 받게 되면 가방을 모두 열어 검사를 받아야 하니, 질문을 받으면 바로바로 확실하게 대답하도록 한다.

세관 직원	Excuse me. Do you have anything to declare?
	실례합니다. 신고할 물건이 있습니까?
용석	Yes. I have some Korean traditional food.
	네, 가지고 있습니다. 한국 전통 음식이 조금 있습니다.
세관 직원	Okay then. Could you show me that food, please?
	알겠습니다. 그러면 그 음식을 저에게 보여주시겠습니까?
용석	Sure. This is Kimchi and some chili paste.
	예, 그러죠. 이것은 김치이고 이것은 고추장입니다.
세관 직원	Okay. Okay. Let me see. Have you read the customs form?
	네. 봅시다. 세관 신고서는 읽어보셨나요?
용석	Yes, I have.
	네, 읽어봤습니다.
세관 직원	That's fine. Thank you. You can proceed.
	별문제는 없는 것 같네요. 감사합니다. 가셔도 됩니다.

Do you have any other luggage?
다른 가방은 없습니까?
Do you have any fruit or vegetables?
과일이나 채소를 가지고 있습니까?
What's this for?
이것은 무엇입니까?
Is this all you have?
이것이 전부입니까?

These are all my personal belongings.

모두 개인용품들입니다.

They are just gifts for my friends.

친구들에게 줄 선물이에요.

You have to pay duty on this.

이건 세금을 지불하셔야 합니다.

May I have a receipt for it?

그 영수증을 저에게 주시겠습니까?

Do you have a declaration form for this?

이 물건에 대한 확약서를 가지고 있습니까?

You can shut your bag.

이제 가방을 닫으셔도 됩니다.

You're not allowed to bring that into the country.

저것은 가지고 갈 수 없습니다.

공항에서 정보 수집하기

호주의 깐깐한 세관 검사대를 무사히 통과해 공항 대기실로 나오면 '내가 정말 호주라는 낯선 땅에 왔구나.' 실감할 것이다. 그나마 비행기에서 간간이 볼 수 있었던 동양 사람들은 어디로 갔는지, 눈에 보이는 사람들은 전부 노랑머리에 하얀 피부, 늘씬한 팔과 다리를 가진 호주 사람들일 테니 말이다. 자, 이제부터 호주 생활이 본격적으로 시작하니 정신 똑바로 차리고 현지 정보 수집에 나서자.

우선 공항 여행 안내소Information Centre를 찾는다.

Where is the tourist information office?

여행 안내소는 어디입니까?

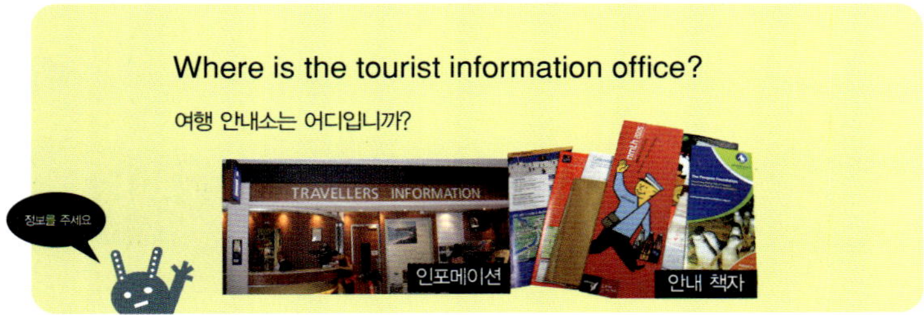

이곳에 가면 시티 지도, 관광 안내에 관한 자료를 무료로 얻을 수 있다.
시티를 돌아다니려면 시티 지도가 필요하니 꼭 하나 챙기도록 하자.

인포메이션　What can I do for you?

무엇을 도와드릴까요?

용석　May I have a city map?

시티 지도를 얻을 수 있을까요?

인포메이션　Yes, you can. Here you are.

예, 여기 있는 걸 가지고 가시면 됩니다.

시티 지도

시티로 가는 교통편과 요금, 운영 시간 등에 관해서도 물어보자. 시티로
가는 교통편으로는 버스와 기차가 있는데 기차는 브리즈번과 시드니에서
만 탈 수 있고 버스는 모든 지역에서 이용할 수 있다. 시티까지 가는 버스
나 기차는 보통 15~30분 간격으로 운행되며, 동항버스를 Sky Bus, 공항
기차를 Sky Train이라고 한다.

용석　Is there an airport bus to the city?

시티로 가는 공항버스가 있습니까?

인포메이션　You can go to the transit centre in the city
by Sky Bus. The bus fare is 10 dollars.

스카이 버스가 있는데 그걸 타면 시티 트랜싯 센터까지 갈 수 있습니다.

요금은 10달러입니다.

Sky Bus 티켓

I'd like to confirm the Sky Bus schedule.

공항버스 시간표를 확인하고 싶어요.

How much does it cost to get to the City Centre
by taxi?

택시를 이용하면 시티 센터까지 요금이 얼마나 나오죠?

What's the best way to go to the city?

시티까지 어떻게 가는 것이 가장 좋은 방법인가요?

숙소를 정하지 않고 호주에 간 경우에는 공항에서 백팩커 정보를 체크하고 시티로 나가는 것이 좋다.

여행 안내소 근처를 둘러보면 백팩커 광고판(십여 개의 백팩커 정보를 정리해둔 광고판)이 있고 광고판 앞에 전화기가 한 대 있다. 그 전화기로 백팩커에 예약하거나 픽업pick-up을 요청할 수 있다(무료). 시티에서 공항까지 20~30분 거리밖에 되지 않기 때문에 비싼 숙소가 아니면 공항까지 픽업해주지 않는다. 하지만 시티에 있는 트랜싯 센터Transit Centre(시외버스 터미널)나 중앙역Central Station에서 전화하면 픽업해주기도 한다.

Hi. I have a reservation to stay at your Backpacker's tonight and I'm at the Transit Centre now.

안녕하세요, 오늘 저녁에 그쪽 백팩커에 머물 예정인데,

지금 트랜싯 센터에 있습니다.

Could you please pick me up from the Transit Centre now?

지금 바로 픽업해주실 수 있으신가요?

공항에서 충분히 정보를 얻지 못했다 해도, 시티에 가서 호주 사람처럼 보이지 않는(호주 사람들은 백팩커를 이용할 일이 별로 없기 때문에 잘 모른다) 사람들을 붙잡고 물어보면 쉽게 괜찮은 백팩커를 찾아갈 수 있다.

백팩커 광고판

백팩커 브로슈어

백팩커 광고판

공중전화

3. 공항에서 시티로 가는 교통편

각 도시별 공항에서 시티까지 가는 교통편

(Adult/one way 기준)

공 항	거리	교통편	시간	요금
시드니	15Km	Airport Express Bus Airport Link Train Taxi	약 30분 약 15분 약 20분	약 A$14 약 A$15 약 A$40
멜버른	20Km	Skybus Super Shuttle Taxi	약 30분 약 25분	약 A$16 약 A$48
브리즈번	13Km	Coach Bus Air Train Taxi	약 30분 약 25분 약 20분	약 A$16 약 A$15 약 A$40
퍼스	20Km	Airport City Shuttle Taxi	약 30분 약 25분	약 A$18 약 A$38
케언스	6Km	Australia Coach Taxi	약 15분 약 10분	약 A$10 약 A$25
애들레이드	7Km	Sky Link Airport Shuttle Taxi	약 15분 약 10분	약 A$10 약 A$17
호바트	22Km	Airport Bus Service Taxi	약 35분 약 25분	약 A$15 약 A$50
다윈	12Km	Airport Bus Service Taxi	약 25분 약 15분	약 A$15 약 A$27
앨리스스프링스	17Km	Airport Bus Service Taxi	약 30분 약 20분	약 A$19 약 A$36
캔버라	11Km	Airport Express Shuttle Taxi	약 25분 약 15분	약 A$10 약 A$27

★브리즈번에서 골드코스트까지 버스로 약 A$46, 선샤인 코스트까지 약 A$51

★캔버라에 갈 경우, 보통 비행기보다 시드니나 멜버른에서 자동차를 타고 이동하는데, 시드니에서는 약 4~5시간, 멜버른에서는 약 8~10시간 걸린다.

★콜택시 전화번호
- 시드니 – Taxis combined: 133 300/ LEGION Cabs: 13 14 51/ 레디오 캡스: 677 2222/ RSL 캡스: 02 9581 1111/ 장애인용 택시: 02 8332 0200
- 멜버른 – 13 10 08(호주 전 지역 동일한 번호)/ 13 22 27
- 브리즈번 – 07 3391 0191/ 13 19 24
- 골드코스트 – Gold Coast Cabs 131 008
- 퍼스 – Black&White Taxis 131 008/ Swan Taxis 13 13 30
- 애들레이드 – 13 22 11
- 캔버라 – 13 22 27

버스나 기차로 시티 가기

호주 공항은 우리나라 고속버스 터미널 정도의 규도로 그리 크지 않기 때문에 쉽게 버스 정류장이나 기차역을 찾을 수 있다. 브리즈번 공항이나 시드니 공항으로 입국한 경우에는 Sky Train을 이용해도 편리하다.

용석	Excuse me. Could you tell me where the nearest bus stop is?
	실례합니다. 버스 정류장이 어디 있습니까?
인포메이션	Just over there. You can't miss it.
	바로 저기서 탈 수 있습니다. 찾기 쉬울 거예요.
용석	I'd like to go to the city by bus. How much will it cost?
	버스로 시티에 가려고 하는데 요금이 얼마죠?
인포메이션	The bus fare is ten dollars per person.
	한 명당 10달러입니다.

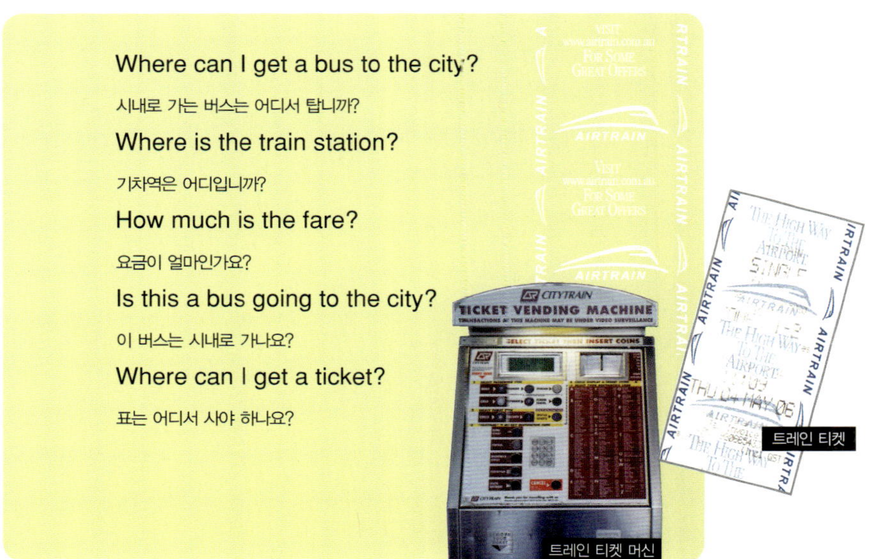

트레인 티켓

트레인 티켓 머신

버스 운전기사에게 목적지를 말하면 표를 끊어주면서 요금이 얼마인지 말해준다.

어디서 내리는지 잘 모를 때는 옆 사람한테 I have to go to China Town. Where should I get off?(차이나타운에 가려고 하는데, 어디서 내리면 됩니까?) 라고 물어보자.

택시로 시티 가기

택시를 타고 시티에 갈 수도 있다. 일행이 네 명 정도 된다면 시티로 이동할 때 택시를 타는 것이 더 저렴하고 편하다. 택시 타는 방법은 우리나라와 다를 바 없다. 공항 밖에 서 있는 택시 중에서 제일 앞에 있는 택시를 타고 도착지를 말하면 된다. 번지수와 거리 이름, 지역 이름을 말하면 도착한 후 운전기사가 Here's that address, sir.(여기가 손님이 말한 주소입니다)라고 말해줄 것이다.

★**택시 요금**
신용카드로 택시 요금을 계산할 수 있고 감사의 표시로 팁을 주기도 한다.

호주에는 일반 택시 외에 Maxi Taxi라고 부르는 봉고 택시가 있는데, 짐을 싣기에 좋아 워홀 메이커들이 이동하거나 이사할 때 자주 이용한다. Maxi Taxi의 요금은 일반 택시 요금과 동일하다.

Where is the taxi stand?
택시 타는 곳이 어디죠?

택시 기사	Good morning.
	좋은 아침입니다.
용석	Good morning. Can I put my bags in the back?
	안녕하세요? 트렁크에 짐을 넣어도 괜찮습니까?
택시 기사	Of course. What's your destination?
	(or Where are you going?)
	물론입니다. 어디로 모실까요?
용석	Please go to the Backpacker's Hostel in the city.
	시티에 있는 백팩커스 호스텔로 가주세요.

This is where I want to go.

(주소를 보여주며) 이곳으로 가주세요.

Would you please call a taxi for me?

택시 좀 불러주실래요?

Could you tell me how much it is to go to
Manly Beach?

맨리 비치까지 가는 데 요금이 얼마 정도 드나요?

How long will it take to get there?

거기까지 가는 데 시간이 얼마나 걸리죠?

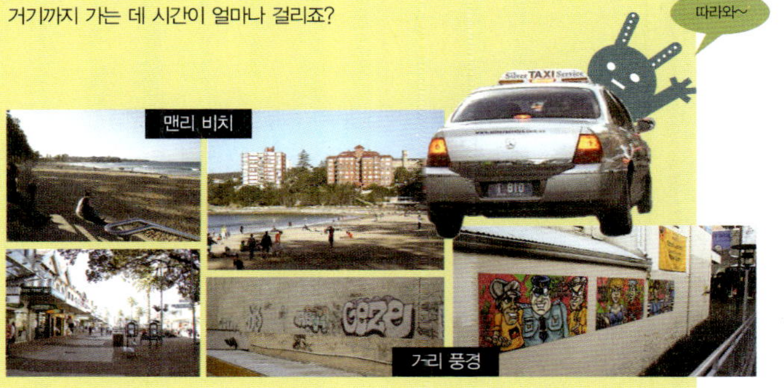

공항 픽업

한국에서 홈스테이를 신청하고 가면 보통 학교나 홈스테이 집에서 공항
으로 픽업을 나온다. 약속된 장소에서 여러분의 이름이나 앞으로 다닐 학
교 이름이 적힌 피켓을 들고 기다리고 있을 테니, 그들을 만나면 여러분
의 이름을 말하고 반갑게 인사를 나누자.

용석	Hi, I'm Yong-Seok Han from Korea.
	안녕하세요? 한국에서 온 한용석입니다.
픽업자	Oh, Mr. Han! Nice to meet you. Welcome to Australia!
	오, 용석! 반가워요. 호주에 오신 걸 환영합니다.
용석	Thank you.
	감사합니다.
픽업자	I will take you to your homestay now. Please follow me, Mr. Han.
	절 따라오시면 홈스테이 집까지 바래다 드리겠습니다.

호주 사람들은 처음 만날 때 악수를 하는 경우가 많다. 악수할 때는 상대
방의 눈을 보면서 가슴을 펴고 당당하게 손을 내민다. 살짝 미소까지 지
어주면 더 바랄 것이 없다. 상대방이 Please call me Jim.(나를 짐이라고 불러
요)라고 말하면 그때부터 그렇게 부르면 된다. 나름대로 예의를 차린답시
고 'Mr.' 나 'Mrs.' 를 붙이면 오히려 분위기가 딱딱해질 수 있다.

픽업을 신청하고 갔는데 공항에서 사람을 만나지 못한 경우에는 우선 20~30분 정도 더 기다려본다. 그들도 사람인지라 가끔 약속 시간보다 늦게 도착하기도 한다. 그래도 만나지 못했다면 여행 안내소에 가서 Excuse me? I have to meet the TIMESTUDY COLLEGE's bus driver here. But I can't see him.(타임스터디 대학 버스 기사를 이 근처에서 만나기로 했는데 찾지 못하고 있습니다)라고 말한다. 그러면 여행 안내소 직원으로부터 도움을 받을 수 있을 것이다. 일반적으로 이런 일에 대비해 학교 관계자들은 여행 안내소에 미리 조치를 취해놓는다.

픽업을 신청한 유학원 담당자에게 전화를 거는 방법도 있다. 서울에 전화를 하려면 공중전화 카드를 넣고 0011→82(국가번호)→2(서울지역번호)→받을 사람 번호를 누른다. 만약 전화카드나 전화에 사용할 동전(50센트)이 없으면 수신자 부담으로 전화를 건다. 담당자에게 픽업하는 사람을 만나지 못했다고 말하면 담당자가 그 이유를 확인한 다음, 어떻게 해야 할지 알려줄 것이다. 그냥 택시를 타고 홈스테이 집으로 찾아간 경우에는 택시비와 픽업비를 모두 환불받지 못할 수 있으니, 꼭 담당자와 통화한 후 그 지시에 따르도록 한다.

> **★수신자 부담 전화**
> 0101번(개인 전화기로 걸 때) 또는 0107번(공중전화)을 누르면 호주 교환원과 연결된다. 교환원에게 받을 사람의 전화번호와 지역, 통화할 사람의 이름을 말하면 전화를 연결해준다. 한국인 교환원과 연결하려면 1800(무료접속번호)-881-002를 누른다(하나로통신).

전화 거는 방법

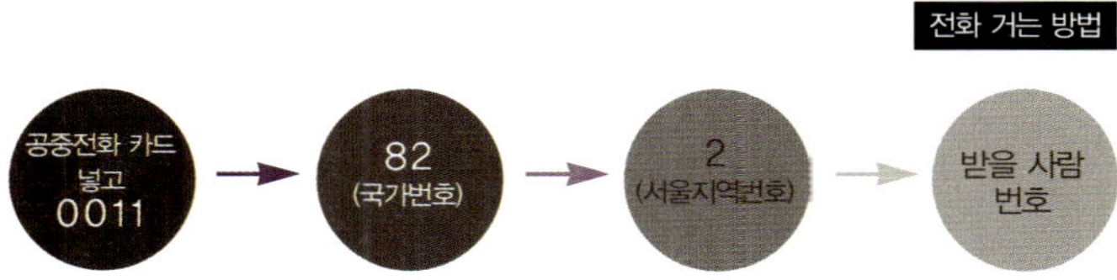

Part 2

한국에서 홈스테이를 정하고 간 경우가 아니라면 대부분 시티에 있는 백팩커에 머물면서 살 집을 구한다. 한 지역에서 다른 지역으로 이동할 때 역시 마찬가지다. 경제적 형편이나 개인 성향에 따라 셰어 하우스를 구하거나 홈스테이를 구하는데, 어느 정도 호주 물정에 익숙해지면 마음 맞는 친구들과 집을 렌트해서 사는 것도 괜찮다.

호 주 에 서
홀 로 서 기
SURVIVAL
ENGLISH
숙박 구하기
호주에서 두발
뻗고 잠자기

1. 백팩커스 호스텔

백팩커는 여행 때 가장 많이 이용하게 되는 여행자 숙소다. 한 달씩 장기 투숙하는 사람들도 있지만 주로 10일 이하로 이곳을 이용한다. 세면장, 샤워실, 화장실, 주방, 휴게실 등은 공동 사용이고 방은 1인실부터 보통 8인실까지 다양하게 있다. 남자와 여자가 같은 방을 쓰는 경우도 많다. 주방에는 간단한 주방 기기가 갖추어져 있어 직접 음식을 해먹을 수 있으며 세탁도 가능하다. 백팩커에 대한 정보는 VIP 카드 안내 책자나 각 지역의 인포메이션 센터, 트랜짓 센터, TNT 잡지 같은 여행 잡지 등에서 얻을 수 있다.

백팩커 명함

백팩커 잡지

VIP 카드 책자

방 구하기

숙박료는 어느 지역에 있는지, 몇 인실인지, 시설이 어느 정도인지에 따라 달라지며 보통 하룻밤에 A$25~A$30(8인실), A$30~A$35(4인실), A$60~A$80(2인실), A$70~A$90(1인실) 정도다. 이왕이면 시티에서 가까운 백팩커에서 지내는 것이 활동하기에 좋다. 백팩커마다 숙박료는 같아도 시설, 아침식사 및 픽업 제공 여부 등이 다를 수 있기 때문에 잘 비교해보고 결정하자.

보통 예약을 하고 가지 않아도 쉽게 방을 구할 수 있는데, 그 지역에서 특별한 행사를 하고 있거나 할 예정이라면 미리 전화로 예약을 하고 가는 것이 좋다. 예약할 때 신용카드 번호를 알려달라고 하는 백팩커도 있다.

★**예약**
인터넷으로도 백팩커를 예약할 수 있다.

숙소 직원	City Central Backpacker's Hostel. How can I help you?
	시티 센트럴 백팩커입니다. 무엇을 도와드릴까요?
용석	Hi. I'd like to reserve a room for this Friday.
	안녕하세요. 이번 주 금요일에 방을 하나 예약하고 싶습니다만.
숙소 직원	What kind of room would you like?
	어떤 방을 원하시는지요?
용석	I'd like a dorm room, please.
	도미토리요.
숙소 직원	Okay. How many nights will you be staying?
	알겠습니다. 얼마나 묵으실 겁니까?
용석:	I'll be staying for two nights. I would like to pay by credit card.
	이틀 묵을 예정입니다. 신용카드로 지불하겠습니다.
숙소 직원	You have to tell me your credit card number for your booking.
	예약하려면 신용카드 번호를 말씀해주셔야 합니다.

★**dorm room (dormitory):** 4~8명이 함께 쓰는 방

체크인 데스크

예약을 하고 난 뒤 백팩커에 가서 여권을 보여주면서 Hi. I have a

reservation here.(안녕하세요. 예약을 했는데요)라고 말하면 바로 체크인할 수 있다. 직접 가서 방을 구할 때는 Could I please have a room?(방을 구할 수 있을까요?)라고 말하면서 여권을 내밀면 된다. 체크인은 일반적으로 오후 2시 정도부터 가능하고 체크아웃은 오전 10시 전까지 해야 한다.

숙소 직원	**Please fill out this registration card?**
	숙박 카드를 작성해주시겠습니까?
용석	**Have I written this correctly? What time do I have to check out?**
	이렇게 작성하면 됩니까? 몇 시에 체크아웃을 해야 하나요?

Do you have any rooms available for tonight?

오늘 저녁에 투숙할 방이 있습니까?

Are there any cheaper rooms?

좀 더 저렴한 방은 없나요?

숙소 직원	**Do you have any discount cards?**
	할인 카드를 가지고 있습니까?
용석	**Yes. I have a VIP card. Here it is.**
	네, 가지고 있습니다. VIP 카드가 있어요. 여기 있습니다.
숙소 직원	**You can have a one dollar discount. So that's twenty one dollars, please.**
	1달러 할인되었습니다. 21달러입니다.

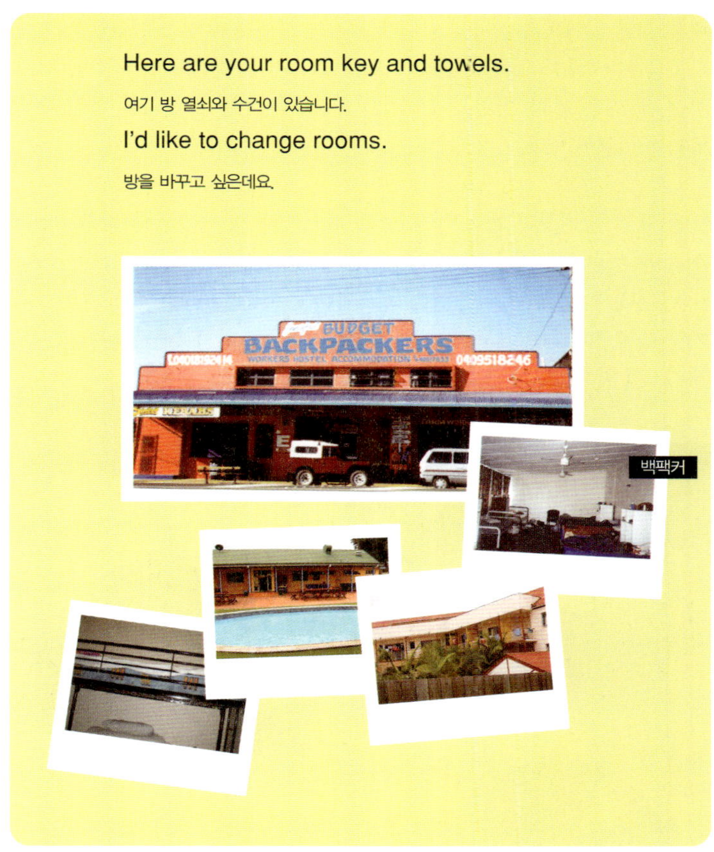

백팩커에서 생활하기

한 방에서 여러 사람이 생활하기 때문에 물건을 잃어버리지 않으려면 항상 가방을 잠가 두어야 한다. 배낭을 보면 지퍼가 두 개씩 달려 있는데 보통은 양쪽 지퍼에 있는 구멍을 연결해 자물쇠를 채운다. 하지만 여러분에게는 큰 가방과 작은 가방의 지퍼 네 개를 한꺼번에 자물쇠로 채우는 방법을 권하고 싶다. 제아무리 가방째로 훔쳐가는 대담무쌍한 도둑이라도 이렇게 채워진 가방은 다른 사람들 눈에 띄기도 쉽고, 들고 가기에도 무겁기 때문에 잘 건드리지 않는다.

난 여행을 할 때면 항상 이렇게 가방을 잠그고 다녔는데, 한번은 케언스에서 내 가방을 제외한 같은 방 친구들의 가방이 모두 털린 적이 있었다.

내 물건만 없어지지 않아서 나를 의심하는 사람들이 몇 있었지만 다행히 도둑을 본 사람이 있어 누명을 쓰진 않았다. 같은 방을 사용하던 미국 여학생 세 명은 여권, 항공권, MP3 플레이어, 디지털 카메라를 털려 출국 날짜를 미뤄야 했다.

비싼 물건을 여럿이 쓰는 방에 놓고 다니기가 정 불안한 사람은 Front desk에 I would like to put some valuables in the safety-deposit box.(금고에 제 귀중품을 맡기고 싶습니다)라고 말하고 귀중품을 맡길 수도 있다. 하지만 귀중품 금고가 없는 백팩커가 많기 때문에 자기 물건은 자기가 잘 챙기도록 하자.

백팩커에는 여러 나라에서 온 워홀 메이커들과 여행자들이 모이기 때문에 요긴한 여행 정보를 얻을 수 있고 다양한 친구들도 사귈 수 있다.

브리즈번에서 멜버른으로 가던 길에 며칠 시드니 백팩커에서 지낼 때였다. 같은 방을 쓰던 프랑스 친구와 이런저런 이야기를 나누던 중 그 친구가 멜버른에서 지냈다는 걸 알게 되었다. 마침 내가 멜버른에 갈 거라고 말했더니 자기가 멜버른에 있을 때 지냈던 셰어 하우스라며 그 집 주소를 적어주었다. 덕분에 나는 멜버른에 도착하자마자 안정적으로 생활을 시작할 수 있었다.

용석	Hi! I'm Yong Seok from Korea.
	안녕! (악수를 청하며) 나는 한국에서 온 용석이라고 해.
여행자	Oh! Hi. I'm Rebecca. I'm from Canada. Nice to meet you.
	외 안녕. 나는 레베카라고 해. 캐나다에서 왔어. 만나서 반가워.
용석	Actually, I just arrived in Australia. So this place is still new to me.
	사실 호주에 도착한 지가 얼마 안 돼서 아직 낯설어.
여행자	Oh yeah? I've been traveling in Australia for about six months. Humm. Do you have any plans for tonight?
	아, 그래? 나는 벌써 호주 여행한 지 6개월 정도 됐어.
	음. 오늘 저녁에 특별한 계획이 있니?
용석	No, nothing. Why?
	아니, 없어. 왜?
여행자	How about going to the pub with me?
	괜찮으면 나랑 술 한잔하러 갈래?
용석	Alright. Sounds great!
	그래, 좋아!

남녀가 같은 방을 쓰기 때문에 때로는 난감한 일을 겪기도 한다. 처음 백팩커에 갔을 때 같은 방을 쓰던 미국인 여자애가 내 앞에서 아무렇지도 않게 옷을 갈아입는 바람에 놀란 적이 있었다. 또 밤새 옆 침대 에서 남녀가 미성년자 관람 불가 영화를 찍어대는 통에 날밤을 꼬박 새우기도 했다. 우리나라에서는 상상도 할 수 없는 일이지만 백팩커에서는 이런 일 이 흔하다.

Big Hostel

시드니 센트럴 역에서 걸어서 5분 거리에 있으며 시티 중심가이기 때문에 다니기가 수월하다.

212 Elizabeth St. Surry Hills
02-9281-6031
www.bighostel.com
booking@bighostel.com

Oasis Backpackers

센트럴 역에서 도보로 3분 거리. 초기 정착에 필요한 한글 생활정보를 무료로 제공해준다. 무선 인터넷 사용도 가능하다.

141 Commonwealth St. Surry Hills
070-7565-7942/ 02-9211-8088
www.oasisbackpacker.com

Boardrider Backpacker

시드니에서 가장 유명한 맨리 비치 쪽에 있으며 유럽 학생들이 많다.

63 the Corso Manly
02-9977-6077
www.boardrider.com.au
info@boardrider.com.au

멜버른
Melbourne

Flinders Station Hotel

멜버른 시내에 위치해 있으며 멜버른 중심 역인 플린더스 역과 가깝다.

35 Elizabeth St. (cnr Flinders Lane)
03-9620-5100
www.flindersbp.com.au
res@flindersbackpackers.com.au

Melbourne International Backpackers

멜버른 터미널에서 가깝고 규모가 크며 다양한 레포츠 신청이 가능하다.

450 Elizabeth St. (cnr Franklin St.)
1800-557-891
www.mibp.com.au
res@mibp.com.au

Hotel Bakpak

멜버른 시티 중심에 있으며 규모가 크고 24시간 무료로 인터넷을 사용할 수 있다. 공항으로 픽업해주기도 한다.

167 Frankin St.
03-9329-7525
www.bakpakgroup.com
resfrankin@bakpakgroup.com

브리즈번
Brisbane

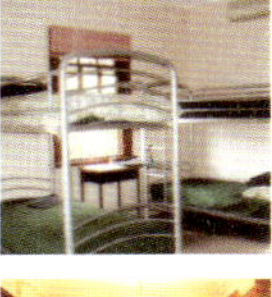

Valley Verandas

브리즈번 차이나타운 쪽에 있으며 다른 곳보다 조금 저렴한 편이다. 한국인 주인에서 중국인 주인으로 바뀌어 동양인들이 많이 이용한다.

11 Grenier St. Spring Hill
07-3252-1820, 1800-680-320
www.valleyverandas.com.au
info@valleyverandas.com.au

X Base Backpackers

시티 센트럴 스테이션 바로 앞에 있으며 지하 술집에서는 밤마다 다양한 파티가 열린다.

308 Edward St.

07-3211-2433
www.stayatbase.com
brisbane@stayatbase.com

Prince Consort Backpackers

중간 규모의 백팩커로 차이나타운 중심가에 있으며 시설이 깨끗하고 당구대와 휴게실이 있다.

230 Wickham St. Fortitude Valley
07-3252-4136
www.princeconsort.com.au
info@princeconsort.com.au

애들레이드
Adelaide

My Place

규모는 작은 편이지만 시설이 깨끗하고 숙박료가 저렴하다.

257 Waymouth St.
08-8221-5299
www.adelaidehostel.com.au
bookings@adelaidehostel.com.au

Cannon St. Backpackers

규모가 크고 다양한 액티비티 신청이 가능하다. 무료로 아침식사 제공.

110 Franklin St.
08-8410-1218
www.cannonst.com.au
cannonst@bigpond.net.au

Hostel 109

40명 정도 지낼 수 있는 규모로, 시티 중심가에 있고 숙박료가 저렴한 편이다.

109 Carrington St.
08-8223-1771
www.hostel109.com
hostel109@dodo.com.au

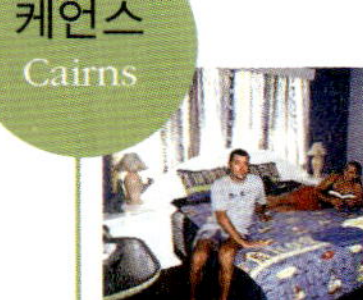

대도시별
추천 백팩커

Calypso Inn

케언스 시티 내에 있으며 규모가 크고 수
영장 시설을 갖추고 있다.

5 Digger St.
07-4031-0910
www.calypsobackpackers.com.au
fun@calypsobackers.com

Caravella Backpackers Resorts

숙박료는 조금 비싼 편이나 케언스 시티
내에 있으며 규모가 크고 수영장 시설을
갖추고 있다.

149 the Esplanade
07-4051-2431
www.caravella.com.au
info@caravella.com.au

Surfer's Paradise Backpackers

서퍼스 파라다이스 중심가에 의치해 있으
며 시설이 깨끗하고 테니스 코트가 있다.

2837 Gold Coast Highway
Surfer's Paradise
1800-282-800
www.surfersparadisebackpackes.com.au
spbr@bigpond.net.au

Surf N Sun Beachside Backpackers

바닷가까지 걸어 다닐 수 있는 거리.

3323 Gold Coast Highway
Surfer's Paradise
07-5592-2363
www.surfnsun-goldcoast.com
info@surfnsun-goldcoast.com

Coolibah Lodge Backpackers

퍼스 시티에 위치. 고풍스런 인테리어와
깨끗한 주방, 휴게실.

194 Brisbane St. Northbridge
08-9328-9958
www.coolibahlodge.com.au
mail@coolibahlodge.com.au

Central City Backpackers

호바트의 중심가에 있고 주변에는 여러
쇼핑타운이 있다.

138 Colins St.
03-6224-2404
www.centralbackpackers.com.au
bookings@centralbackpackers.com.au

Castaway's Backpackers

시티 중심가에 있으며 규모가 크지 않고
숙박료가 비싸지 않다. 시설이 깨끗하고
수영장이 있다.

207 Sheridan St.
07-4051-1238
www.castawaysbackpackers.com.au
castaways@castawaysbackpackers.com.au

Koala Resort

시티에 있으며 여러 가지 액티비티를
신청할 수 있다.

137-139 Lake St.
07-4051-4933, 1800-066-514
www.koalaadventures.com
backpackers-info@koalaresort.com.au

The Old Swan Barracks

퍼스 시티에 있으며 규모가 크다. 모든 방
에 전화기가 있고 휴게실에는 게임기와
당구대가 설치되어 있다.

6 Francis St.
08-9428-0000
www.theoldswanbarracks.com
stay@theoldswanbarracks.com

Transit Backpackers

리버풀 스트리트에 위치한 깨끗한 백팩커
로, 근처에 salamanca 마켓이 있다.

251 Liverpool St. Hobart
03-6231-2400
www.transitbackpackers.com
transitbackpackers@hotmail.com

2. 셰어 하우스

자고로 사는 곳이 정해져야 안정감이 생기는 법! 백팩커에서 지내는 동안 자신의 보금자리가 될 셰어 하우스를 구해보자. 셰어는 쉽게 말해 우리나라의 자취방과 비슷한 개념이다. 대개 처음 셰어 하우스에 들어갈 때 보증금bond(주당 방값×2~4주)과 2주일치 방값을 미리 내며, 보증금은 셰어 하우스에서 나올 때 돌려받을 수 있다. 하지만 파손된 기물이 있으면 돌려주지 않는 주인들도 있다. 물건을 아끼면서 사용하도록 하자.

주당 방값(단위 : A$)

시드니

1인 1실 시티에서 20분 지역	140~150
1인 1실 시티 아파트	260~280
2인 1실 시티 아파트	140~160

멜버른

1인 1실 시티에서 20분 지역	130~140
1인 1실 시티 아파트	240~260
2인 1실 시티 아파트	140~150

브리즈번

1인 1실 시티에서 20분 지역	110~130
1인 1실 시티 아파트	220~240
2인 1실 시티 아파트	130~150

기타 지역

1인 1실 시티에서 20분 지역	100~120
1인 1실 시티 아파트	210~230
2인 1실 시티 아파트	130~140

셰어 하우스 구하기

셰어 하우스를 구하는 가장 보편적인 방법은 어학연수 학교, 대형 마트, 대학의 알림판에 붙어 있는 정보를 이용하는 것이다. 각 지역에 있는 유학원이나 한인 마켓의 게시판에도 셰어 하우스 광고가 붙어 있는데, 여기에 있는 광고들은 대부분 한국인들이 낸 것이다. 가인즈으로 한국인 셰어 하우스에 들어가는 것은 별로 권하고 싶지 않다. 한국인과 지내면 아무래도 영어로 말할 기회나 타문화를 경험할 기회가 그만큼 줄어들기 때문이다.

Do you know where the nearest college or university is?

혹시 이 근처에 어학연수 학교나 대학교가 어디에 있는지 아세요?

Could you show me the way on this map?

어떻게 가는지 이 지도에 표시 좀 해주시겠어요?

용석	**Where can I get information about share houses here?**
	어디에서 셰어 하우스 정보를 얻을 수 있을까요?
행인	**You can find that kind of information on the notice board on that building.**
	음. (건물을 가리키며) 바로 저 건물에 있는 공지 게시판에서 관련 정보를 찾을 수 있을 거예요.

Excuse me? Can you tell me where the notice board is?

실례지만, 공지 게시판이 어디에 있나요?

셰어 하우스를 구할 때는 보증금이나 주당 방값, 교통편, 자신이 사용할 방의 가구 종류, 전기세, 셰어 메이트, 연락처 등을 꼼꼼히 체크해보자. 그리고 맘에 드는 집이 있으면 반드시 직접 찾아가서 보고 난 후 결정하도록 하자. 의외로 이상하고 지저분한 집들이 많다. 한 집에 방이 3개 있으면 셰어 메이트는 3~4명 정도가 적당하다. 셰어 메이트가 너무 많으면 집이 어지러워지고 조용하게 쉬는 분위기가 잘 안 잡힌다.

한번은 일하는 곳에서 가까운 셰어 하우스를 구하기 위해 그 주변에서 정보를 얻어 전화를 건 적이 있었다. 일하는 곳까지 걸어서 10분 거리에 있는 집이었는데 호주 대학생 네 명이 함께 살고 있고 방값이 주당 A$70이며 강 옆에 있는 집이라 뒷마당에서 낚시도 할 수 있다고 했다. 조건이 꽤 마음에 들어 당장 이삿짐을 싸서 그 집을 찾아갔다. 그런데 이게 웬일인가. 레게 파마머리를 하고 눈이 풀린 채 온몸에 붉은 반점이 있는(마약하는 사람들의 전형적인 모습) 여학생이 나를 맞이하러 나오는 것이 아닌가. 안내를 받아 들어간 거실 바닥에는 보드카 병이 굴러다니고 먼지가 뽀얗게 쌓여 있었다. 거실과 연결된 뒷마당 옆으로는 정말 강이 흐르고 있었지만 뒷마당은 잡초를 제거하지 않아 밀림을 연상시킬 만큼 엉망이었다. 그리고 엄청나게 날아다니던 그 벌레 떼. 내 방이라고 보여준 방에는 카펫도, 침대나 책상 같은 가구도 하나 없었다. 나는 5분도 채 앉아 있지 못하고 정말 미안하지만 다른 집을 알아보겠다고 말하고 나와버렸다. 그러고서 며칠 백팩커에 있으면서 다른 집을 알아보았다. 그 이후로 나는 셰어 하우스를 옮길 때면 항상 이사 갈 집을 눈으로 확인해보고 난 다음에 결정했다.

| 집주인 | Hello? 여보세요? |

용석
Hi. I'm looking for a share house. Do you still have
a room available?

안녕하세요. 제가 셰어 하우스를 찾고 있거든요. 아직 방이 남아 있나요?

집주인
Yes, I do.

네, 있습니다.

용석
Well, is it okay if I come and see it this afternoon
around one o'clock.

음. 그럼 제가 오늘 오후에 직접 집을 보러 가도 될까요? 대략 오후 1시쯤에요.

집주인
Yes, It's okay. Do you have my address?

네, 가능합니다. 주소는 알고 계신가요?

용석
Yes, I do. I'll call you again if I can't find your house.

네. 집을 못 찾겠으면 다시 전화하도록 하죠.

집주인
Alright. See ya.

좋습니다. 그럼 조금 있다 봐요

How many rooms does your share house have?

셰어 하우스에 방이 몇 개 있어요?

How much is the rent per week?

주당 방값이 얼마입니까?

Only eighty dollars per week.

주당 80달러입니다.

Is your share house fully furnished?

셰어 하우스에 가구가 전체적으로 딸려 있습니까?

Are utilities included in the weekly rate?

주당 방값에 공공요금이 포함됩니까?

게시판에 같은 광고가 오래 붙어 있다면 그 집은 한번쯤 의심해봐야 한다. 조건이 좋은 집이라면 광고가 나오자마자 서로 들어가려고 했을 테니 말이다. 대부분 가구나 기본적인 전자제품, 그릇 등은 셰어 하우스에서 무상으로 제공하며 샴푸, 비누, 치약, 양념 같은 소모품은 개인적으로 구입해야 한다.

시티에서 떨어져 있는 집을 구할 때는 집이 버스 정류장이나 기차역에서 가까운지도 살펴보아야 한다. 그래야 밤늦게 귀가할 때 덜 위험하고 이동하기도 편하다.

셰어 기본 에티켓

이사 나가기 2주 전에는 집주인house owner에게 반드시 말해주어야 한다. 미리 말하지 않고 이사할 경우에는 빈방의 방값을 본인이 부담해야 하기 때문에 보증금을 돌려받지 못할 수도 있다. 또 처음 셰어를 시작할 때 지낼 기간을 약속했다면 그 기간을 채우고 나와야 한다. 불가피하게 약속 기간을 채우지 못할 때는 그 방에서 지낼 다른 사람을 구해주고 나가는 것이 예의다.

용석	Excuse me, Jenny. I'd like to move to Melbourne in two weeks.
	이봐요, 제니. 사실 제가 2주 뒤에 멜버른으로 이사하게 됐어요.
집주인	Oh, yeah? But you told me you would stay here more than three months.
	응, 그래? 하지만 여기서 3개월 이상 지낼 거라고 했었잖아.
용석	I know. I'm sorry about that. Actually, one of my friends would like to stay here in my place. Is that OK?
	네. 정말 죄송해요. 사실, 저 대신 제 친구가 이 집에서 지내고 싶어 하는데 괜찮을까요?
집주인	Oh, really? That sounds alright.
	아, 그래? 다행이네.
용석	He can come here if you want to see him tonight.
	오늘 저녁에 제니가 보자고 하면 그 친구가 올 수 있대요.

| 집주인 | Okay. I'll see him with you tonight. Are there any problems with your room? |

좋아. 그럼 너와 네 친구를 오늘 저녁에 함께 보기로 하자.

네 방에 특별한 문제는 없지?

| 용석 | No, Not at all. You can check it if you want. |

네, 전혀 없어요. 원하시면 방을 체크해보셔도 되고요.

When can I pay the room charge for you?

방세는 언제 내면 되나요?

Can I get some salt?

소금을 좀 써도 될까요?

What do you think of having dinner with me?

저녁 같이 먹을래요?

Please turn down the TV volume for me. I think that's too noisy.

텔레비전 소리가 너무 큰데 조금만 줄여주시겠어요?

I'm sorry but I lost my key.

열쇠를 잃어버렸어요.

Can I help you when you get dinner ready?

저녁 준비하실 때, 제가 도와드릴까요?

Let's go out for dinner tonight.

우리 오늘 저녁은 외식해요.

Let's play the board game together after dinner.

저녁식사 후에 우리 다 같이 보드게임해요.

Can I use your computer just a few minutes?

잠시 몇 분 동안만 컴퓨터 좀 사용해도 될까요?

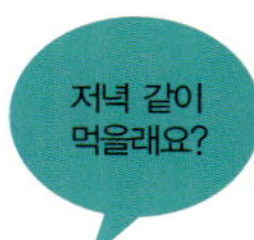

3. 홈스테이

홈스테이는 우리나라 하숙과 비슷한 개념으로 일정 금액을 지불하고 외국인 가정집에서 숙식을 제공받는 숙박 형태다. 호주 생활에 대해 잘 모르는 상태에서 집을 구하고 장을 봐서 밥을 해먹을 것이 염려된다면 비용은 좀 더 들더라도 한두 달 정도 홈스테이를 해보는 것도 괜찮다. 또 홈스테이 가족은 처음 호주에 오는 학생들을 많이 접해보았기 때문에 영어를 잘 하지 못하더라도 학생들이 무엇을 원하고 어떤 정보를 필요로 하는지 알고 도움을 준다. 출국 2~3주 전에 유학원을 통해 한국에서 미리 예약하면 공항에서 픽업받을 수 있다.

홈스테이 주당 금액
(단위: A$)

지 역		시드니	멜버른	브리즈번	기타 지역
금액	18세 이상	240~260	240~260	220~240	220~240
	18세 미만	275~290	275~290	255~270	255~270

도착 첫날

나도 처음 한 달 동안은 유학원에서 소개시켜준 호주 가정에서 홈스테이를 했다. 도착 첫날, 집안에서도 신발을 신고 돌아다니는 사람들을 보며 낯설어했던 기억이 난다. 가족들과 인사를 하고 방에 짐을 대충 풀고 나자, 홈스테이 엄마는 바구니를 주며 빨래를 바구니에 넣어두면 빨아준다고 하면서 이런저런 집안 규칙들을 말해주었다. 당시 영어를 한마디도 하지 못했던 내가 홈스테이 엄마의 말을 이해했던 걸 보면, 홈스테이 엄마의 경력도 보통은 아니었던 것 같다. 집안 규칙은 홈스테이 엄마의 노하우와 나의 눈치로 대충 알아들을 수 있었지만, 다음날 버스를 타고 학교에 가는 방법을 설명해줄 때는 정말 무슨 말인지 도무지 알 수가 없었다.

처음 홈스테이 집에 도착하면 간단하게 가족 소개를 하고 방으로 안내해준다. 인사할 때는 부끄러워하지 말고 밝게 웃으면서 만나서 기쁘다는 표현을 하자. 그러면 그들도 더 반가워한다.

용석	Hi. Nice to meet you. My name is Yong Seok Han. I'm from Seoul, Korea. Please call me Tommy.
	안녕하세요. 만나서 반갑습니다. 한국의 서울에서 온 한용석입니다. 토미라고 불러주세요.
홈스테이 가족	I'm very glad to see you, Tommy. Let me introduce you to my family. This is my husband, John, and my son, Daniel.
	만나서 정말 반가워요. 토미에게 우리 가족을 소거해줄게요. 이쪽은 제 남편 존이고, 이쪽은 아들 다니엘이에요.
용석	Hi, John. Hi, Daniel. I'm very happy to meet you, too.
	안녕하세요, 존. 안녕, 다니엘. 만나서 정말 반가워요.
홈스테이 가족	Now, I'll show you around.
	그럼 지금부터 집을 안내해줄게요.
용석	Thanks. 감사합니다.

Please write your name down here.
여기에 당신 이름을 좀 적어주시겠어요?
What a big dog you have. I love it.
와, 큰 개가 있네요. 저도 정말 좋아해요.
I think this room will be really good for me.
이 방 정말 좋네요.

혹시 한국에서 준비해간 선물이 있으면 I hope you like it.(맘에 들었으면 좋겠네요)라는 말과 함께 전해주는 것도 서로 마음을 열 수 있는 좋은 계기가 된다. 개인적으로 선물은 너무 비싼 것보다 저렴하면서도 우리나라를 상징할 수 있는 물건이 좋은 것 같다.

용석	**Here's a gift for you from Korea. I hope you like it.**
	한국에서 가져온 선물이에요. 마음에 들었으면 좋겠는데.
홈	**Oh!! It's so cute. Thank you.**
	어쩜. 정말 귀여워요. 고마워요.
용석	**This is a Korean traditional doll to bring happiness to your family.**
	이건 한국 전통 인형이에요. 가족들의 행복을 기원하는 의미에서.
홈	**Oh yeah? Thank you very much, Tommy. Thank you.**
	아, 그래요? 정말 고마워요, 토미. 고마워요.

This is Korean money.

한국 돈이에요.

Have you ever been to Korea?

한국에 가본 적 있으세요?

I hope you can come to Korea someday. I'll show
you around.

언젠가 한국에 꼭 오십시오. 제가 안내해 드릴게요.

Seoul is the capital city of Korea and its population
is over 15 million.

한국의 수도는 서울이고 인구가 1,500만 명이 넘어요.

Busan is the second largest city in Korea.

부산은 한국에서 두 번째로 큰 도시입니다.

This is my first visit to Australia.

호주에는 처음 왔어요.

In my family there's just my parents and me. I'm
an only child.

우리 가족은 부모님과 저, 이렇게 세 명이에요. 전 오동이랍니다.

How can I get to school?

학교에는 어떻게 가죠?

홈스테이 가족과 친해지기

호주인 가정에 들어가서 생활할 것이 기대도 되는 동시에 걱정
도 될 것이다. 원래 가족이 아닌 다른 사람과 어울려 함께 산
다는 것이 쉬운 일은 아니니까 말이다. 게다가 문화나 사고방
식이 다르기 때문에 더 어렵게 느껴질 수도 있다. 하지만
그네들의 문화와 생활 방식을 이해하고 맞춰 지내려고
노력한다면 금방 친해질 수 있으니 너무 걱정하지 말
자. 또 홈스테이 아줌마, 아저씨를 호주 어머니, 아버지
라고 생각하면서 열린 마음으로 대하면 그들도 여러분
을 진짜 가족으로 여기고 그렇게 대해줄 것이다.

평소 저녁식사를 하면서 학교에서 있었던 일이나 그날 있었던 특별한 일에 대해 이야기를 나누거나 함께 TV, Video를 보면서 친해지는 시간을 가지도록 해보자.

홈	How was your class today?
	오늘 수업 어땠니?
용석	It was a little hard, but I had a great experience.
	조금 힘들긴 했지만 굉장히 좋은 경험을 했어요.
홈	Oh, yeah? What did you do?
	그래? 뭘 했는데?
용석	I had to give a speech about myself and my country. And I learned a little bit about Australia. I tried to use English every time I spoke today.
	우리나라와 저에 대해 발표했어요. 호주에 대해서도 조금 배웠고요. 오늘은 뭘 설명할 때 항상 영어로 말하려고 했어요.
홈	That's great.
	정말 멋지구나.

하루는 홈스테이 아빠의 생일 파티를 한다고 친척들과 아빠의 친구들 십여 명이 집에 온 적이 있었다. 당시 집에 사람들이 너무 많아 부담스럽기도 하고 무엇을 해야 할지 몰라 난 그냥 내 방에 있었다. 사람들이 자꾸 밖으로 나오라고 해서 어색해하면서 나갔더니 다들 반갑게 맞아주었다. 영어 실력이 짧아 대화를 많이 나누진 못했지만 내 특기인 태권도를 보여주자 다들 정말 좋아했다. 그 자리에서 사귄 몇몇 사람들과는 지금도 연락을 한다.

영어에 자신이 없다고 움츠리고 방에만 있으면 홈스테이 가족과 사이가 더 멀어지고 어색해진다. 의사소통은 언어로만 하는 것이 아니다. 무엇보다 중요한 것은 마음가짐이다.

홈스테이 기본 에티켓

목욕을 한답시고 너무 오랫동안 샤워실을 사용하지 않도록 주의한다. 여러분도 알다시피 목욕 문화는 우리에게만 있는 것이라 호주 사람들은 잘 이해하지 못한다. 또 호주 사람들은 물을 아껴 쓰기 때문에 샤워를 해도 빨리 끝내는 편이다. 샤워한 뒤에는 바닥의 물기를 닦아내고 머리카락도 깨끗이 치우도록 하자.

보통 저녁식사는 홈스테이 가족과 함께 하는데, 혹시 밖에서 먹고 들어갈 경우에는 본인의 식사를 준비하지 않도록 미리 알려주는 것이 예의다. 정해진 식사 시간까지 집에 도착하지 못할 때도 미리 전화하면 본인의 저녁 식사를 남겨둔다.

용석	**Hello. This is Tommy.**
	여보세요? 저 토미입니다.
홈	**Hey, Tommy. What's up mate?**
	응, 토미. 무슨 일이에요?
용석	**I'm going to the city with my classmate today. I think I'll be home a little late. Is that okay?**
	사실 지금 반 친구랑 시티에 가려고 하거든요. 오늘 조금 늦게 집에 갈 것 같은데, 괜찮겠어요?
홈	**Sure. That's fine. Thank you for calling, Tommy.**
	물론이에요. 괜찮아요. 전화해줘서 고마워요, 토미.
용석	**I'm afraid I'll be late for dinner. Could you please save some dinner for me? I'll be home around 7:30.**
	저녁식사에 늦을 것 같아요. 저녁을 좀 남겨주실 수 있나요? 7시 30분 정도에 집에 들어갈 것 같아요.
홈	**Yes, I will. Take care.**
	알았어요. 그렇게 할게요. 조심히 다녀와요.
용석	**Thank you.**
	감사합니다.

식사를 마친 후에는 당연히 감사하다는 말을 하는 것이 좋다. Thank you for dinner. It was lovely.(감사합니다. 정말 맛있었어요) 뭐, 이런 식으로 말이다. 그리고 여러분의 그릇은 각자 알아서 싱크대에 넣도록 한다. 홈스테

이 엄마가 좋아한다. 식사 전에 가족과 함께 식사 준비를 하는 것도 재밌다. 요리를 할 때 옆에서 도와준다든지, 식기류를 세팅한다든지 말이다.

용석	**Can I help you?**
	도와드릴까요?
홈	**Well, you could set the table.**
	그래요, 그럼 식탁 좀 차려주세요.
용석	**Oh, sure. What are you cooking today?**
	네, 오늘은 뭘 만드시는 거예요?

부득이하게 홈스테이 집 전화를 사용해야 할 때는 홈스테이 가족에게 미리 물어보자. 그러면 공사를 확실하게 구분하는 것이 서구 문화인지라, 대부분 통화할 때마다 전화 이용 내역을 적고 나중에 계산해서 전화비를 받겠다고 말한다. 국제전화 선불카드로 한국에 전화할 경우에는 전화카드 뒷면에 있는 설명을 보여주면서 전화비와 연결 요금이 무료라는 점을 설명해주자.

용석	**Is it alright if I use your phone to call Korea?**
	한국에 전화를 걸었으면 하는데, 전화기를 사용해도 될까요?
홈	**Yeah. Go ahead. But please write your name and the time down on that notepaper.**
	네, 괜찮아요. 그 노트에 이름과 시간을 적어줘요.
용석	**Okay, thanks. I'll pay you the cost of the call.**
	알겠습니다. 고마워요. 나중에 요금을 드릴게요.

> **How can I pay when I use your phone?**
> 집 전화를 사용하고 나서, 제 전화비는 어떻게 낼까요?

친구를 홈스테이 집으로 초대하고 싶다면 가족들에게 꼭 사전에 동의를 구하고, 자기 방 청소는 자기가 하도록 한다.

용석	Could you do me a favour?
	부탁 하나 드려도 될까요?
홈	Yes. What's up?
	네, 뭔가요?
용석	Is it alright if my friend, John, stays with me in my room tomorrow night?
	내일 제 친구 존을 제 방에서 재워도 될까요?
홈	Sure. 물론이에요

세탁은 대부분 본인이 직접 하는데, 홈스테이 집에 있는 세탁기를 사용하면 된다. 너무 상식적인 말이긴 하지만 빨래는 모아놓았다가 일주일에 한 번 정도 하도록 하자. 호주 가정에서는 일반적으로 일주일에 1~2회 정도 세탁기를 돌린다.

용석	I have some laundry to do. Can I please use the washing machine?
	세탁할 게 좀 있는데, 세탁기를 사용할 수 있을까요?
홈	Please put your laundry in that basket. We usually use the washing machine every weekend.
	세탁물은 세탁물 바구니 안에 넣어줄래요? 우리는 보통 주말에 세탁기를 사용하거든요.

귀가 시간이 늦을 때는 몇 시쯤 집에 들어가는지, 외박을 할 때는 외박을 한다고 미리 말해주어야 한다. 한번은 친구 생일 파티에 갔다가 버스가 끊겨 그냥 친구 집에서 잔 적이 있었다. 다음날 학교에 갔더니 나 때문에 학교에 난리가 나 있었다. 연락도 없이 집에 들어오지 않자 홈스테이 엄마가 경찰에 실종 신고를 했던 것이다. 홈스테이 가족들이 걱정하지 않도록 미리 전화하는 센스를 발휘하자.

다른 곳으로 이사를 갈 때는 반드시 이사 가기 2주 전에 홈스테이 주인에게 그 사실을 알려주어야 한다. 그래야 주인도 여러분이 나가고 난 다음에 들어올 사람을 알아볼 수 있으니 말이다.

4. 렌트 하우스

렌트의 장점은 뭐니 뭐니 해도 다른 사람 눈치 보지 않고 마음 편히 지낼 수 있다는 거다. 하지만 자기 이름으로 집을 빌리는 것이기 때문에 계약 기간이 끝나기 전에는 이사하기가 쉽지 않다. 따라서 체류 기간을 잘 따져보고 계약을 해야 한다. 렌트 비용은 방 개수와 집 위치, 집 상태, 동네에 따라 많이 다르다. 시티에서 15분 이상 떨어져 있으며 가구가 없는 studio식의 원룸을 렌트하는 데 보통 주당 350달러 정도.

렌트 하우스 구하기

집을 렌트하려면 우선 살고 싶은 지역에 있는 부동산real estate agency을 찾아가야 한다. 어떤 집을 원하는지 말하면 부동산에서 집을 추천해주는데, 마음에 드는 집이 있으면 예치금으로 약 A$30를 맡기고 집을 둘러본다. 예치금은 집을 둘러본 뒤 돌려받는다.

용석	Excuse me. I'm looking for a place to rent. Can I see some places?
	실례합니다. 제가 렌트 하우스를 찾고 있거든요.
	집을 좀 볼 수 있을까요?
부동산 중개인	Of course you can. What type of rental property are you looking for?
	물론이지요. 어떤 렌트 하우스를 찾고 있나요?

가구가 있는 집도 있고 없는 집도 있는데, 1년 이하로 지낼 예정이라면 가

구가 갖춰져 있는 집을 렌트하는 것이 가구를 사고파는 수고를 덜 수 있고 금전적인 손해도 덜하다. 가구가 있는 집을 구하고 싶을 때는 I'm looking for a fully-furnished apartment.(가구가 있는 아파트를 찾고 있어요)라고 말하면 된다. 가구가 없는 집은 unfurnished라고 한다. 우리나라와 동일하게 아파트apartment(flat), 빌라unit, 일반 집house 등을 렌트할 수 있다.

가구가 없는 렌트 하우스를 빌린 경우 기본적으로 세탁기, TV, 냉장고, 침대, 책상, 식탁, 의자, 청소기, 식기구 등이 필요하다. 호주 집에는 대부분 붙박이장이 있는데 옛날에 지은 집에는 없는 경우도 있다. 어떤 물건을 구입하느냐에 따라 다르지만 어느 정도 구비하고 지내려면, 대략 A$1,000(중고 제품) 정도 든다.

I'm looking for a two bedroom house to rent.
Do you have anything available?

방 두 개짜리 집을 찾고 있는데, 혹시 임대 가능한 집이 있습니까?

What's the rent?

임대료가 얼마인가요?

Is there always a security guard on duty?

관리인이 항상 있나요?

When is it available?

언제부터 이 집을 사용할 수 있죠?

Could you show me another apartment?

다른 아파트도 좀 볼 수 있습니까?

6개월 또는 1년 단위로 계약하며, 보통 4주 임대료를 보증금으로 미리 지불한다. 부동산에 따로 주는 중개 수수료는 없다. 임대료는 격주 또는 매달 부동산에 송금하고, 공공요금이나 전화비는 매달 또는 3개월에 한 번씩 공과금 납부 고지서를 받아 개인적으로 은행이나 우체국에 가서 납부한다.

용석	Oh! It looks great. I'll take it.
	오! 굉장히 좋네요. 여기로 하겠습니다.
부동산	Alright. Now please read this agreement carefully.
	알겠습니다. 그럼 이 계약서를 잘 읽어보세요.
용석	Thanks. I'd like to have a six-month lease.
	What happens if I leave before the end of the lease?
	감사합니다. 우선 6개월을 먼저 계약하고 싶어요. 계약 기간 내에 취소하게 되면 어떻게 되죠?
부동산	You can check the terms in this contract.
	이 계약서에서 그 내용을 확인할 수 있답니다.

I don't understand this part of the contract.
계약서의 이 부분이 잘 이해가 안 가네요.
How should I pay the rent?
집세는 어떻게 내야 하죠?

계약 기간이 만료되기 전에 이사를 하게 되면 남은 계약 기간에 해당하는 집세를 지불해야 한다. 만약의 경우를 대비해 계약 기간 내에 취소하면 어떻게 되는지 계약하기 전에 꼭 물어보도록 하자.

입주할 때 집주인이나 부동산 중개인과 주택 상태 보고서Entry Condition Report를 보면서 가구 상태나 수량을 확인하는데, 이 보고서 체크 작업은 특히 신경 써서 정확히 해야 한다. 추후 집을 비워줄 때 이 보고서를 보고 없어지거나 손상된 가구에 대해 보상을 요구하기 때문이다.
임대 기간이 끝나기 최소 2주 전에는 이사를 가고 싶은지 계약을 연장하고 싶은지 부동산에 말해주어야 한다. 이사를 갈 때는 들어올 때와 똑같이 청소를 해주어야 하는데 청소가 되어 있지 않거나 집에 손상된 부분이 있으면 보증금에서 제하게 된다.

How can I extend the contract?

계약을 연장하려면 어떻게 해야 하죠?

집을 렌트해서 여러 사람이 함께 살면 생활비를 절약할 수 있다. 하지만 빈방이 있거나 같이 살던 사람이 나간 후 새로 들어올 사람을 구하지 못한 경우엔 자신이 렌트비 전액을 부담해야 하기 때문에 지출이 더 많아질 수 있다. 셰어 메이트로 들어오려고 하는 사람에게는 만일을 대비해 여권 사본을 받아놓도록 하자. 간혹 집 안에 있는 물건을 훔쳐 도망가는 몰지각한 사람들이 있기 때문이다.

Part 3

본격적인 호주 생활이 시작되었다. 생활하면서 부딪히고 해결해야 할 일들과 상황 속에서 그 방법이 현지인과 달라 당황스럽거나 의사소통의 문제로 다소 불편할 수 있지만 적극적인 마음과 긍정적인 자세만 있다면 모든 상황을 즐길 수 있다.

호 주 에 서
홀 로 서 기
SURVIVAL
ENGLISH
생활하기
호주에서
잘 먹고
잘 사는 방법

1. 은행 이용하기

현지에 도착해서 가장 먼저 해야 할 일 중 하나는 가져간 돈을 은행에 맡기는 것이다. 특히 백팩커에 머물 경우에는 돈을 숙소에 놔둘 수도 없고 그렇다고 가지고 다니기에도 불안하다. 당장 사용할 돈(약 A$500)만 현금으로 놔두고 나머지는 입금하는 것이 좋다.

ANZ Bank, Commonwealth Bank, Westpac Bank, National Bank 중에서 한국 학생들은 주로 ANZ Bank를 이용한다.

Westpac

Westpac Bank
www.westpac.com.au
호주의 대표적인 은행 중 하나.
ANZ와 쌍벽을 이루는 은행이다.

Commonwealth Bank
www.commbank.com.au
호주의 대표적인 은행 중 하나.

ANZ Bank
www.anz.com
호주의 대표적인 은행 중 하나.
뉴질랜드에서도 이용 가능하며
현재 서울에도 지점이 있다.
ANZ 은행 서울지점
광화문 교보빌딩 18층
02-730-3151

은행 계좌 개설하기

계좌를 개설하려면 여권, 호주 현지 주소, 연락처, 입금할 돈이 필요하다. 현금 카드를 우편으로 부쳐주기 때문에 호주 현지 주소는 카드를 수령할 주소여야 한다.

은행에 계좌를 개설할 때 여권을 제외한 또 다른 신분증이 필요할 수도 있는데, 이때는 학생증이나 운전면허증, 신용카드 등을 보여주면 된다.

용석	I would like to open a bank account.
	계좌를 개설하고 싶습니다.
은행 직원	Would you show me your passport, please?
	Ta. When did you arrive in Brisbane?
	여권 좀 보여주시겠습니까? 고맙습니다. 브리즈번에 언제 도착했습니까?
용석	I arrived in Brisbane today.
	오늘 브리즈번에 도착했습니다.

★Ta
thank you의 호주식 영어

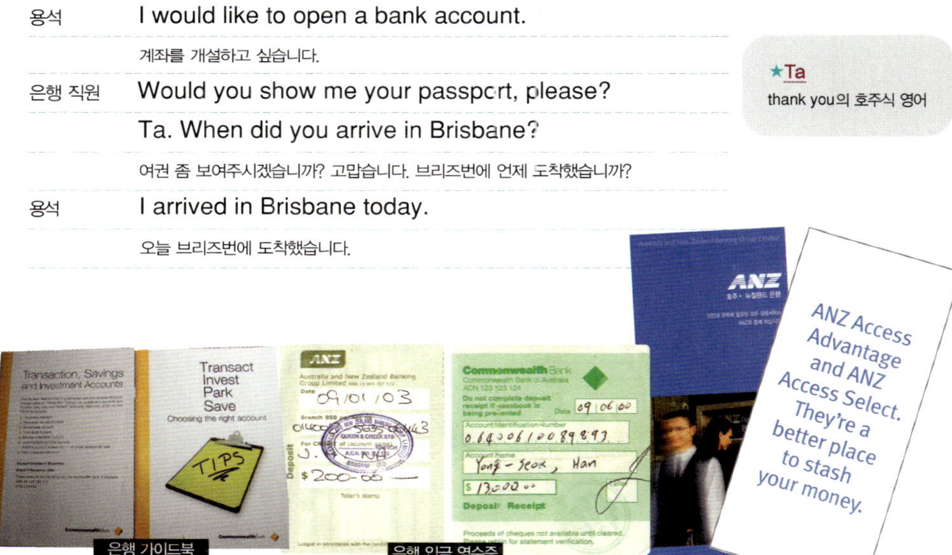

은행 가이드북 은행 입금 영수증 은행 안내 브로슈어

계좌를 개설하기 전에 안전 코드를 정하라고 하는데, 안전 코드는 숫자가 아닌 단어여야 한다. 카드를 잃어버려 재발급 신청을 하거나 잔고 확인을 위해 은행에 전화하면 은행 직원이 이름과 생년월일, 안전 코드를 물어 본인 여부를 확인한다.

Could you choose a password? It must be a word, not a number.

안전 코드를 정하시겠어요? 숫자는 안 되고 단어로 정해주세요.

돈을 입금하면 영수증을 주면서 종이에 은행 이름, 은행 주소, BSB 번호
(은행 지점 번호), 계좌번호account number를 적어준다. 한국에서 송금을 받거
나 호주에서 일할 때 필요하므로 잘 보관한다. 그리고 나서 본인의 비밀
번호 네 자리를 기계에 입력하고 나면 계좌 개설이 끝난다.

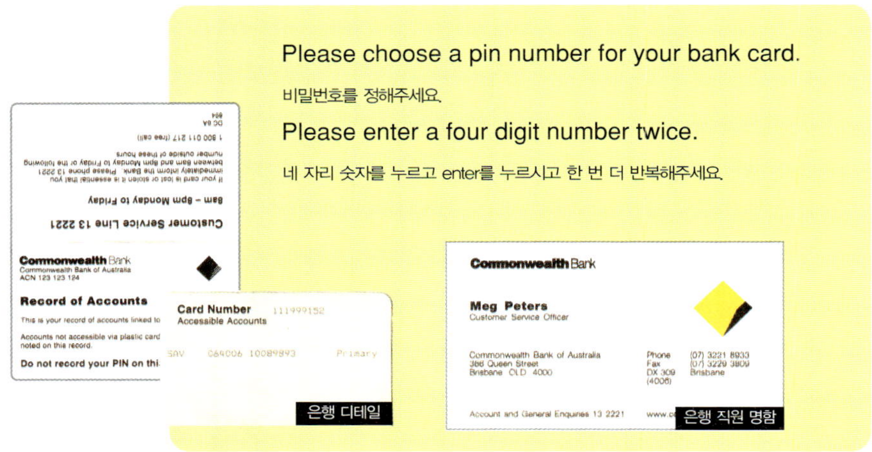

한국에서 가져간 여행자 수표를 현금으로 바꾸려면 I'd like to cash my
traveler's checks.(여행자 수표를 현금으로 바꾸고 싶습니다)라고 말한다. 은행이나
여행자 수표에 따라 A$7 정도 수수료가 있을 수 있다.

용석	Can I deposit a traveler's cheque now?
	여행자 수표도 지금 입금할 수 있나요?
은행 직원	Of course. Can you sign all of your traveler's cheques please? Thanks.
	물론입니다. 여행자 수표에 서명해주시겠습니까? 감사합니다.

Can you change A$500 to cash and deposit
A$3,000 please?

500달러는 현금으로 주시고, 3,000달러는 입금해주세요.

현금 카드는 대략 일주일 후에 우편으로 받아볼 수 있는데, 현금 카드와 여권을 가지고 은행에 다시 가서 셋업set up해야 사용할 수 있다. 통장은 따로 없으며 거래 내역서bank statement를 월 1회 우편으로 보내준다. (은행에 따라 수수료를 받기도 함.)

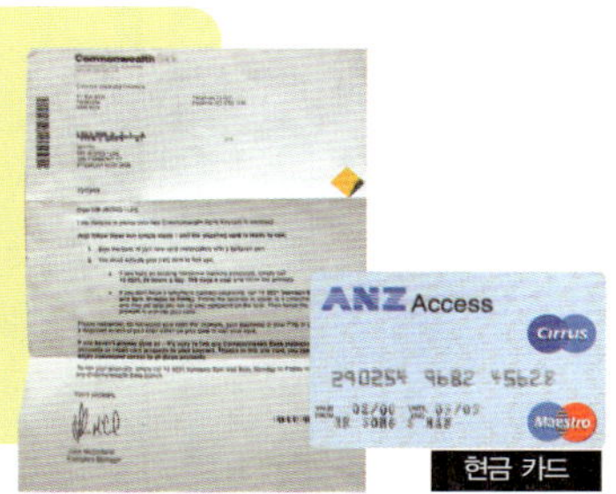

When will I receive my keycard?

언제 카드를 수령할 수 있지요?

I received this card yesterday. Could you please activate it?

어제 이 카드를 받았습니다. 사용할 수 있도록 해주시겠습니까?

은행 계좌 조건

★은행 계좌 선택(예. ANZ Bank)★

매달 계좌 관리비 A$5(풀타임 학생의 경우 무료). ATM, EFTPOS, 인터넷뱅킹 등 이용 횟수 무제한	1. ANTAccess Advantage
매달 계좌 관리비 A$2. ATM, EFTPOS 이용 매달 6회 무료(그 이상은 50cents 수수료transaction fee 부가). 인터넷뱅킹 이용 무제한	2. ANTAccess Select

은행에 따라, 계좌의 종류에 따라 최소 예치금minimum monthly balance을 정해놓고(약 A$500~A$1,000) 그 이하인 경우, 계좌 관리비account service fee 를 받기도 한다.

학생증이 없어도 은행 직원에게 일주일 후에 학교를 다닐 예정이라고 말하면 한 달 동안 풀타임 학생 요금으로 적용해준다. 한 달 안에만 학생증을 가지고 은행에 찾아가면 된다. 만일 한 달 후에도 학교에 다니지 않게 되면 그때 가서 바꾸면 된다.

★풀타임 학생 증빙 서류

학생증, 입학 허가서, 등록금 영수증 등

Does the account have monthly fees?

그 계좌는 월 계좌 관리비가 있나요?

은행 직원	Are you going to study in Brisbane?
	브리즈번에서 공부를 하실 겁니까?
용석	Yep. I'm going to study English at TIMESTUDY from next Monday. Could I please open a student account?
	예, 다음 주 월요일부터 타임스터디에서 공부할 겁니다. 학생 계좌를 개설할 수 있습니까?
은행 직원	Of course. Bring your student card back to the ANZ. Well, I will waive it for 1month and you can use the student account option.
	물론이죠. 본인의 학생증을 은행으로 가지고 오시겠습니까? 음, 한 달 동안 학생 계좌를 사용할 수 있도록 해놓겠습니다.
용석	OK, I'll do that. Thanks.
	예, 그러겠습니다. 감사합니다.

입출금 및 계좌 폐쇄하기

입출금하는 방법은 우리나라 은행과 같다. ATM을 이용하거나 은행에 가서 teller에게 I'd like to deposit some money into my account.(돈을 제 계좌에 예금하고 싶습니다)라고 말하고 현금 카드와 입금할 돈을 주면 된다. 돈을 출금하고 싶다면 I'd like to withdraw 100 dollars from my account.(제 계좌에서 100달러를 인출하고 싶습니다)라고 말한다. 현금 카드를 받기 전에 돈을 인출하려면 여권과 은행 디테일 종이가 필요하다.

용석	I'd like to withdraw 2,000 dollars over the counter.
	카드 없이 2,000달러를 인출하고 싶습니다.
은행 직원	Would you show me your passport and your bank details? Would you like that in 100 or 50 dollar notes?
	여권과 은행 디테일을 보여주시겠습니까? 100달러 지폐와 50달러 지폐가 있는데 어느 것이 좋습니까?
용석	100 dollar notes, please.
	100달러 지폐로 주세요.
은행 직원	Could you sign this form?
	여기에 사인해주시겠습니까?

용석	Here you are.
	여기 있습니다.
은행 직원	Thanks. Here is 2,000 dollars. Thank you.
	감사합니다. 여기 2,000달러입니다. 감사합니다.
용석	Thank you for helping me.
	도와주셔서 감사합니다.

How much is the commission?

수수료는 얼마인가요?

How much would you like to withdraw?

얼마나 출금할 거죠?

Can I deposit this cheque into my savings account?

이 수표를 보통 예금 계좌에 입금하고 싶어요.

You have to pay a service charge.

수수료를 내셔야 합니다.

My card doesn't work.

제 카드가 사용이 안 됩니다.

I'd like to send some money to Korea.

한국으로 송금을 하고 싶습니다.

ANZ 입금 영수증

ATM

사용하지 않는 계좌는 폐쇄close하는 것이 좋다. 계좌를 사용하지 않더라도 계좌 관리비는 계속 빠져나간다. 은행 잔고가 마이너스가 되면 호주 재입국 시 문제가 될 수 있다. 여권을 가지고 teller에게 가서 I'd like to close my account.(계좌를 폐쇄하고 싶습니다)라고 말하면 된다.

I'm going to keep my bank account open.

은행 계좌는 그대로 남겨둘 것입니다.

2. 전화 이용하기

휴대폰 구입하기

휴대폰mobile phone은 개인의 선택 사항이지만 우리나라처럼 호주에서도 휴대폰은 기본 사양이다. 주요 휴대폰 회사로는 옵터스OPTUS, 보다폰 VODAPHONE, 텔스트라TELSTRA 등이 있는데, 대부분 한국 학생들은 옵터스를 많이 사용한다. 호주는 통화료가 상당히 비싼 편인데 옵터스 회사의 프리페이드pre-paid(말 그대로 돈을 먼저 지불하고 지불한 만큼 사용하는 요금제) 휴대폰을 사용하면 같은 옵터스 프리페이드 사용자끼리 일정 시간 동안 무료로 통화할 수 있다.(A$30 크레딧+A$70 마이타임 보너스+A$100 옵터스간 무료+Data 10CMB+옵터스간 문자 무제한)

휴대폰 가격은 천차만별이다. 저렴한 휴대폰은 대략 A$80~A$120(6~10만 원) 정도 하는데, 디자인은 한국보다 4~5년 뒤떨어진다고 보면 된다. 사고 싶은 휴대폰 회사의 대리점에 가서 기기를 사고 요금제를 선택한다. 노란색 작은 책자 안에 휴대폰 칩(Chip-SIM 카드)과 휴대폰 번호가 들어 있는데, 칩을 휴대폰 기기에 삽입하면 사용할 수 있다.

용석	Excuse me. I'd like to buy a new mobile phone.
	저기, 여기서 휴대폰을 하나 구매하고 싶은데요.
직원	What sort of mobile phone do you want?
	네, 어떤 종류의 휴대폰을 원하세요?
용석	An Optus pre-paid mobile phone. I'd like to get a cheap one.
	옵터스 프리페이드 휴대폰이요. 저렴한 걸 사고 싶어요.
직원	Okay. How about this? This package includes a mobile phone, a battery, a charger, a SIM card and 10 dollars credit.
	알겠습니다. 이건 어떠세요? 패키지 상품인데, 휴대폰 기기와 충전지, 휴대폰 충전기, SIM 카드(칩) 그리고 10달러가 적립되어 있습니다.
용석	Is that 85 dollars?
	85달러인가요? (박스에 적혀 있는 금액을 보고)
직원	Yes. I'll activate this SIM card if you pay 85 dollars.
	네, 맞습니다. 85달러를 지불하시면, 제가 SIM 카드를 개통시켜드리죠.
용석	Alright. Here you go.
	좋습니다. (돈을 내밀면서) 여기 있습니다.
직원	Thanks. Give me second, please.
	감사합니다. 잠시만 기다려주십시오.

Could you show me the cheapest mobile phone?

제일 싼 휴대폰을 보여주세요.

주요 휴대폰 회사의 요금 상품은 기본적으로 프리페이드 요금제를 포함하고 있으며, 휴대폰 구입 시 A$10~A$30가 충전되어 있다. 휴대폰 금액을 다시 충전하는 것을 리차지recharge라고 하는데, 리차지 카드(A$30, A$50, A$100)는 편의점이나 휴대폰 회사에서 구입할 수 있으며 카드 뒷면에 있는 설명에 따라 본인이 직접 재충전한다. 휴대폰 칩은 처음 한 번만 구매하면 된다.

> **Could I please have an Optus thirty dollar recharge card?**
>
> 옵터스 프리페이드 30달러 리차지 카드 주세요.

국제전화, 공중전화 이용하기

호주에서 한국으로 전화하는 가장 저렴한 방법은 한인 마켓에서 국제전화 선불카드를 구입해서 사용하는 것이다(1분에 약 100원 정도). 국제전화 선불카드 뒷면에 설명된 순서대로 공중전화나 집 전화로 전화하면 되는데, 이때 보통 무료 접속 번호인 1800을 누르기 때문에 전화비가 별도로 청구되지 않는다. 휴대폰으로 걸면 국제전화 선불카드 요금뿐만 아니라 휴대폰 요금까지 지불해야 한다.

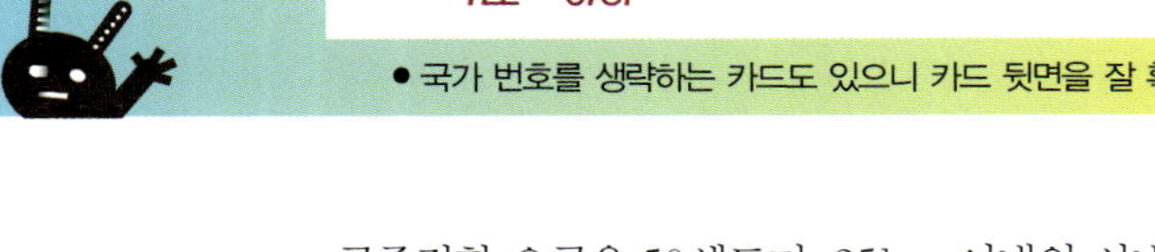

공중전화 요금은 50센트며, 25km 이내의 시내 통화라면 50센트로 시간 제한 없이 통화할 수 있다. 그래서 흔히 친구에게 전화를 할 때는 휴대폰을(옵터스 프리페이드 카드를 서로 사용할 경우 무료이기 때문에), 이성 친구가 생겨 장시간 통화할 때는 일반 전화를 많이 사용한다. 모뎀을 연결해서 인터넷을 사용하는 경우에도 집 전화 기본요금만 청구된다.

I'll call him later.

나중에 다시 걸겠습니다.

Could you take a message?

메모 좀 남겨주시겠습니까?

I'm sorry. I have the wrong number.

미안합니다. 잘못 걸었네요.

I'll call you back in five minutes.

제가 5분 후 다시 전화하겠습니다.

Don't hang up.

전화 끊지 마세요.

Wait a moment, please.

끊지 말고 잠시만 기다려주세요.

I'm calling about the surprise party.

제가 전화한 것은 깜짝 파티 때문입니다.

Hold on. I'll get him for you.

잠깐만요. 전화 바꿔드릴게요.

Would you please repeat that?

다시 말해줄 수 있습니까?

Would you speak a little more slowly?

조금만 더 천천히 말해주실래요?

Could I please speak to Daniel?

다니엘 좀 바꿔주시겠어요?

Who's calling, please?

누구시죠?

Who would you like to talk to?

누구를 바꿔드릴까요?

He will be back in about half an hour.

그는 30분 후쯤 돌아올 거예요.

I just called to say hello.

그냥 안부차 전화했어.

3. 대중교통 이용하기

자, 이제부터는 여러분의 발이 되어줄 대중교통 이용 방법에 대해 알아보자. 일반적인 교통수단으로 버스, 택시, 기차(기차라고 하더라도 역 간격이 우리나라 전철 거리 정도) 등이 있으며, 그 외 브리즈번에 시티캣city cat, 멜버른에 트램tram이 있다.

버스, 기차 이용하기

대부분 주요 도시들에서는 운임 통합 정책을 시행하고 있어 한 종류의 티켓으로 버스나 기차, 시티캣 또는 트램을 이용할 수 있다. 티켓은 티켓 창구나 티켓 머신, 편의점에서 살 수 있으며, 지역마다 약간씩 차이는 있지만 1회 사용 티켓, 데일리 티켓daily ticket(하루 동안 무제한 이용), 위클리 티켓weekly ticket(일주일 동안 무제한 이용), 먼슬리 티켓monthly ticket(한 달 동안 무제한 이용) 등이 있다. 매일 대중교통을 이용한다면 먼슬리 티켓을 사서 다니는 것이 가장 저렴하다. 그 지역에 도착한 지 얼마 되지 않았다면 위클리 티켓이나 먼슬리 티켓을 하나 사서 버스, 기차, 시티캣, 트램을 타고 일주일, 한 달 동안 마음껏 도시 구석구석을 돌아다녀 보는 것도 재미있다.

워낙 땅덩이가 넓다 보니 지역을 존Zone으로 나누고 존에 따라 티켓의 가격을 다르게 했다. 가장 안쪽인 시티가 Zone 1, 원을 그리며 밖으로 갈수록 Zone 2, Zone 3, Zone 4가 된다. 자기가 생활하는 지역의 존을 체크한 후 티켓을 구입하도록 한다. 환승 티켓을 사려면 티켓을 구입할 때 말하면 된다. 환승 티켓이나 일반 티켓이나 존이 같으면 요금도 같다.

- 퀸즐랜드 교통정보 www.translink.com.au
- 빅토리아 교통정보 www.viclink.com.au
- 시드니 지하철 정보 www.cityrail.nsw.gov.au
- 시드니 교통정보 www.131500.com.au
- 시드니 버스 정보 www.sydneybuses.info
- 애들레이드 교통정보 www.adelaidemetro.com.au
- 애들레이드 버스 정보 www.bussa.com.au
- 태즈메이니아 버스 정보 www.merseylink.com.au
- 퍼스 교통정보 www.transperth.wa.gov.au
- 캔버라 교통정보 www.action.act.gov.au
- 호주 전 지역 기차 정보 www.railmaps.com.au
- 호주 전 지역 버스 정보 www.buslines.com.au

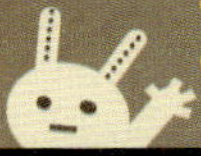

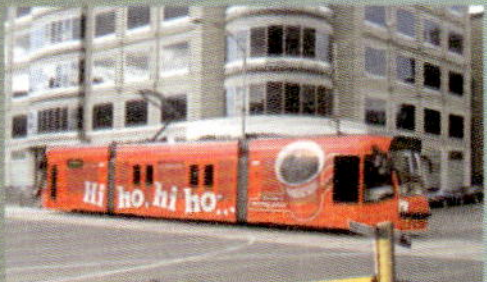

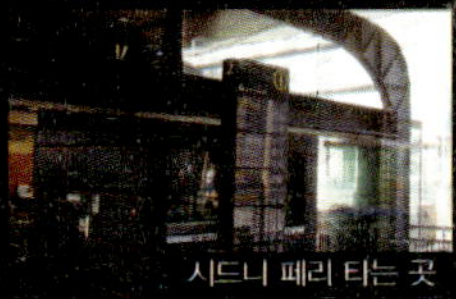

시드니 페리 타는 곳

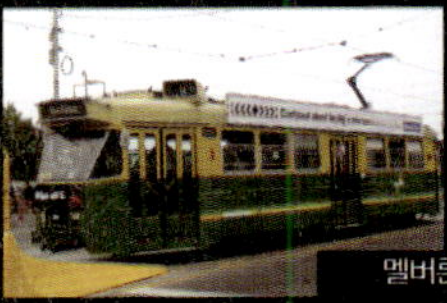

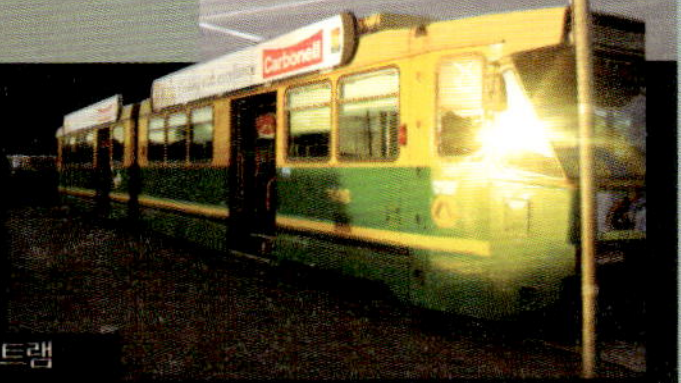

멜버른 트램

직원	G'day, mate!	
	안녕하세요.	
용석	Umm. Could I have a 2 Zone, weekly ticket, please?	
	저기, 2 Zone, 위클리 티켓 하나 주시겠어요?	
직원	A 2 Zone, weekly ticket? That's A$19.20, please.	
	2 Zone, 위클리 티켓이요? 19달러 20센트입니다.	
용석	Here you go.	
	여기 있습니다.	
직원	Thanks. Here's the ticket. Have a good day!	
	감사합니다. 여기 티켓 있습니다. 좋은 하루 보내세요!	

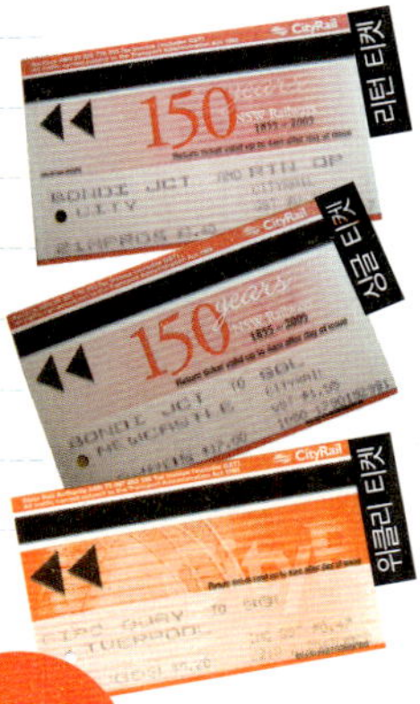

시드니 페리 티켓

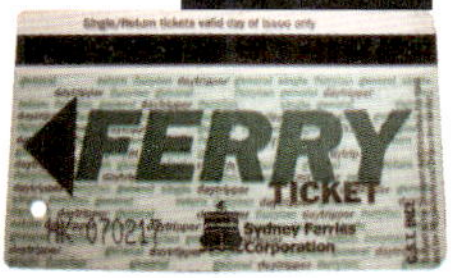

시드니 페리 티켓

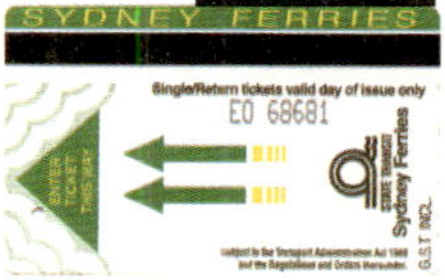

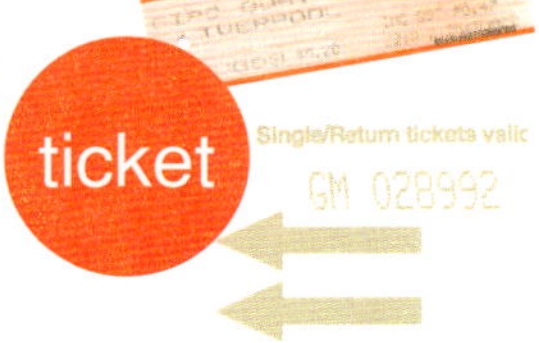

너무나 안타깝게도 우리나라에서 가져가는 국제 학생증, VIP 카드로는 할인을 받을 수 없기 때문에 일반 티켓을 구매해야 한다. 하지만 호주 정규 과정 학교에 다니는 학생들은 학교에서 발급받는 학생증으로 50% 할인을 받을 수 있다.

용석	Excuse me. Does this bus go to the city?
	죄송합니다만, 이 버스가 시티로 가나요?
버스 기사	Yes.
	네, 갑니다.
용석	Okay! Here's my ticket.
	알겠습니다. (티켓을 보여주면서) 여기 티켓 있습니다.
버스 기사	Thanks.
	감사합니다.

❶ 데일리 버스 티켓
❷ 싱글 버스 티켓
❸ 매트카드를 넣어 유효기간을 체크하는 기계. 버스나 트램 안에 있음.
❹ 매트카드Metcard
❺❻❼ 티켓 머신
❽ 시드니 기차 시간표

호주에는 버스 노선별로 타임 테이블time table이 있어 버스가 서는 정류장
과 시각을 미리 확인해볼 수 있다. 타임 테이블은 인포메이션 센터나 버
스 정류장에 비치되어 있다. 출퇴근 시간에는 5~10분마다 버스가 다니
지만 사람들이 많이 이용하는 시간이 아니면 1시간 간격으로 운행되기도
한다. 그러니 자기가 주로 이용하는 버스는 항상 타임 테이블을 가지고
다니면서 시간을 체크하도록 한다.

용석	**Can I get a bus timetable here?**
	버스 타임 테이블을 구할 수 있습니까?
인포메이션	**Here you are. You can check all the bus stops on the timetable.**
	여기 있습니다. 여기에 버스 시간표와 정류장이 나와 있습니다.
용석	**Thank you very much. Have a n ce day.**
	감사합니다. 좋은 하루 보내세요.

기차를 탈 때는 급행 기차Express train인지 일반 기차인지 잘 확인하고 타
야 한다. 한번은 시티에서 집으로 돌아가기 위해 집 방향으로 가는 기차
를 탔다가 저 멀리 알지 못하는 동네까지 간 적이 있었다. 기차가 내가 내
려야 할 역을 지나쳐 계속 달리기만 해서 깜짝 놀라 옆 사람에게 Why
didn't this train stop at that station?(왜 이곳에서 기차가 멈추지 않나요?) 하고
물어보았더니, 그 기차는 급행 기차이며 다음 역까지는 30분을 더 가야
한다고 했다. 이런 경험들이 추억으로 쌓이긴 하지만 그렇다고 너무 자주
있으면 곤란하다.

I'm sorry. I got on the wrong bus.

죄송합니다만 버스를 잘못 탔어요.

Where can I get a train route map?

어디서 제가 기차 노선도를 얻을 수 있나요?

I have to go to King's Cross station. Which line should I take?

킹스크로스 역으로 가려고 하는데, 어느 노선을 타야 하나요?

Where do I have to transfer?

어디서 갈아타야 합니까?

Is this the right platform for the Gold Coast?

여기가 골드코스트로 가는 기차 플랫폼이 맞습니까?

Which bus goes to Griffith University?

그리피스 대학교로 가는 버스가 어느 버스입니까?

Which line should I take to go to Bondi Junction?

본다이정크션에 가려면 몇 호선을 타야 합니까?

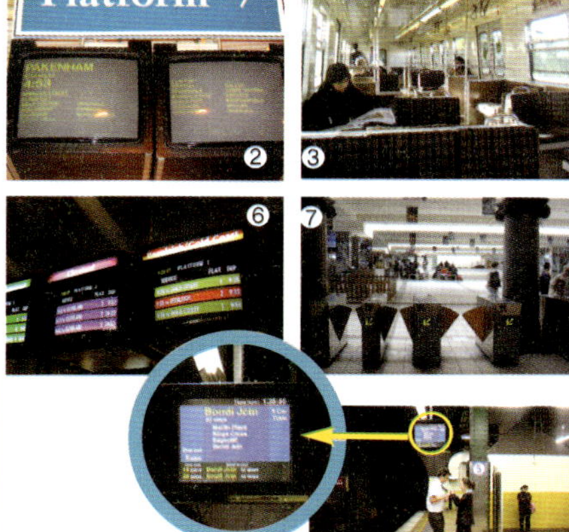

❶❸ 기차 내부
❷❹❻❽ 기차 탈 때 확인해야 하는 전광판
❺ 플랫폼 안내판
❼ 기차 개찰구
❾ 기차 티켓 창구

How long does it normally take?

보통 얼마나 걸리죠?

One way or round trip ticket?

편도 티켓입니까, 왕복 티켓입니까?

What station are we at?

여기는 어느 정류장인가요?

What time does the last bus run?

막차가 언제 있나요?

Is this the line for the bus?

여기가 버스 기다리는 줄인가요?

Take bus number 26 on the other side.

길 건너편에서 26번 버스를 타세요.

Where do I get off for the Museum?

박물관에 가려면 어디서 내립니까?

Please tell me when we get there.

그곳에 도착하면 알려주세요.

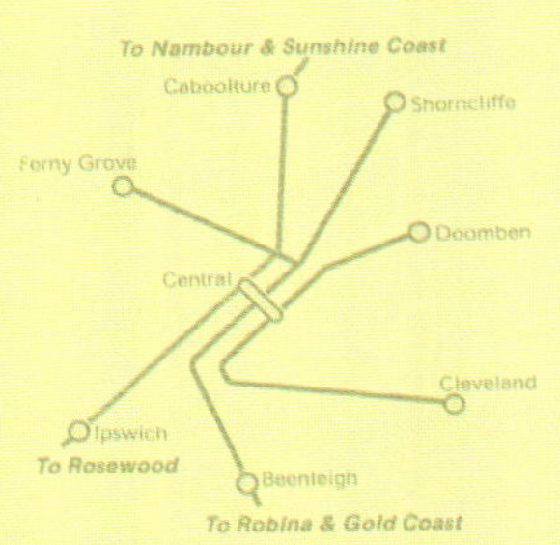

콜택시 이용하기

얼마 되지 않는 이삿짐을 옮긴다거나 시간 가는 줄 모르고 놀다가 교통편이 끊겼다거나 이런저런 이유로 택시를 이용할 때가 있기 마련인데, 호주에서는 택시를 이용하려면 전화로 불러야 한다. 전화번호부를 참고하거나 평소에 따로 적어놓은 콜택시 번호로 전화를 걸어 출발지와 도착지 주소, 원하는 출발 시간을 말한다.

짐이 많거나 타는 사람이 많을 때는 일반 택시가 아닌 맥시 택시|Maxi taxi를 이용하는 것이 더 편하다.

| 택시 회사 | Thank you for calling Black and White Cabs. Joanne speaking. Your pick-up address, please? |
| 감사합니다. 블랙앤화이트 택시 조앤입니다. 차 타실 곳 주소를 알려주세요. |
| 용석 | It's Unit 7, 31 Grantson St. Windsor. |
| 여기는 윈저, 그랜트슨 스트리트 31번지, 유닛 7입니다. |
| 택시 회사 | Your name, please? |
| 성함이? |
| 용석 | Yong Seok. |
| 용석입니다. |
| 택시 회사 | What's your destination? (Where are you going?) |
| 어디로 가실 건가요? |
| 용석 | I'd like to go to Surry Hills. |
| 서리 힐스 쪽입니다. |
| 택시 회사 | How many passengers will be traveling? |
| 몇 명이 가시나요? |
| 용석 | Three. |
| 세 명이요. |
| 택시 회사 | When would you like to go? |
| 몇 시에 이동하기 원하십니까? |
| 용석 | Right now, please. |
| 지금이요. |
| 택시 회사 | OK. A taxi will be there soon. |
| 알겠습니다. 잠시만 기다려주시기 바랍니다. |

전화번호는 택시 문이나 택시 위쪽에 크게 쓰여 있다.

❶ 콜택시
❷ 콜택시 명함

콜택시를 부르면 일정액의 추가 요금call charge을 내야 하며 고속도로, 다리 등을 통과할 때 톨게이트 비toll charge를 내야 한다. 짐이 너무 크거나 많은 경우 운전기사가 추가 요금을 요구하기도 한다. 기본 요금은 보통 A$3.50 정도지만 지역 및 이용 시간대에 따라 다르다. 거리에 따라(km 단위로) 요금이 적용되는데distance rate 보통 A$1.70 지만 이것도 역시 지역에 따라 다르게 적용된다. 밤 10시부터 다음 날 새벽 6시까지 할증 요금night-time surcharge이 붙으며, A$50 이상의 지폐밖에 없을 때는 미리 운전기사에게 알려주도록 한다. 택시 요금은 미터기에 기록된 대로 내면 되고 현찰이나 신용카드로 결제 가능하다. 팁은 따로 주지 않아도 괜찮으며 영수증은 받아두는 것이 좋다. 만일 택시 안에 물건을 두고 내렸을 경우 영수증으로 추적할 수 있다.

You didn't give me the right change.

거스름돈이 잘못 되었는데요.

Could I please have a receipt?

영수증 주세요.

한번은 친구 집에서 파티를 하다가 밤늦게 택시를 불러 집에 돌아간 적이 있었다. 술에 취해 집에 들어가자마자 잠이 들었는데 다음날 아침, 가방이 없어진 것을 발견했다. 가만 생각해보니 차에 두고 내린 것 같아 택시 회사에 전화를 걸어 어제 택시를 이용한 누구인디 가방을 택시에 두고 내렸다고 말했더니 택시 회사에서 영수증으로 내가 이용한 택시를 추적해 가방을 찾아주었다. 혹시나 해서 받아둔 영수증이 아주 요긴하게 쓰였다.

Could you turn left?

왼쪽으로 가주시겠습니까?

Straight ahead, please.

직진으로 가주세요.

Just stop here, please.

그냥 여기서 세워주시겠습니까?

Would you please wait for me here?

여기서 잠시 기다려주시겠습니까?

How long does it take to get to the airport from here?

여기서부터 공항까지 시간이 얼마나 걸립니까?

Could you please hurry? I'm late.

빨리 가주실 수 있나요? 제가 늦어서 그러거든요.

Would you be able to get there in ten minutes?

10분 안에 가주시겠습니까?

4. 음식 이야기

홈스테이를 하지 않는 한 자기가 직접 음식을 해먹어야 하는데, 혼자 살면서 장을 봐 요리를 해먹는다는 게 여간 귀찮지 않다. 호주에 가면 남자들은 살이 빠지고 여자들은 살이 찐다는 말이 있는데, 남자들은 대충 차려 먹고 말기 때문에 살이 빠지고 여자들은 똑같이 밥은 대충 해먹는 대신 군것질을 많이 하기 때문에 살이 찌는 것 같다. 보통 일주일에 한 번 장을 보는데, 장 보는 비용이 대략 A$20 정도 든다. 남자들보다 여자들 식비가 좀 더 많이 드는 편.

장보기 & 요리하기

생활비를 절약하려면 아무래도 장을 봐서 직접 음식을 해먹어야 한다. 호주는 가게마다 담뱃값도 다른 나라다. 평소 가게에 갔을 때 물건 가격을 관심 있게 보고 기억해놓으면 생활비 절약에 도움이 된다. 우리나라에 이마트나 까르푸 같은 곳이 있듯 호주에도 Coles나 Woolworths 같은 대형 슈퍼마켓이 있다. 평일에는 보통 밤 10시까지, 주말에는 8시까지 영업하며 목요일 저녁(지역이나 위치에 따라 쇼핑 데이shopping day가 다름)에는 할인 행사를 한다. 육류나 채소, 생선, 과일 등을 많이 할인하는 편이다. 대형마켓마다 쉬는 날이 다른데, 쉬는 전날에 가도 채소나 고기를 할인 가격에 살 수 있다.

❶❸ 대형마켓 고기 코너
❷ 피시 마켓

용석	Excuse me. Where is the fruit and vegetable section?
	실례합니다만, 과일과 채소 코너가 어디에 있나요?
직원	Section 3. Just go that way and you'll find it.
	3번 섹션에 있답니다. 저 길로 가다 보면 찾을 수 있을 거예요.
용석	Okay. Thanks. Umm. Could I ask you something?
	알겠습니다. 고마워요. 그런데 뭐 하나 물어봐도 될까요?
직원	Of course!
	물론이죠.
용석	When can I get things at a reduced price?
	언제 할인 가격으로 물건을 살 수 있죠?
직원	Some prices are reduced just before the supermarket closes at around five or six o'clock.
	슈퍼마켓이 문을 닫기 바로 전에 저렴하게 물건을 살 수 있습니다. 대략 오후 5~6시 정도에 말이지요.
용석	Oh, yeah? Thank you very much for your help.
	아, 그래요? 도와주셔서 정말 감사합니다.
직원	My pleasure.
	천만에요.

seafood 해산물
tuna 참치
beef 쇠고기
pork 돼지고기
duck 오리고기
turkey 칠면조고기
lamb 양고기
onion 양파
cucumber 오이
tomato 토마토
cabbage 양배추
potato 감자
sweet potato 고구마
cookie 쿠키
pudding 푸딩
pie 파이

Woolworths에 가면 Home Brand, Coles에 가면 Saving이란 제품이 있는데, 종류도 다양하고 가격도 상당히 저렴해 워홀 메이커나 절약 정신이 투철한 어학연수생들에게 인기가 좋다. 마켓업체의 자체 브랜드이고 포장이 소박해서 가격이 저렴한 것이지 특별히 질이 떨어지는 것은 아니다.

채소나 과일, 한국 음식 재료들은 차이나타운에서 싸게 구입할 수 있다. 차이나타운에 있는 가게들은 보통 6시쯤 문을 닫기 때문에 서둘러 장을

채소 코너

과일 코너

재래시장

보러 가도록 한다. 김치, 고추장, 된장, 라면 등 우리나라 음식이 먹고 싶을 때는 차이나타운에 있는 한인 가게로~

용석	Hey! What do you think? Which one's better?
	이봐, 어떻게 생각해? (과일을 가리키며) 어느 것이 더 좋나?
친구	This bag of apples is only five dollars. That one's quite expensive I think.
	이 사과 한 묶음이 5달러밖에 안 하는데, 저건 너무 비싼 것 같아.
용석	Oh, yeah? Let me see. Well, okay. Let's buy two bags. What do you think?
	아, 그래? 어디 보자. 음, 그래. 그럼 두 묶음 사자. 어때?
친구	Alright. And why don't we get some of the other fruit here?
	좋아. 다른 과일도 좀 살까?

아무리 빵과 스테이크를 먹고 사는 나라에 살더라도 한국 사람은 역시 밥과 반찬을 해먹게 되는 것 같다. 마켓에 가면 소위 베트남 쌀이라고 부르는 얇고 긴 쌀과 우리가 흔히 먹는 통통하고 동그랗게 생긴 쌀이 있는데, 얇고 긴 쌀은 찰기가 없고 배도 금방 꺼지는 것 같아 나는 동그란 쌀을 사다 밥을 해먹었다. 만일 밥통이 없으면 냄비에 밥을 많이 한 후 밥이 식기 전에 한 번 먹을 정도의 양을 랩에 싸서 냉동실에 넣어두는 것도 좋은 방법이다. 먹을 때 전자레인지에 넣고 5분 정도 데우면 막 한 밥처럼 맛있는 밥이 된다. 마켓이나 차이나타운에 파는 믹스 씨푸드Mix seafood나 믹스 베지터블Mix vegetable로 손쉽게 반찬이나 찌개를 만들 수 있다.

점심때는 간단하게 샌드위치를 만들어 먹는 것도 괜찮은 것 같다. 빵에 채소, 토마토, 오이만 넣어도 맛있는 샌드위치가 된다. 풀만 먹는 게 좀 아쉬운 사람은 참치나 꽁치를 넣어서 샌드위치를 만들어보자.

독특한 호주 음식

베지마이트
vegimite

빵에 발라 먹는 잼의 일종. 맛이 정말 독특하다. 호주 사람들은 좋아하지만 다른 나라 사람들은 이해하기 어려운 맛이다. 물론 나도 그렇게 즐겨 먹진 않았다.

커스터드 애플
custard apple

의외로 가장 맛있었던 과일. 겉은 초록색으로 울퉁불퉁하게 생겼는데, 잘라 보면 안에는 우윳빛의 알맹이가 들어 있다. 눌러봐서 좀 말랑말랑한 것이 잘 익은 것이다. 익지 않은 커스터드 애플은 떫은맛이 난다. 너무 익으면 겉이 거무스름하게 변하는데 이때쯤 가게에서 싸게 판다. 이런 것도 맛있다.

아보카도
avocado

담백한 맛이 일품이다. 한국에서 먹어본 사람도 많을 것이다. 토스트에 잼 대신 발라서 소금이나 후추를 살짝 뿌려 먹으면 정말 맛있다.

와인
wine

와인 하면 프랑스를 떠올리겠지만 호주 와인도 아주 유명하다. 소주보다 와인이 더 싸기 때문에 소주 대신 와인을 상자째 사서 먹는 사람들도 봤다.

팀탐
Timtam

호주에 갔다 온 사람이라면 툼탐의 맛을 잘 잊지 못한다. 초콜릿을 듬뿍 바른 과자로, 나는 너무 달아서 그렇게 즐겨 먹지 않았지만 많은 사람들이 좋아한다.

캥거루 고기
kangaroo

아주 비싼 요리다. 별로 먹고 싶지 않을 수 있지만 먹어본 사람들은 맛있다고 하니 경험 삼아 한번 먹어보는 것도 나쁘지는 않을 듯.

사먹기

호주는 다민족 국가이기 때문에 다양한 나라의 문화와 음식이 섞여 있어, 주변에서 쉽게 한국, 일본, 중국, 프랑스, 이탈리아 레스토랑을 찾을 수 있다. 저렴하게 사먹고 싶다면 쇼핑몰 안에 있는 푸드 코트나 길가에 있는 일반 레스토랑을 이용해보자.

Could you recommend a nice restaurant nearby?

근처에 괜찮은 레스토랑을 소개해주시겠어요?

Do you know where there is a Korean restaurant?

한국 레스토랑이 어디 있는지 알고 있나요?

Do you know of any restaurants open at this time?

이 시간에 문을 연 레스토랑이 있나요?

Could you make a reservation for me?

예약할 수 있습니까?

★ 할인 쿠폰

(무료) 여행 안내 책자나 우편함을 보면 쉽게 할인 쿠폰을 찾을 수 있다.

쇼핑몰 안에 있는 푸드 코트에서 파는 음식은 보통 한 끼에 A$6~A$12, 음료수는 A$1.5~A$3 정도 한다. 워홀 메이커들이나 유학생들은 대부분 밥을 사먹지 않고 도시락을 싸서 다니는데 밥을 사먹을 때는 할인 쿠폰을 이용해 돈을 절약한다. 햄버거 가게나 피자 가게 같은 곳에서 많게는 50%까지 할인받을 수 있다. 가끔은 뷔페식 패밀리 레스토랑에 가서 기본 가격으로 양껏 먹고 오는 것도 괜찮다.

비싸 보이는 레스토랑이라 해도 꼭 음식 값이 비싼 것은 아니므로 진열장에 있는 가격표를 먼저 확인해보도록 한다. 계산할 때 팁은 따로 주지 않아도 되며, 종업원에게 I'd like to have some local food. 하고 말하면 지역 특산 음식을 추천받을 수 있다.

❶❹ 할인 쿠폰
❷❸ 푸드 코트

쇼핑몰 푸드 코트에서 파는
음식들의 대략적인 가격

Australia

(가격 단위: A$)

한국 레스토랑

싱가포르 레스토랑

케밥 가게

태국 레스토랑

A$

중국 음식 7~10

일본 스시앤롤 sushi&roll
7~12(롤 한 개에 1,8~2)

베트남 음식 7~10

태국 음식 7~10

말레이시아 듣식 7~10

샌드위치&샐러드 각각 5~9

피시&칩스 fish&chips 7~10

인도 음식 8~12

터키 케밥 6~9

케밥 가게

핫도그

락샤(싱가포르 음식)

비프스테이크

피시&칩스

월남국수

비프 라자냐

일반 레스토랑

한국 레스토랑은
식사가 A$10~A$15,
요리가 A$20~A$40,
일본 레스토랑은 A$20~A$40,
중국 레스토랑은 싼 곳이 A$7~A$10,
비싼 곳은 A$25~A$40,
이탈리아 레스토랑은 A$15~A$30,
스테이크 레스토랑은 A$25~A$35,
기타 레스토랑들도
대략 비슷하다.

직원   **How can I help you?**

무엇을 도와드릴까요?

용석   **Do you have a table for two?**

두 사람인데, 자리가 있나요?

직원   **Sure, this way. Please take a seat. Here is the menu.**

물론입니다. 이쪽으로 앉으시겠습니까? 여기 메뉴가 있습니다.

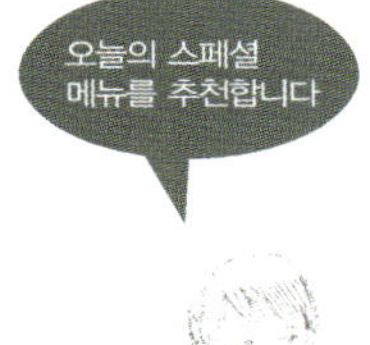

Our tables are full now. Would you mind waiting for a while?

현재 빈자리가 없습니다. 조금만 기다려주시겠습니까?

How long will we have to wait?

얼마나 기다려야 하나요?

How many are there in your party?

몇 분이시죠?

I'd like a table by the window.

창가 쪽 자리로 주시겠어요?

What would you recommend?

추천해주실 수 있나요?

What's on today's specials?

오늘의 스페셜 메뉴가 무엇입니까?

직원   **May I take your order?**

주문하시겠습니까?

용석   **Well, I'll have this one and this, please.**

음, (음식을 가리키며) 이거하고 이거 주세요.

직원   **Yes. Would you like something to drink?**

네, 알겠습니다. 음료도 하시겠습니까?

용석   **One coke and a coffee, please.**

콜라와 커피 주세요.

직원   **Thanks.**

감사합니다.

호주 친구들과 식사할 때 나이프나 포크를 손에 든 채 말을 하거나, 나이프나 포크로 소리를 내면서 음식을 먹는 것은 예의에 어긋난다. 혹시 감기에 걸렸다면 식탁 위에서 기침을 하지 않도록 주의하자. 호주 사람들은 밥을 먹다가 코를 푸는 건 괜찮다고 생각하면서도 기침 때문에 침이 튀거나 코를 훌쩍거리는 것은 예의가 아니라고 생각한다. 기본적인 예의를 알아야 호주 사람들과 더 쉽게 친해질 수 있다.

호주에도 커피 전문점이 많이 있는데, 보통 제일 많이 마시는 플랫화이트 flat white(우유를 조금 섞은 일반 커피), 카푸치노cappuccino, 카페라테caffe latte 등이 A$2~A$4 정도 한다. 시티 같은 비즈니스 중심가에 가면 아침마다 커피를 들고 하루를 시작하는 직장인들을 쉽게 볼 수 있다.

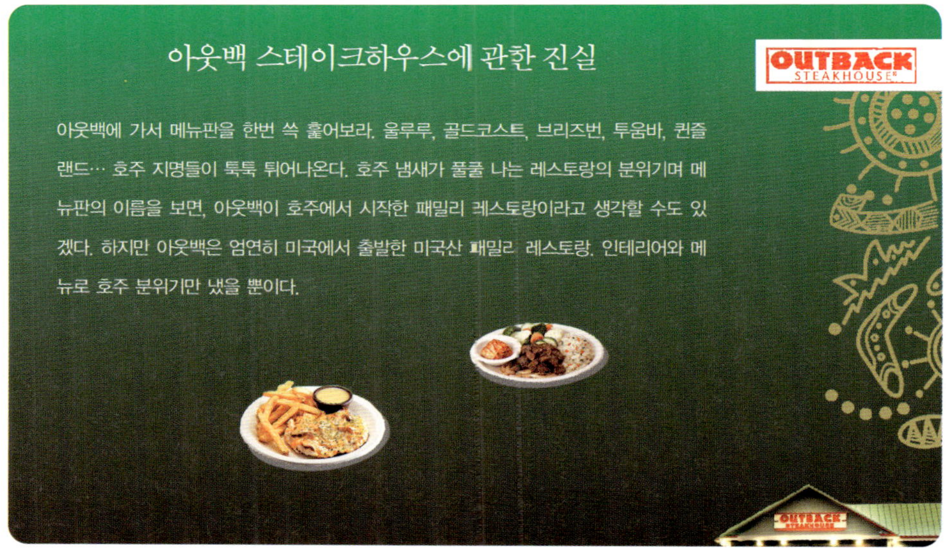

맛집 소개

The Oaks

시드니 Sydney

하버 브리지 근처(오페라 하우스 건너편). 1885년에 오픈해서 120년 이상 된 전통 있는 레스토랑으로, 고급스런 분위기에서 저렴한 가격(보통 A$24 정도)으로 스테이크를 먹을 수 있다.

소고기, 닭고기, 연어 살 스테이크salmon steak, 굴, 캥거루 고기 중에서 자신이 원하는 고기를 선택해서 직접 그릴에 구워 먹는 것이 특징이며, 날씨가 좋은 날에는 야외에서도 식사할 수 있다. 여러 종류의 맛있는 와인들도 있기 때문에 가끔 데이트 코스로 이용해보는 것도 좋다.

www.oakshotel.com.au
118 Military Rd. Neutral Bay
02-9953-5515

Hurricane's Grill

시드니에서 립을 즐기고 싶다면 한 번쯤은 찾아가봐야 하는 곳이다. 본다이 비치Bondi Beach에 본점이 있고 달링하버Darling Harbour에 체인점이 있다. 분위기나 가격 면에서 달링하버를 추천한다. 가격이 저렴하진 않지만(A$40) 넉넉한 양의 립을 즐길 수 있다. 립과 함께 나오는 갈릭 브레드도 일품이다.

www.hurricanesgrill.com.au
Harbourside Shopping Centre Shops 433-436, Level 2
Darling Harbour
02-9211-2210

Fox Golden Century Seafood Restaurant

차이나타운 안에 있는 중국 레스토랑. 호주식 중국 음식을 먹어보고 싶다면 이곳을 추천한다. 두 명이 식사하면 보통 A$70 정도. 단체 손님이 많이 가는 곳이긴 하지만 개인적으로도 데이트할 때나 부모님이 오셨을 때 가볼 만하다. 가리비scallop와 조개류, 호주에서 많이 잡힌다는 머드 크랩mud crab을 쪄서 중국 특유의 소스를 얹어주는데, 한국 사람의 입맛에도 잘 맞다.

www.goldencentury.com.au
393 Sussex St.
02-9212-3901

BEN'S

브리즈번 시티에서 버스로 약 15분 정도 거리. 브리즈번에서 가장 맛있는 월남쌈과 월남국수를 먹을 수 있는 곳이다. 브리즈번에서 살아본 사람이라면 한 번쯤은 가봤을 법. 가격이 저렴하면서(한 명당 약 A$20~A$25) 베트남 음식을 코스 요리로 먹을 수 있다. 점심시간에는 스페셜 가격A$13~A$15의 코스 요리가 있다.

www.bensrest.com.au
1st Floor 14 Annerley Rd. Woolloongabba
07-3391-3233

Kuta Cafe&Gift Shop과 Summit Restaurant

브리즈번의 관광 명소인 마운틴 쿠사Mt. Coot-tha 정상에 있는 카페와 레스토랑으로, 브리즈번 전경이 한눈에 보인다. 마운틴 쿠사는 서울의 남산타워 같은 곳. Kuta Cafe&Gift Shop에서는 간단한 기념품을 사거나 여러 종류의 음료를 맛볼 수 있으며 아이스커피 한 잔에 A$4~A$5 정도다. Summit Restaurant에서 파는 음료는 Kuta Cafe보다 50센트 정도 더 비싼 편이고 메인 코스 요리는 A$30~A$40 수준.

www.brisbanelookout.com
07-3369-9922

Max Brenner

멜버른 센트럴Melbourne Central과 QV 등 여러 곳에 위치하는 초콜릿 카페. 초콜릿 피자를 비롯해 초콜릿으로 만들 수 있는 갖가지 종류의 맛있는 초콜릿 디저트를 맛볼 수 있다. 멜버른 센트럴점에 가면 초콜릿 분수도 볼 수 있다.

www.maxbrenner.com
03-9662-4442

Brother Baba Budan

멜버른 시티에서 맛있는 커피집으로 이름난 이곳은 그 흔한 간판 하나 없다. 간판도 없는 곳이 유명한 커피집이 될 정도라면 그 맛이 어떨지 짐작할 수 있을 것이다. 천장에 매달린 나무 의자 인테리어가 독특하다. 진한 커피를 원하는 사람들에게 추천한다.

359 Little Bourke St.

03-9606-0449

Noodle Box

애들레이드뿐만 아니라 멜버른, 퀸즐랜드, 태즈메이니아 등 호주 전 지역에 퍼져 있는 체인점. 한 도시에 수십 개의 체인점이 있으며 애들레이드에만도 10개 정도 있다. Noodle Box의 최대 장점은 고객이 원하는 재료와 소스로 누들을 만들어준다는 것이다. 재료를 눈앞에서 담아 요리해주며 가격도 저렴한 편이다.

www.noodlebox.com.au

Ming's Palace

애들레이드 시티 안에 위치. 중국 전통 레스토랑으로 여러 중국 전통 요리를 맛볼 수 있다. 그중에서도 북경 오리 고기는 이곳의 대표적인 요리다. 워홀 메이커들도 마음 편히 찾을 수 있을 만큼 가격이 저렴해 항상 손님들로 북적인다.

157-159 Gouger St.

08-8231-9970

CAV'S Steakhouse

골드코스트 하이웨이 옆. 1989년~1997년에 베스트 스테이크 하우스를 7번이나 수상한 곳으로 스테이크와 그에 어울리는 와인을 적당한 가격에 먹기 위해 멀리서도 찾아온다. 스페인풍의 분위기에, 손님이 직접 고기를 선택할 수 있어 먹는 재미를 더한다. 코울슬로 샐러드, 감자, 소스가 곁들여진 Yahoo BBQ Ribs A$27과 티본스테이크 A$35가 이 집의 인기 메뉴다.

www.cavssteakhouse.com

30 Frank St. Labrador

07-5532-2954

Valentinos

나폴리 출신의 주인이 차린 이탈리아 레스토랑. 가격대는 대략 A$10~A$35 정도다. 호메이트 파스타, 간 고기와 나폴리 소스 파스타, 모차렐라 치즈를 얹어 구운 고기 등이 인기 있다.

29 Victoria Ave. Broadbeach

07-5570-1030

Hoi's Kitchen

간판도 화려하지 않고 규모도 그리 크지 않지만 맛있는 딤섬을 두 명이 A$20 정도의 저렴한 가격으로 맛볼 수 있는 곳이다. 오전 9시부터 오후 3시 30분까지만 영업하기 때문에 시간을 잘 맞춰서 가야 한다.

195 William St. Northbridge

08-9227-6363

Barnacle Bill's

케언스 시티에 있으며 해산물, 캥거루 고기, 악어 고기를 맛볼 수 있는 곳. 유명한 식당이기 때문에 단체로 갈 경우에는 예약을 해야 하지만 개인적으로 갈 때는 예약 없이도 가능하다.

www.barnaclebills.com.au

103 the esplanade St.

07-4051-2241

5. 쇼핑하기

지역마다 약간씩 다르긴 하지만 대개 월요일부터 토요일까지는 오전 9시 부터 오후 5시 30분까지, 쇼핑 데이인 목요일 또는 금요일(양일 중 하루)에는 오후 9시 30분까지 가게들이 문을 연다.

6~7월, 12~1월에 할인 행사를 많이 하므로 가격이 비싼 제품들은 이 기간을 노려 구매하도록 하자.

> **Is there a department store nearby?**
> 근처에 백화점이 있습니까?

직원	**Hello. May I help you?**
	안녕하세요, 무엇을 도와드릴까요?
용석	**Yeah. I'm looking for some jeans.**
	네, 청바지를 찾고 있습니다.
직원	**Okay. This way, please. What size do you wear?**
	알겠습니다. 이쪽에 있습니다. 사이즈가 어떻게 되죠?
용석	**I don't know exactly. Could I just try this on?**
	사이즈는 잘 모르겠습니다. 그냥 이걸 입어보고 싶은데 괜찮겠습니까?
직원	**No problems. The fitting room is right over there.**
	네, 물론입니다. 탈의실은 바로 저기에 있습니다.
용석	**Thanks.**
	감사합니다.

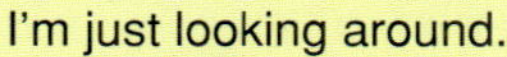

I'm just looking around.

그냥 둘러보고 있는 거예요.

Please show me another colour.

다른 색상으로 보여주시겠어요?

I think it's too tight.

제 생각에는 너무 꽉 끼는 것 같은데요.

Could you please show me a cheaper one?

좀 더 싼 걸 볼 수 있을까요?

Can I pick it up when I finish my shcpping?

쇼핑하고 난 후에 찾아가도 될까요?

호주 제품뿐만 아니라 아시아, 유럽, 미국 제품까지 다양하게 판매한다. 생산국에 따라 표기법이 다른데, 옷이나 신발은 주로 미국에서 수입하는 편이다. 우리나라 남자들은 외국 남자들과 덩치 차이가 꽤 나기 때문에 옷을 살 때 한 치수 작은 제품을 구입하는 것이 좋다.

치수 표기 비교

옷

한국식	44(85)	55(90)	66(95)	77(100)	88(105)
미국식	2(XS)	4.6(S)	8.10(M)	12.14(L)	16.18(XL)
유럽식	36	38~40	42~44	46~48	50~52
허리둘레	24	25~26	27~29	30~32	34

신발

한국식	235	240	245	250	255	260	265	270	275
미국식	6.5	7	7.5	8	8.5	9	9.5	10	10.5
유럽식	37	37.5	38	38.5	39	39.5	40	40.5	41

마트에서 신용카드로 물건을 구입할 때는 우리나라에서처럼 "몇 개월로 해드릴까요?", "몇 개월 할부로 계산해주세요."라는 말은 하지 않는다. 호주에는 신용카드 할부 제도가 없기 때문이다. 신용카드로 결제할 때는 이 점을 참고하기 바란다.

가전제품을 살 때는 K-Mart, 학용품이나 부엌용품 등 생활용품을 구입할 때는 Target, Big W를 이용하자. 종류도 많고 가격도 싸다.

가구나 자전거 같은 생활용품을 대형 마트에서 일일이 새것으로 구입하려면 비용도 많이 들고 별도의 배달료도 지불해야 한다. 꼭 새 제품을 고집하는 경우가 아니라면 쓸 만한 중고용품을 찾아보는 것도 좋은 방법이다. 중고용품 가게secondhand store나 주말에 열리는 창고 세일garage sale을 이용하면 저렴하고 괜찮은 중고용품을 생각보다 많이 구할 수 있다.

중고용품 가게는 각 도시마다 한두 곳 정도 꼭 있으며 매주 월요일부터 금요일까지 문을 열고 옷, 가방, 신발, 각종 액세서리 등을 판다. 호주 현지 사람들에게 물어보면 관련 정보를 쉽게 얻을 수 있다. 가구처럼 부피가 큰 물건이나 특정 중고제품을 파는 가게도 그들에게 물어보면 가장 빨리, 그리고 확실하게 알 수 있다. 창고 세일은 비정기적으로 열리기 때문에 정보를 구하기가 쉽지 않은 면이 있다. 마트 게시판이나 지역 신문(잡지) 등에서 중고용품 관련 정보를 얻을 수도 있다.

한국 사람들이 많이 이용하는 인터넷 사이트를 보면 귀국하는 사람들이 자기가 쓰던 물품을 판다고 광고하는 창고 세일 혹은 귀국 세일 게시판들이 많이 있다. 어차피 한국 사람들은 구매하는 물품이 거의 비슷하기 때문에 흥정만 잘하면 싸고 괜찮은 물건을 한 번에 살 수 있어 편하다. 되도록 자기가 사는 지역에 있는 사람과 거래하고 직접 물건을 확인한 후 구매하도록 한다. 사고 싶은 물건이 있으면 우선 파는 사람과 흥정부터 하자. 자기가 원래 받으려 했던 가격보다 높게 부르는 경우가 많기 때문이다. 간혹 자기도 중고를 샀으면서 새것을 구입했다고 거짓말하는 사람도 있으니 미심쩍다 싶으면 영수증을 보여 달라고 해본다.

생활용품이나 액세서리 등을 저렴하게 구입하려면 각 지역에서 열리는 주말 장을 이용해보는 것도 좋다. 유명한 재래시장cpen market에 가면 수공예 보석, 공예품, 구제 의류, 액세서리 등을 파는 임시 가게들이 줄을 지어 있는데 구경하는 것만으로도 재미있다. 제품에 가격표가 붙어 있어도 흥정만 잘하면 깎을 수 있다.
시드니 패딩턴Paddington에는 멋있는 카페와 독특한 레스토랑이 많이 있는데, 특히 맥주와 간단한 식사를 할 수 있는 영국식 선술집 그랜드내셔널Grand National, 더 로열The Royal, 패딩턴 인Paddington Inn이 가볼 만하다.

I really like this, but unfortunately I don't have enough money. Can I get a discount?

물건은 정말 마음에 드는데 돈이 부족하네요. 할인 좀 해주세요.

Can you give me a discount?

좀 싸게 해주시면 안 되나요?

Are you looking for anything in particular?

특별히 찾는 것이 있으신가요?

I'm looking for a gift for my friend.

친구에게 줄 선물을 찾고 있어요.

I'll take this.

이걸로 할게요.

★Grand National Restaurant
A$30~A$40(메인 메뉴)
161 Underwood St.(Cnr Elizabeth St.) Paddington, Sydney
02-9363-4557

★Royal Hotel Paddington
월~금 12pm~10pm
토 12pm~10pm
일 12pm~9pm
www.royalhotel.com.au
237 Glenmore Rd.
Paddington, Sydney
02-9331-2064

★Paddington Inn
일~화 12pm~12am
수~금 12pm~1am
토 11am~1am
www.paddingtoninn.com.au
338 Oxford St.
Paddington, Sydney
02-9380-5913

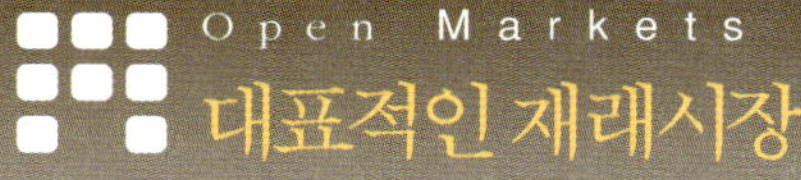

Sydney

시드니

◆ Paddington Market
토 10am~4pm
395 Oxford St. Paddington

◆ Paddy's Market
Haymarket
월~일 9am~5pm
Flemington
금 10am~4:30pm
토 6am~2pm(fresh food)
일 9am~4:30pm
www.paddysmarkets.com.au

Brisbane

브리즈번

◆ South Bank Market
금 5pm~10pm
토 10am~5pm
일 9am~5pm
Stanley St. Plaza South Bank
www.southbankmarket.com.au

Adelaide

애들레이드

◆ Central Market
화 7am~5:30pm
수, 목 9am~5:30pm
금 7am~9pm
토 7am~3pm
between Grote & Gouger St.
www.adelaidecentralmarket.com.au

케언스

◆ Rusty's Market
금 5am~6pm
토 6am~3pm
일 6am~2pm
between Grafton & Sheridan St.
www.rustysmarkets.com.au

멜버른

◆ Queen Victoria Market
화, 목 6am~2pm
금 6am~5pm
토 6am~3pm
일 9am~4pm
Corner Elizabeth & Victoria St.
www.qvm.com.au

퍼스

◆ Fremantle Market
The yard
금 8am~8pm
토, 일 8am~6pm
월, 공휴일 8am~6pm
The Hall
금 9am~8pm
토, 일 9am~6pm
월, 공휴일 9am~6pm
Corner of Henderson St. & South Terrace
www.fremantlemarkets.com.au

◆ E-Shed Market
금~일, 공휴일 9am~5pm
(푸드 코트 9am~8pm)
Victoria Quay

6. 문화생활 누리기

호주에서 생활하다 보면 현재 가지고 있는 자금이 뻔하기 때문에 여가 생활을 즐길 마음의 여유가 별로 없다. 하지만 주변을 둘러보면 큰돈을 들이지 않고도 즐길 수 있는 것들이 있다. 한 달에 한두 번 정도 기분 전환도 하고 영어 공부도 할 겸 영화관에 가보면 어떨까. 지역마다 무비 데이 Movie Day가 있는데, 무비 데이에는 영화 관람비가 10~20% 할인된다. 영어권 영화들은 자막 없이 상영되며 그 외 다른 언어권 영화들은 영어 자막English subtitle이라고 포스터에 명시되니 참고하도록 하자.

아일린	**What do you feel like doing?**
	뭐 하고 싶어?
용석	**How about seeing a movie tonight? Do you know what's showing at the moment?**
	오늘 밤에 영화 보러 갈래? 요즘 어떤 영화 하는지 알아?
아일린	**I'm not sure but I've heard that 'Pride and Prejudice' is quite good.**
	글쎄. 〈오만과 편견〉이 꽤 괜찮대.
용석	**Oh, yeah? What kind of movie is that?**
	아, 그래? 어떤 영화야?

영화관

영화관

영화관 티켓

각 지역마다 무료 관람이 되는 미술관이나 박물관들이 있다. 다양한 미술 작품들이 자주 전시되니 한 번씩 구경해보는 것도 좋을 것이다. 또 호주는 역사가 200년 정도밖에 되지 않았기 때문에 역사적인 유물보다 동굴, 식물들이 전시된 박물관들이 많다.

오페라 하우스Opera House에서 공연을 보는 것도 기억에 남을 만하다. 오페라 공연뿐만 아니라 무용, 연극, 음악 등 다양한 공연을 하는데 영어 실력에 상관없이 즐길 수 있다. 공연료는 A$30~A$300까지 다양하며, 일반적으로 A$50~A$70 정도 한다. 오페라 하우스 공식 홈페이지에서 공연 일정 검색 및 예약이 가능하다. 나는 오페라 공연을 즐기는 편이 아니어서 오페라 하우스에 갔을 때 그냥 건물만 구경할 참이었다. 그런데 때마침 무료 공연을 하고 있다고 해서 오페라를 관람할 수 있었다. 때에 따라서는 이렇게 무료 공연을 하기도 하고 저녁때 입석으로 관람하는 저렴한 티켓을 판매하기도 한다.

Can I have two tickets for 'Pride and Prejudice'?

〈오만과 편견〉 두 장 주세요

Can I still get a ticket?

아직 티켓을 살 수 있습니까?

What's the most popular movie at the moment?

지금 가장 인기 있는 영화는 뭐죠?

Sold out.

매진입니다.

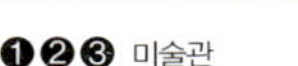

❶❷❸ 미술관
❹ 브리즈번 박물관

거리를 다니다 보면 곳곳에서 거리 공연을 펼치는 사람들을 볼 수 있다. 분주한 시티 한가운데서 자리를 펴고 그림을 그려 전시하는가 하면 병으로 직접 만든 악기를 가지고 나와 공연을 펼치기도 한다. 골드코스트에서는 뱀쇼를 보여주고 모자를 돌리는 아저씨도 있었다.

거리 공연

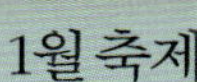

1월 축제
January festival

시드니 축제 Sydney Festival

시드니. 호주에서 가장 큰 문화 예술 축제

www.sydneyfestival.org.au

호주 오픈 테니스 챔피언십 경기
Australian Open Tennis Championships

멜버른. 멜버른 파크Melbourne Park 경기장
에서 열리는 호주 최대 스포츠 행사. 각종 축제
및 행사도 함께한다.

www.ausopen.org

호주 건국일 축제 Australia Day

호주 전 지역. 1788년 1월 26일 영국의 아더 필립 선장이 이끄는
11척의 선박이 지금의 시드니 항에 도착한 날을 기념하는 호주 국
경일. 이날에는 호주의 모든 지역에서 다양한 축제가 열린다.

www.australiaday.com.au

2월 축제
February festival

퍼스 국제 예술축제 Perth International Arts Festival

퍼스. 퍼스의 문화, 예술을 호주 전역 및 전 세계에 소개하는 대규
모 행사.

www.perthfestival.com.au

시드니 게이 앤 레즈비언 축제
Sydney Gay and Lesbian Mardi Gras Festival

시드니. 세계 최대의 게이 앤 레즈비언 축제. 동성연애자들의 연극
과 파티, 영화제, 전시회, 콘서트 등이 열린다.

www.mardigras.org.au

3월 축제
March festival

애들레이드 필름 페스티벌
Adelaide Film Festival

애들레이드. 세계 영화 축제로 30여 개국의 다양한 영화가 상영되
며 각종 이벤트, 포럼 등이 열린다.

www.adelaidefilmfestival.org

멜버른 뭄바 축제
Melbourne Moomba Festival

멜버른. 멜버른의 독특하고 역동적인 도시 문화를 느낄 수 있는
다양한 행사가 펼쳐진다.

www.melbournemoombafestival.com.au

멜버른 포뮬러 원 그랑프리
Formula One Australian Grand Prix

멜버른. 앨버트 공원Albert Park에서 열리는
박진감 넘치는 자동차 경주 대회.

www.grandprix.com.au

4월 축제
April festival

멜버른 국제 화훼 쇼
The Melbourne International Flower & Garden Show

멜버른. 호주의 유명한 꽃 장식가들이 참여하는 남반구 최대의 원
예업계 행사. 정원 가꾸기, 꽃 장식 디자인, 원예학에 대한 실질적
인 정보를 주고받는다.

www.melbflowershow.com.au/home

멜버른 국제 코미디 축제
Melbourne International Comedy Festival

세계 3대 코미디 축제 중 하나로 스탠드업 코미디, 길거리 코미디
공연, 코미디 영화/TV/라디오 등 다양한 프로그램을 즐길 수 있다.

www.comedyfestival.com.au

앤잭 데이 기념 행진 Anzac Day Commemoration March

호주 전 지역. 우리나라의 현충일과 같은 날이다. 앤잭이란
Australian and New Zealand Army Corps의 약자.

www.awm.gov.au/commemoration/anzac

5월 축제

메르세데스 오스트레일리안 패션 위크
Mercedes Australian Fashion Week-MAFW

호주 및 아시아 지역에서 50여 명의 디자이너들이 참여하는 세계적인 패션 축제.
www.mafw.com.au

그램피언스 미식가 축제
Grampians Gourmet Festival

그램피언스. 멜버른의 북서쪽에 위치한 그램피언스에서 열리는 음식 축제. 지역의 유명한 음식과 와인을 맘껏 맛볼 수 있다.
www.grampiansgourmetfestival.com.au

타가 태즈메이니아 Targa Tasmania

태즈메이니아. 세계 각국의 선수들이 참가하는 자동차 경주. 박진감 넘치는 스피드와 태즈메이니아 곳곳을 누비는 코스의 다양함이 볼 만하다.
www.targa.org.au

블루스 온 브로드비치 Blues on Broadbeach

골드코스트. 골드코스트의 황금빛 해변을 배경으로 5일 동안 열리는 블루스 음악 축제. 끝없이 펼쳐진 바다와 해변을 보면서 달콤한 음악에 빠져보자.
www.bluesonbroadbeach.com

6월 축제

시드니 필름 페스티벌 Sydney Film Festival

시드니. 세계 각국의 영화들이 상영되는 필름 페스티벌.
www.sff.org.au

멜버른 국제 영화제
Melbourne International Film Festival

멜버른. 남반구에서 가장 오래된 역사와 권위를 자랑하는 전 세계 영화인들의 축제. 극장용 영화, 애니메이션, 픽션, 다큐멘터리, 실험 영화 등 다양한 장르의 영화들이 상영된다.
www.miff.com.au

7월 축제

앨리스스프링스 낙타 컵 대회
The Lions Alice Springs Camel Cup

앨리스스프링스. 자선기금을 모으기 위해 열리는 대회. 낙타 경주, 낙타 타고 폴로 경기하기, 미스 낙타 대회Miss Camel Cup, 낙타가 끄는 인력거 경기 등 갖가지 이벤트가 열린다.
www.camelcup.com.au

케언스 쇼 Cairns Show

케언스. 메인 광장Main Arena, 재미있는 공원Fun Park, 전통 공원Heritage Park으로 나눠진 구역을 중심으로 갖가지 전시와 콘테스트, 공연, 경기 등이 펼쳐진다.
www.cairnsshow.com.au

8월 축제

다윈 페스티벌 Festival of Darwin

다윈. 예술과 문화 이벤트, 최신 영화, 연극 상연, 아시아-태평양 예술가들의 작품 전시, 퍼레이드, 콘서트 등이 열리는 축제.
www.darwinfestival.org.au

로열 애들레이드 쇼 Royal Adelaide Show

애들레이드. 개, 돼지, 말 등의 우량종을 가리거나 좋은 농산품을 뽑는 대회. 대회가 열리는 동안 색다른 볼거리와 즐길 거리, 먹을거리를 즐길 수 있다.
www.theshow.com.au

9월 축제

플로리에이드 Floriade

캔버라. 호주 수도인 캔버라의 코먼웰스 공원Commonwealth Park에서 열리는 꽃 축제. 해마다 색다른 주제를 정해 꽃을 전시한다.
www.floriadeaustralia.com

골드러시 축제 Gold Rush Festival

짐피Gympie. 브리즈번에서 북쪽으로 160km 떨어진 곳에 위치한 작은 도시. 이 축제의 하이라이트는 모래 속에 숨어 있는 금을 찾아내는 사금 캐기 챔피언십Gold Panning Championships. 이때 찾은 금은 모두 참가자가 가진다. 금 예술품 전시회 및 사진전, 퍼레이드 등이 열린다.

www.goldrush.org.au

누사 재즈 페스티벌 Noosa Jazz Festival

누사. 젊은이들을 위한 재즈 축제. 페스티벌 기간 동안 페스티벌 공식 레스토랑에서 젊은 재즈 뮤지션들이 전통 재즈, 모던 재즈, 스윙, 펑크, 리듬앤블루스 등 재즈 공연을 펼친다.

www.noosajazz.com.au

레드랜드 스프링 페스티벌 Redland spring festival

브리즈번. 매년 9월, 브리즈번에서 동쪽으로 25분 거리에 위치한 클리브랜드Cleveland에서 열리는 음악과 문화의 축제. 세계 최고의 연주자, 가수, 댄서, 시인, 예술가가 모여 즐기는 축제다.

www.redlandspringfestival.com.au

멜버른 프린지 페스티벌

Melbourne Fringe Festival

멜버른. 가장 현대적이고 혁신적이며 창조적인 예술 작품들을 장려하기 위해 마련된 페스티벌. 전시, 공연, 프린지 인벤션Fringe Inventions 등 200여 가지 행사들이 열린다.

www.melbournefringe.com.au

11월 축제
November festival

멜버른 컵 경마 대회 Melbourne Cup

멜버른. 11월 첫째 화요일에 열리며 호주에 있으면 한 번쯤 들어봄 직한 대형 축제. 호주 사람들이 월드컵이나 올림픽 못지않게 좋아하는 스포츠 축제.

www.vrc.net.au

12월 축제
December festival

한여름의 크리스마스 Christmas

호주 전 지역. 다채로운 행사들이 열리지만 그중에서 애들레이드에서 하는 크레디트 유니온 크리스마스 가장 행렬Credit Union Christmas Pageant이 가장 볼만하다. 이 퍼레이드를 구경하기 위해 각 지역에서 사람들이 몰려드는데, 2km 정도로 길게 이어진 70여 개의 수레가 장관을 이룬다.

www.cupageant.com.au

10월 축제
October festival

멜버른 축제 Melbourne Festival

멜버른. 봄에 펼쳐지는 멜버른 축제. 빅토리안 아트센터Victorian Art Centre를 중심으로 오페라, 무용, 드라마, 미술, 음악 등 다양한 공연과 전시가 펼쳐진다. 거리 곳곳에서 다채로운 내용의 무료 공연도 열린다.

www.melbournefestival.com.au

쿨린 말 달리기 경주 Kulin Bush Races

쿨린. 가족 단위로 각자가 소유한 말을 길들여 트랙을 도는 경주. 기수 협회에 등록된 사람은 참가할 수 없다. 대회 기간 동안 와인 축제, 음식 축제, 낙타 달리기 대회 등 다채로운 이벤트가 열린다.

www.kulin.wa.gov.au

요트 레이스 Sydney Hobart Yacht Race

시드니 호바트. 크리스마스에 열리는 대표적인 스포츠 이벤트. 전 세계에서 가장 유명한 수상 경기이며 복싱 데이Boxing Day인 12월 26일 오후 1시, 시드니에서 호바트까지의 레이스가 시작된다. 요트가 도착하는 12월 마지막 날에는 호바트에서 폭죽이 터지면서 호바트 여름 축제가 화려하게 시작된다.

www.cyca.com.au

7. 우체국 이용하기

요즘에는 인터넷, 이메일, 휴대폰이 일반적이다 보니 우체국 갈 일이 많지 않지만 호주에서 생활하다 보면 우체국post office에 갈 일이 종종 생긴다. 나는 차가 없는 도로에서 쾌속 질주를 하다가 속도위반 딱지를 떼이거나 주차위반 딱지를 많이 떼여서, 이런 차량 관련 벌금을 내러 우체국에 들락거렸었다.

호주 우체국은 우리나라 우체국과는 달리 우체국의 기본 업무 외 문구류, 우편엽서, 다이어리 등 잡화들도 판매한다. 그래서 우체국에 들어가면 분위기가 여느 상점과 비슷하다. 소규모로 운영되는 곳에서는 계산할 때 한 줄로 서서 자기 차례를 기다린다.

한국에 편지(규격이나 중량에 따라 가격이 다름)나 엽서를 보내려면 A$1.60 우표를 사서 붙이면 되고 호주 내에서 엽서나 편지(규격이나 중량에 따라 가격이 다름)를 보낼 때는 60센트 우표를 붙인다. 우리나라로 소포를 보내면 선박편일 때는 받아보는 데 한 달 정도, 항공편일 때는 6일 정도 걸린다. 소포를 보낼 때 보험을 가입하겠냐고 물어보는데 보험료가 비싸지 않기 때문에 될 수 있으면 가입하도록 한다.

우체국은 보통 시티나 대형 마트 안에 있는데, 미리 한두 곳 정도는 위치를 알아 놓도록 하자.

★ 소포

항공편을 이용하면 10kg에 대략 A$140, 선박편으로 보내면 대략 A$50. 한국으로 소포를 보낼 때 무게별 요금은 www1.auspost.com.au/pac/int_parcel.asp에서 확인할 수 있다.

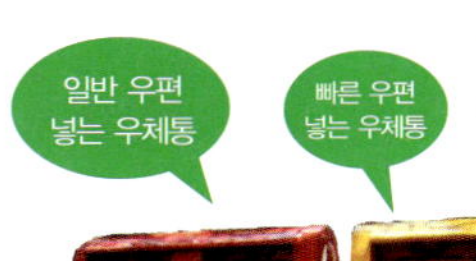

What time does the post office open?

우체국이 몇 시에 문을 열죠?

용석	Good morning. I'd like to send this letter to Korea.

안녕하세요. 이 편지를 한국으로 부치려고 합니다.

직원	How would you like it sent?

어떻게 보내시겠어요?

용석	Express, please.

빠른 우편으로 부탁드립니다.

직원	Okay. A$4.50, please.

알겠습니다. 4달러 50센트입니다.

용석	Here you go. Umm. How long will it take to get there?

여기 있습니다. 음, 그런데 이 주소로 가는 데 얼마나 걸리죠?

직원	It will take around three days.

대략 3일 정도 걸릴 겁니다.

용석	Thanks. Bye.

감사합니다. 수고하십시오.

What are the contents?

내용물이 뭔가요?

Are there any breakables in it?

깨지기 쉬운 물건이 들어 있나요?

This is fragile.

깨지기 쉬운 것들입니다.

How much is the postage for this?

이 우편 요금은 얼마죠?

Can I have a money order for 200 dollars, please?

200달러 전신환 한 장 만들어주세요.

(전신환money order: 이민성에서는 현금 대신 전신환을 받는다.)

I'd like to send this letter by registered mail.

이 편지를 등기 우편으로 보내려고 합니다.

Can I get boxes for my parcel?

소포용 박스 좀 주시겠습니까?

These are all personal goods.

모두 개인 물품입니다.

mail box 우체통
postage stamp 우표
sender 발신인
receiver 수취인
parcel 소포
envelope 편지 봉투
invoice 송장(계산서)
airmail 항공 우편
sea mail 선편 우편
letter paper 편지지
picture postcard
그림엽서
postal code/zip code
우편번호
handle with care
취급 주의

8. 미용실 이용하기

호주에는 한국 사람이 운영하는 미용실도 상당수 있는데, 호주 미용실은 보통 머리 자르는 가격이 A$40~A$50, 한인 미용실은 A$20~A$30 정도다. 호주 사람과 동양 사람의 머릿결이 달라 호주 사람들이 운영하는 미용실에서 머리를 손질하면 간혹 마음에 들지 않는 경우도 생긴다.

호주 미용실은 보통 예약제로 운영된다. 가기 전에 전화를 걸어 머리를 자를 것인지 파마를 할 것인지 염색을 할 것인지 간단히 말해놓는다.

미용실	Hello. Time Hair Design. How can I help you?
	안녕하세요? 타임 헤어 디자인입니다. 무엇을 도와드릴까요?
용석	Hello. I'd like to make an appointment for a cut.
	안녕하세요? 커트 예약을 하고 싶어서요.
미용실	When would you like that?
	언제 예약을 원하시나요?
용석	At one o'clock tomorrow afternoon.
	내일 오후 1시에 괜찮을까요?
미용실	Okay. I'll see you tomorrow at one.
	예. 가능합니다. 내일 1시에 뵙죠.
용석	Thanks.
	고마워요.

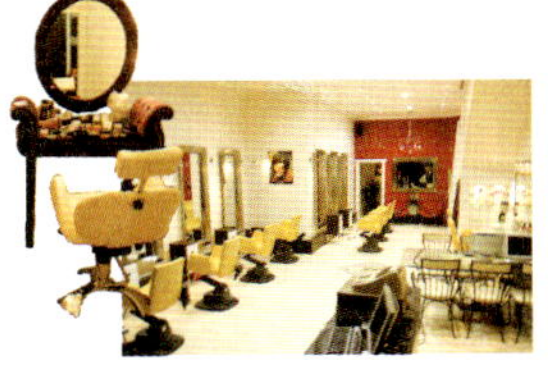

머리 모양을 구체적으로 설명하기 어려울 때는 직접 사진을 보여주자. 나는 호주 미용실에서 30분 동안 잡지책을 뒤적이며 원하는 머리 스타일을 찾아 미용사에게 보여주고 그렇게 해달라고 말했다. 미용사가 특별히 신경 써서 자르고 드라이도 해줬지만 정작 나는 머리 모양이 마음에 들지 않아 결국 집에 와서 다시 드라이를 했었다.

용석	Hi. My name is Tommy. I have an appointment at 1.
	안녕하세요? 전 토미라고 하는데 1시에 예약을 했어요.
미용실	Hello, Tommy. How are you today?
	토미. 안녕하세요? 오늘 기분 어때요?
용석	Very good, thank you. Have you been busy?
	아주 좋아요. 고마워요. 오늘 바쁘셨나요?
미용실	Not very much. Take a seat, please.
	아주 바쁘지는 않았어요. 이쪽에 앉으시죠.
용석	Thanks.
	고마워요.
미용실	How would you like your hair cut?
	머리를 어떻게 해드릴까요?
용석	Actually, I brought a photo. I'd like my hair to look like this picture.
	제가 사진을 가지고 왔는데 이렇게 해주세요.
미용실	No problems. Would you like your hair shampooed?
	걱정 마세요. 머리는 감으실 건가요?
용석	Yes, please.
	예. 감을 거예요.

미용실

Just a trim, please.

다듬기만 해주세요.

Please don't cut it too short.

너무 짧지 않게 잘라주세요.

Take off the top / sides / back, please.

앞/ 옆/ 뒷머리를 잘라주세요.

A little more off the sides.

옆머리를 조금 더 잘라주세요.

I want to have my hair permed.

파마를 했으면 하는데요.

A cut and shampoo, please.

커트와 샴푸를 부탁합니다.

I'd like to have my hair dyed brown.

머리를 갈색으로 염색하고 싶습니다.

Turn your head to the left.

머리를 왼쪽으로 돌려주시겠어요?

Look down, please.

머리를 숙여주세요.

Put your head up.

머리를 올려주세요.

한인 미용실

미용실 멤버십 카드

머리를 감는 것은 샴푸shampoo, 헹구는 것은 린스rinse라고 한다. 우리가
흔히 말하는 린스는 원래 컨디셔너conditioner를 말한다. 호주 미용실의 경
우 머리를 자르고 나서 샴푸를 하면 추가 비용으로 A$5 정도 더 받기 때
문에 돈을 절약하고 싶다면 샴푸는 하지 않는다.

용석	How much do I owe you?
	얼마예요?
미용실	That will be twenty dollars.
	20달러입니다.
용석	Here you are.
	여기 있습니다.

9. 병원, 약국 이용하기

종합병원hospital은 큰 병에 걸리거나 크게 다쳤을 때 이용하며 보통은 클리닉clinic(개인 병원)이나 메디컬 센터medical centre에 가서 진찰을 받는다. 의사는 간단한 진찰과 환자와의 대화를 통해 병의 상태를 파악하고 약을 처방해준다. 만약 병이 심각하거나 심하게 다쳤다고 판단되면 종합병원으로 가라고 한다.

> **Where's the nearest hospital?**
>
> 이 근처에 병원이 어디에 있나요?

의사	**What's the problem?**
	어디가 아프세요?
용석	**I have a high fever and I can't sleep well.**
	열이 많이 나고 잠을 잘 수가 없어요.
의사	**When did you begin to feel sick?**
	언제부터 아프기 시작했나요?
용석	**Yesterday.**
	어제부터 그래요.
의사	**Do you have any other symptoms?**
	그 밖에 다른 증상이 있습니까?
용석	**I've been vomiting.**
	계속 토하고 있습니다.
의사	**Have you taken any medication?**

용석
No, nothing.

아니요.

의사
Let me examine you. Can you lie down here?

좀 봐야겠네요. 여기 누우실래요?

- **감기나 피부병** A$70~A$100
- **하루 입원비** A$600~A$700
- **다리가 부러졌을 때**(2일 정도 입원) 약 A$2,000~A$2,500
- **맹장으로 입원했을 때** A$6,000~A$7,000

한번은 학교에서 축구 시합을 하다가 친구 한 명이 다리가 부러져 같이 병원에 간 적이 있었다. 의사한테 설명을 해야 하는데 다들 영어 실력이 부족해 손짓 발짓하며 말했던 기억이 난다. 이렇게 급박한 상황에 부딪히면 정말 영어의 필요성을 뼈저리게 느끼게 된다.

I think I broke my legs.

다리가 부러진 것 같아요.

I have a / toothache / stomachache / headache.

제가 치통/ 복통/ 두통이 있어요.

My legs / eyes / are sore. My back is sore.

다리/ 눈이 아파요. 허리가 아파요.

I have diarrhea.

설사를 해요.

I feel dizzy and faint.

어지러워서 쓰러질 것 같아요.

I feel something's wrong with my stomach.

배가 좀 거북합니다.

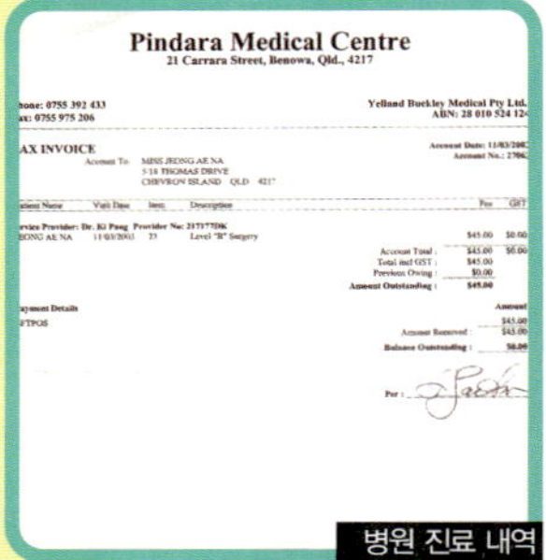

You need to be hospitalized.

입원하셔야겠네요.

I will write out a prescription.

처방전을 써드릴게요.

When do you think I'll get better?

회복하려면 얼마나 걸릴까요?

Do you have medical insurance?

의료보험에는 가입했나요?

May I have your insurance card?

보험증을 보여주시겠어요?

When can you squeeze me in?

언제 진료를 받을 수 있을까요?

호주는 의약 분업이 오래전부터 이루어져 의사의 처방전이 없으면 약국 pharmacy에서 약을 조제받을 수 없다. 처방전이 없을 때는 부작용이 심하지 않은 간단한 의약품만 구입할 수 있다. 혹시 앓고 있는 병이 있다면 위급한 경우를 대비해 영문 진단서와 의사 소견서를 만들어 여권과 함께 지니고 다니도록 하자.

I can't sell anything without a prescription.

처방전이 없으면 판매할 수 없습니다.

의사의 처방전 없이 약국에서 살 수 있는 약은 대략 이렇다.

알아두세요!
약국에서
살 수 있는 약이름

일반 감기 cold: Codral
콧물 감기 runny nose: Sudafed
기침 감기 cough: Benadryl
불면증 insomnia: Relaxatab
상처에 바르는 연고: Savlon
목 아플 때 sore throat: Cepacol
입 안이 헐었을 때 mouth ulcer: Orabase

두통이 있을 때 headache: Tylenol
진통제가 필요할 때 painkillers: Aspirin
설사 diarrhea: Imodium
변비 constipation: Dulcorax
생식기 주위가 가려울 때: Canesten
화상을 입었을 때: Vaseline

용석	I have a prescription. Could you please fill this prescription?
	처방전입니다. 이 처방전대로 조제해주시겠어요?
약사	Sure. Wait a minute, please. Here's your medicine.
	물론이지요. 잠시만 기다려주세요. 여기 있습니다.
용석	Thanks. How many times a day should I take this?
	감사합니다. 하루에 몇 번 복용해야 하나요?
약사	Take it twice a day, after breakfast and after dinner.
	아침식사 후에 그리고 저녁식사 후, 이렇게 하루에 두 번 복용하세요.
용석	After breakfast and after dinner. Thanks. How much is it?
	아침식사 후에 그리고 저녁식사 후에요? 감사합니다. 얼마죠?
약사	A$4.50. Thanks.
	4달러 50센트입니다. 감사합니다.

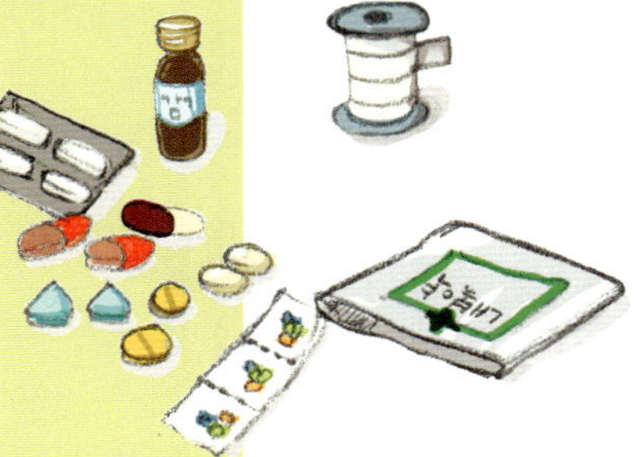

Can I please have some cold medicine?

감기약 좀 주시겠어요?

Do you have anything for a headache?

머리 아픈 데 먹는 약 있습니까?

I don't have a prescription. Is that okay?

처방전이 없는데, 괜찮을까요?

What are your symptoms?

증상이 어떤가요?

How often should I take this medicine?

이 약을 몇 회 복용해야 하는지요?

Could I have some band-aids, please?

반창고 좀 주시겠습니까?

외국에서는 건강이 최고다. 자기 건강은 자기가 관리해야 한다. 몸이 아프면 괜히 참아서 병을 더 키우지 말고 빨리 병원에 가서 진찰을 받도록 하자.

10. 중고차 구입하기

너무나 당연한 말이지만 차를 구입할 때는 신중에 신중을 기해야 한다. 일단 돈이 많이 드는데다가, 차에 대해 잘 모르는 경우, 문제가 있는 차를 구매했다가 나중에 낭패를 보는 사례가 종종 있기 때문이다.

중고차는 개인 대 개인으로 직거래를 하거나 중고차 전문 딜러의 도움을 받아 구입하는데, 딜러를 통해 차를 사면 비용이 약 A$1,000 정도 비싸지기 때문에 개인적으로 구매하는 것이 낫다. 학생들은 주로 A$2,000~A$4,000 정도 가격대의 차를 선호한다. 이 가격대의 차라면 최소 10년 이상 된 차들이기 때문에 겉으로 봐선 좋고 나쁨을 알기 어렵다. 자동차에 대해 잘 아는 사람과 같이 가서 상태를 꼼꼼하게 체크한 뒤에 구입하자.

나중에 되팔 생각이라면 호주 사람들이 좋아하는 흰색이나 빨간색 차를,

차종은 그들이 가장 선호하는 도요타를 구입하는 것이 좋다. 호주는 기후 변화가 심하지 않고 도로가 고르기 때문에 주행거리 20만 km를 달린 차도 성능이 괜찮다. 평균적으로 1년에 2만 km를 달린다고 생각하고 무리하지 않게 운행한 차를 고르자. 꼭 시운전을 해보고 소음이 심한지, 떨림이 강한지, 오일이 새는 곳은 없는지 확인해본다.

용석	Hello?
	여보세요?
차주인	Hello?
	여보세요?
용석	I'm calling about the second hand car you have advertised on the notice board. I was wondering if I could see the car today.
	알림판에 있는 중고차 광고를 보고 전화하는 건데요. 오늘 차를 좀 볼 수 있을까요?
차주인	Oh, yeah? Are you in the city now?
	아, 그래요? 지금 시티에 계신가요?
용석	Yes. I'm at Central Station now.
	네, 지금 중앙역에 있습니다.
차주인	Okay, I will be there in about five minutes. Is that okay?
	알겠습니다. 곧 가도록 할게요. 5분 정도만 기다려주시겠습니까?
용석	Yep. I will wait in front of Central Station.
	넵. 중앙역 바로 앞에서 기다리고 있겠습니다.
차주인	Alright. See ya.
	좋습니다. 그럼.
용석	Oh, Hi. I'm Yong Seok. Is it alright if I test drive your car?
	아, 안녕하세요. 저는 용석이라고 합니다. 차를 운전해봐도 될까요?
차주인	No problems. Go ahead.
	네. 물론이지요. 한번 해보세요.

How much is this car?

이 자동차는 얼마죠?

I think this is broken.

이 부분이 망가진 것 같습니다.

I think the brakes don't work properly.

제 생각에는 브레이크가 잘 작동하지 않는 것 같아요.

중고차 구입
방법별 장단점

≫중고차 업체
여러 자동차 중에서 고를 수 있다는 장점이 있으나 가격이 비싼 편이다.

≫지역 신문이나
호주 신문에 낸 개인 광고
차에 대해서 잘 아는 사람과 함께 가서 구입을 한다면 저렴하게 구입할 수 있지만 차를 보기 위해 돌아다녀야 하는 번거로움이 있다.

≫경매장auction**에서 구입**
「Sydney Morning Herald」를 보면 일정과 장소가 나온다. 경매장에 가서 경매 신청 양식을 제출하고 번호를 받아 경매에 참여한다. 싼 자동차가 많이 나오지 않고 시승을 해볼 수 없다는 단점이 있다.

중고차
구입 사이트
www.drive.com.au/used
www.carsguide.news.com.au
www.carsales.com.au
www.redbook.com.au

중고차는 안전 확인증safety certificate을 받은 차인지 아닌지 반드시 확인해보고 사야 한다. 차에 아무 이상이 없다는 안전 확인증을 받아야 차를 사고팔 수 있게 법으로 정해놓았다. NRMA사(자동차보험 회사www.nrma.com.au)에 약간의 금액을 지불하고 자동차 성능 검사를 의뢰하면 안전 확인증을 받을 수 있다. 개인 거래 시에는 혹시 그 차가 도난 차량은 아닌지, 융자를 받기 위해 담보로 잡힌 차량은 아닌지 등을 체크해보자.

보험에도 가입해야 하는데, 차종과 보험 가입 경력, 보험 종류에 따라 보험료가 책정된다. 1년에 보험료와 세금을 합쳐 대략 A$500 정도 납부한다. 한국 내에서의 보험 이력이 있으면 보험료가 책정될 때 혜택을 받을 수 있으니 한국 내 보험 회사로부터 증명서를 받아가는 것이 좋다.

보험에는 크게 네 종류가 있다. 3자 보험Green Slip(Compulsory Third Party)은 자동차 사고가 났을 때 상대방만 보상이 되고 상대 차나 내 차는 보상받을 수 없다. 종합 보험Comprehensive은 자기 차량, 상대 차량, 사람과 소유물 등 모두 보상받을 수 있으며, 3자대물 손해보험Third Party Property Damage은 피해를 당한 상대방의 자동차나 소유물의 손해에 대해서만 배상이 된다. 3자 화재 및 도난 보험Third Party Fire and Theft은 자신의 차가 화재나 도난당했을 때 보상받을 수 있는 보험이다.

중고차를 구입한 뒤에도 차량 관리를 꼼꼼히 하는 것이 좋다. 나중에 차를 팔 때 외관이 깨끗하고 특별히 눈에 띄는 고장이 없으면 구입할 때보다 더 높은 금액을 받을 수 있다. 워홀 메이커들이 구입하는 차는 보통 15년이 넘는 차이기 때문에 1년을 더 탄다고, 몇만 km를 더 달린다고 중고차 가격이 떨어지지는 않는다. 나도 15년 된 중그차를 친구에게 A$2,000에 사서 타고 다니다 1년 뒤 A$2,500를 받고 팔았다.

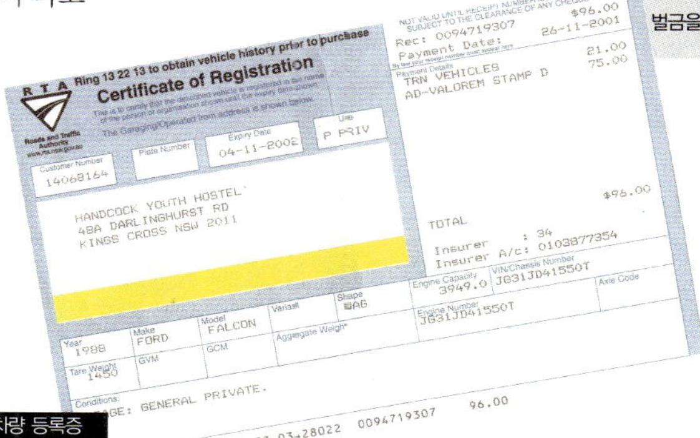

NSW 주 차량 등록증

★**차량 등록**

차량 등록은 차를 산 날로부터 14일 이내, 차량 번호판에 나와 있는 지역에 있는 등록소에 가서 해야 한다. 14일 이후 등록하면 벌금을 내야 한다.

Could you tell me where the nearest auto mechanic is?

자동차 수리점이 어디 있는지 말씀해주시겠어요?

The battery is dead.

배터리가 떨어졌어요.

I have a flat tire.

타이어가 펑크 났어요.

Something is wrong with the clutch.

클러치에 문제가 있는 것 같습니다.

호주의 주유소는 셀프 주유소가 대부분이다. 본인이 직접 원하는 만큼 주유한 다음 카운터에서 계산한다. 호주의 기름 값은 리터당 대략 A$1.3 정도로 상당히 저렴한 편이다.

Where is the nearest petrol station?

근처에 주유소가 어디 있나요?

Number three, please. Twenty dollars.

3번 주유기 계산해주세요. 20달러입니다.

성인인증카드(18⁺ 카드)

은행 카드를 분실해서 재발급받거나 카드 없이 계좌
번호와 여권만으로 돈을 인출하려고 할 때, 집을 계
약할 때 등 예전에는 신분증으로 여권만 요구했지만
요즘에는 여권 이외 본인을 증명할 인증서를 추가로
요구한다. 국제운전면허증을 한국에서 발급받아 왔
다면 상관없지만 그렇지 않다면 호주 내에서 신분증
역할을 하는 성인인증카드인 18+ 카드를 발급받도록
하자.

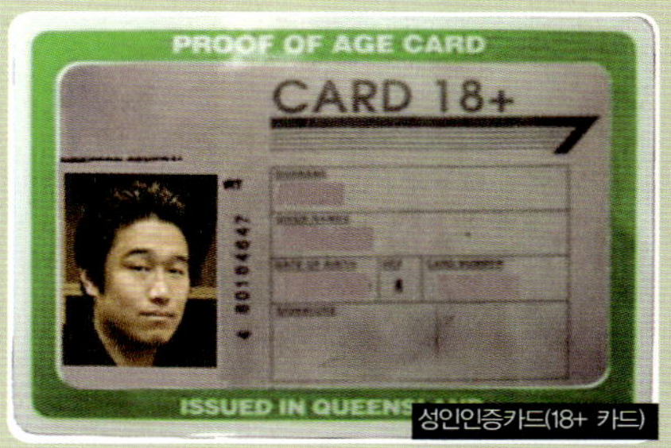

성인인증카드(18+ 카드)

18+ 카드는 말 그대로 나이가 18세 이상이라는 것을 증명해주는 신분증으
로, 우리나라에 비유하자면 주민등록증이라고 할 수 있다. 호주는 펍에
갈 때 특히 신분증 검사를 철저히 하는데, 여권을 항상 가지고 다니려면
부담스럽지만 18+ 카드가 있다면 만사 ok~!

★**발급장소**

각 지역의 Transport
Customer Service
Centre

*퀸즐랜드 주
http://www.tmr.qld.gov.
au/Licensing/Card-18-
plus.aspx

★**필요한 서류**

여권(본인임을 증명하기
위해 꼭 필요!)
은행카드 또는 학생증 등

★**수수료**

A$26.55

용석	I would like to apply for Card 18+. Can I get an application form for it, please?
	성인인증카드를 신청하고 싶은데요. 신청서를 받을 수 있을까요?
직원	Certainly! Here you are. Just complete the application form and come to me with your identity.
	물론이죠. 여기 있습니다. 신청서를 작성해서 신분증과 함께 제출하세요.
용석	I've done it. Passport is ok as identity?
	다 작성했습니다. 신분증으로 여권을 제출하면 될까요?
직원	Sure, it is fine. I need take a photo which will enter into your card.
	Here you are. Cost of a card is A$23.50.
	네, 가능합니다. 카드에 들어갈 사진을 찍겠습니다.
	카드 여기 있습니다. 수수료는 23달러 50센트입니다.
용석	Ta! Have a nice day!
	감사합니다. 좋은 하루 보내세요!

Part 4

학교 도서관에 가보면 정말 한국 사람들이 많다. 그리고 많은 사람들이 한국에서처럼 영어를 공부한다. 그러려고 호주까지 온 건 아닐 텐데 말이다. 사람마다 공부하는 방법이 조금씩 다르겠지만 도서관에 앉아서 문법 책만 외우는 식의 공부는 호주라는 환경을 고려해볼 때 그다지 효율적이지 않다.

친구 사귀기 &
영어 공부하기

1. 친구 사귀기

영어가 가장 빨리 느는 방법은? 호주 친구들을 많이 만드는 것이다. 사실 이걸 모르는 사람은 없다. 단지 잘 안 될 뿐이다. 호주 사람들을 만날 기회가 없다고, 영어를 잘 못한다고 가만히 있으면 언제나 제자리걸음이거나 실력이 더디게 향상된다. 내가 호주에 있을 때 시도했던 방법들을 몇 가지 소개한다.

얼굴에 철판 깔고 생활하자!

나는 종종 사람들이 붐비는 장소에 가서 영어 책을 읽곤 했다. 내 수준보다 약간 어려운 책으로. 그러다 모르는 단어나 문장이 나오면 지나가는 혹은 옆에 앉아 있는 호주 사람을 붙들고 Excuse me, What does that mean?(실례합니다만 이게 무슨 뜻이죠?) 하고 물어보았다. 그러면 대부분의 사람들은 친절하게 잘 설명해주었다. 설명을 듣고 나서도 여전히 잘 모르겠으면 다른 사람에게 다시 물어보고 이해가 될 때까지 그렇게 했다. 그렇게 하니 도서관에 앉아 사전을 뒤적이며 외우는 것보다 훨씬 더 잘 기억되고 다양한 사람들을 만날 수 있었다.

일단 말문을 트고 나면 호주 문화나 그동안 궁금하게 생각했던 것들을 물어보면서 자연스럽게 대화를 이어나갈 수 있다. 여러분도 한번 시도해보시길.

거리 풍경

용석	Excuse me. Could you tell me what 'G'day mate' means?
	저기 죄송합니다만, 'G'day mate' 가 무슨 뜻인지 말씀해주시겠어요?
호주인	Ah? 'G'day mate'? Well, it's just a greeting like 'Hello my friend!'
	네? 'G'day mate' 말인가요? 음, 그건 그냥 '안녕, 친구!' 같은 인사예요.
용석	Hum, but I don't understand what 'G'day' means.
	음, 하지만 전 'G'day' 가 무슨 의미인지 이해가 잘 간 가네요.
호주인	Oh! Okay! 'G'day' is short for 'good day'. So it means 'good day.' It's similar to 'Good morning', or 'Good afternoon'.
	아! 알겠습니다. 'G'day' 는 'Good day' 를 줄인 표현이에요. '좋은 하루 보내세요' 라는 뜻이죠. 'Good morning', 'Good afternoon' 과 비슷해요.
용석	Alright! 'G'day mate' means 'Hello mate.' I got it. Thanks a lot. Actually, I'm trying to learn Australian English here.
	아, 그렇군요! 그러면 'G'day mate' 는 '좋은 하루 브내라, 친구' 라는 의미군요. 이제 알겠습니다. 정말 감사합니다. 사실 제가 호주식 영어를 배우려고 애쓰고 있는 중이거든요.
호주인	Oh, great!
	오, 멋지네요!
용석	But, you know, it's quite hard to learn by myself. That's why I asked you.
	하지만 아시다시피 혼자서 배우기 쉽지 않네요. 그래서 이렇게 물어본 거고요.

호주에서 흔히 들을 수 있는 G'day, mate!(그다이 마이트)는 주로 남자들이 사용하는 인사말이다.

G'day mate! How's it going?
안녕? 어떻게 지내니?

★빅 브라더

BIG BROTHER

호주에서 광장한 인기를 누렸던 TV 서바이벌 프로그램. 한 번도 만나본 적 없는 열세 명의 사람들이 외부와 단절된 채 빅 브라더 하우스에 갇혀 마지막 한 명이 살아남을 때까지 몇 주에 걸쳐 두뇌 게임을 펼친다.

호주인	Oh, right! Where are you from, mate?
	그렇군요. 그런데 어디서 왔죠?
용석	Oh, sorry. I'm Yong Seok Han and I'm from Korea.
	아, 죄송해요. 저는 한용석이라고 합니다. 한국에서 왔어요.
호주인	Hi! I'm Liz.
	안녕하세요. (서로 악수를 하며) 저는 리즈라고 합니다.
용석	Liz? Umm. Is it OK if I ask you something, Liz?
	리즈? 음. 혹시 괜찮다면 제가 뭐 좀 물어봐도 될까요?
호주인	Yeah. That's alright. Go ahead.
	네. 괜찮아요. 말씀하세요.
용석	Thanks. I watched a TV program last night called BIG BROTHER. Is that popular in Australia?
	감사합니다. 사실 어제 〈빅 브라더〉라는 TV 프로를 봤는데, 그게 호주에서 인기가 있나요?
호주인	BIG BROTHER? It's very popular with teenagers. Do you like it?
	〈빅 브라더〉요? 십대들이 아주 좋아하죠. 용석 씨도 좋아합니까?
용석	Yeah! I like it. I think it's a really interesting program.
	네! 좋아합니다. 정말 재밌는 프로인 거 같아요.

한번은 시티에서 담배를 피우며 친구를 기다리고 있는데 옆에 있던 호주 거지가 담배 한 개비를 달라고 했다. 담배를 받아든 거지는 내 옆에 앉아서 '어디서 왔냐?' '뭐 하러 왔냐?' 하면서 자꾸 말을 시켰다. 가만히 생각

거리의 노숙자

해보니 거지도 내 영어 선생님이 될 수 있겠다 싶었다. 그래서 나는 다음날부터 시간이 날 때마다 거지들이 모여 있는 곳에 가서 그들과 이야기를 나누었다. 친구들은 한국인, 일본인, 중국인들과 어울리며 내가 거지들과 어울린다고 비웃었지만 그래도 나는 호주 사람들과 어울린다는 생각에 꿋꿋이 버텼다. 그러다 보니 어느새 그 친구들보다 더 편하고 자연스럽게 영어를 말할 수 있게 되었다. 몸에서는 이상한 냄새가 났지만 말이다.

펍은 누구에게나 열려 있는 수다 장소

호주 사람들이 즐겨 찾는 곳 중 하나가 펍pub이다. 호주 친구들을 만나면 펍에 가는 일이 많을 텐데, 사실 우리나라도 한 '술' 하는 문화라 이 점에서는 별다른 어려움이 없으리라 생각된다.

용석	Hey, Liz? Do you have anything planned tonight?
	이봐, 리즈? 오늘 저녁에 특별한 계획 있니?
리즈	No. Nothing.
	아니 없는데.
용석	Why don't we go out for a beer tonight?
	그러면 우리 오늘 저녁에 같이 맥주나 한잔하러 갈래?
리즈	Yeah! Sound's good.
	그래! 좋아.

Are there any pubs around here?

이 근처에 펍이 있나요?

친구들과 같이 가지 않더라도 펍에 가서 친구를 사귈 수도 있다. 일단 펍이나 나이트클럽에 가서 자리를 잡고 바텐더에게 맥주를 주문한다.

★VB

호주 빅토리아 주의 대표적인 맥주로 호주 사람들이 즐겨 마신다.

용석	Can I have a VB, please?
	VB 주세요.
바텐더	A$2.40. Thanks.
	2달러 40센트입니다. 감사합니다.

우리나라에서는 맥주를 시킬 때, "500cc 주세요, 1,200cc 주세요, 피처 하나 주세요."라고 말하는데 호주에서는 파인트pint, 쿼트quart, 저그jug라는 영국식 단위를 사용한다. 파인트는 약 0.57리터로 500cc라고 보면 된다. 호주 사람들은 대부분 파인트로 마신다. 2파인트, 즉 약 1,000cc는 쿼

트라고 하고, 우리가 흔히 말하는 피처pitcher는 미국식 표현으로 호주에
서는 저그라고 한다. 대략 1,200cc 정도. 병맥주를 시킬 때는 One
bottle, Two bottles 하고 주문한다.

호주 와인

Can you give me a bottle of VB, please?

VB 맥주 한 병 주시겠어요?

Two pints of four X(XXXX) gold, please.

XXXX 골드 파인트로 두 잔 주세요.

What kind of beer do you have?

어떤 맥주가 있나요?

I'd like a black beer, please.

흑맥주 주세요.

Can I get some ice, please?

얼음 좀 주시겠습니까?

Give me another.

한 잔 더 주세요.

크리켓

주변을 둘러보면 친구들과 모여 술을 마시는 사람들, 당구pool를 치는 사
람들, TV로 럭비rugby나 크리켓cricket 경기를 관람하는 사람들로 북적일
것이다. 만일 여러분이 어느 정도 당구를 칠 줄 안다면 당구를 치고 있는
사람에게 가서 한 게임 하자고 말해보자. 가끔씩 펍에서 공개적으로 경기
competition가 벌어지기도 하는데, 이때 우승이라도 하면 순식간에 온 펍
사람들의 주목을 받게 된다.

용석	**Hey! Can I challenge you to a game of pool?**
	저기, 나랑 당구 한 게임 할래?
레베카	**Yeah. No worries. Just get yourself a cue there.**
	좋아. 저기서 네가 사용할 큐대만 가지고 오면 돼.
용석	**Thanks. I'm Yong Seok and you?**
	고마워. 난 용석이라고 하는데, 넌?
레베카	**Yong Seok? I'm Rebecca.**
	(악수하며) 용석? 난 레베카야.

스포츠 경기를 관람하고 있는 사람에게는 Excuse me. What's the score now?(지금 몇 대 몇이죠?)라고 말하는 것이 가장 무난하다.

펍이나 나이트클럽에 갈 때는 여권을 꼭 챙겨가야 한다. 슬리퍼나 샌들, 모자를 착용할 경우 출입이 제한될 수도 있다. 잘 이해가 안 되는 부분이 지만 술집 법이 그렇다니 따라줄 수밖에. 주말에는 굉장히 붐비기 때문에 소지품을 분실하지 않도록 각별히 조심한다.

집 주변에서 친구 사귀기

집이 어디에 있느냐에 따라 집 주변 분위기가 많이 달라지는데, 외곽 동네는 사람들이 별로 다니지 않고 조용한 편이다. 하지만 조금만 적극성을 발휘하면 이웃에 살고 있는 호주 사람들과도 좋은 친구가 될 수 있다. 오늘부터 집 앞 청소를 한다든지, 호주 사람들이 좋아할 만한 한국 음식을 만들어 이웃들과 나누어보자. 여러분을 좋아하는 이웃들이 많이 생기게 될 것이다.

집 앞 골목

리즈	G'day mate! Do you clean up this street every morning? 안녕, 친구! 네가 매일 아침 이 거리를 청소하니?
용석	Oh! Hi! Good morning! Yes, I feel much better after this work. 오! 안녕! 좋은 아침! 그래 맞아. 청소를 끝내고 나면 기분이 한결 좋아지거든.
리즈	Yeah? Great! Where do you live? 그래? 멋지네! 그런데 넌 어디 사니?
용석	I live in Jenny's house. Just next to your house. 여기 제니네 집에 살아. 바로 너희 옆집에 말이야.
리즈	Oh, really? Wow, I didn't know that. Sorry mate! 아, 그래? 와우, 몰랐네. 미안해 친구.
용석	That's okay. I'm Yong Seok from Korea. Nice to meet you. 괜찮아. 나는 한국에서 온 용석이라고 해. 만나서 반갑다.
리즈	Nice to meet you too. I'm Liz. 나도 반가워. 리즈라고 해.
용석	Actually I arrived in Australia just a couple of days ago, so I'm still new to Sydney. 사실 호주에 도착한 지 얼마 되지 않아서, 아직 시드니가 낯설어.
리즈	Ah. Well, why don't you come to my house tonight with Jenny? Let's have dinner together. 그렇구나. 음, 오늘 밤 제니랑 같이 우리 집에 오지 않을래? 같이 저녁 먹자.

난 태권도 4단으로 한때 태권도 선수 생활을 했었다. 호주에 있을 때 몸이 굳을까 봐 잔디 마당에서 도복을 입고 발차기와 품세 연습을 자주 했었는데, 어느 날 지나가던 옆집 아저씨가 신기한 듯 쳐다보며 Wow! That's great. Can you show me some other movements?(와! 멋지네요. 다른 동작도 좀 보여줄 수 있어요?) 하고 말을 걸어왔다. 알고 보니 아저씨도 10년 전에 잠시 태권도를 배웠고, 그 동네로 이사 오면서 태권도를 배울 곳이 없어 운동을 하지 못하고 있었다. 아저씨가 I've seen it before. Actually I want to learn TAEKWONDO. Could you teach me?(그 동작 본 적 있어요. 태권도를 배우고 싶은데, 좀 가르쳐줄 수 있나요?)

하고 물어봐서 난 흔쾌히 It would be my pleasure.(그럼요, 물론이죠) 하고
대답했다. 그 이후로 일주일에 두 번씩 앞마당에서 태권도를 가르쳐주면
서 아저씨와 친해질 수 있었다.

집 근처 이웃에게 괜히 말을 붙인답시고 What's your name? 이라고 대
뜸 물어보면 상대방이 당황한다. Hello, I'm Tommy. 하며 자기를 먼저
소개하는 것이 아무래도 자연스럽다.

홈스테이 엄마나 아빠가 집으로 자신들의 친구를 초대해 소개해줄 때도
호주 친구들을 사귈 수 있는 좋은 기회다. 영어가 부족해도 괜찮다. 누누
이 강조하지만 가장 중요한 건 열린 마음과 적극성이다.

친구	Hey! Nice to meet you. Where are you from?
	안녕하세요. 반갑습니다. 어느 나라에서 오셨어요?
용석	Nice to meet you, too. I'm from Korea.
	만나서 반가워요. 한국에서 왔어요.
친구	Oh, really? I know some Korean food like kimchi and bulgogi.
	아, 정말요? 저 한국 음식을 몇 가지 아는데. 김치나 불고기 같은 거요.
용석	Good! How did you know about them?
	오! 어떻게 알죠?
친구	I've got a Korean friend.
	한국인 친구가 한 명 있거든요.
용석	Oh, yeah? I'll cook some Korean food for you sometime if you want.
	아, 그래요? 좋네요. 나중에 원한다면 한국 음식을 한번 만들어줄게요.

시티에 있는 셰어 하우스에 살면 다들 바쁘기 때문에 이웃들을 개인적으
로 만날 기회가 많지는 않다. 하지만 항상 주위에 관심을 가지고 생활하
다 보면 의외의 기회가 찾아오기 마련이다.

2. 영어 공부하기

실제로 말을 하면서 말하기speaking 실력을 쌓아가야 하지만, 동시에 문법이나 단어 같은 기초를 다져나가는 시간도 반드시 필요하다. 기초가 튼튼할수록 말하기 실력이 더 빨리 향상된다.

튜터와 공부하기

1:1 개인 교사를 튜터tutor라고 하는데, 일주일에 한두 번, 한 번에 대략 두세 시간 정도 만나 공부한다. 기본 실력이 어느 정도 있거나 혼자 공부하는 것에 익숙한 사람들, 학교에 다닐 여건이 안 되는 사람들은 튜터를 구해 공부해보자.

비용은 튜터의 학위, 경력 등에 따라 다르겠지만 보통 시간당 A$30~A$35 정도. 대학교 알림판이나 마트 게시판을 보면 현지 대학생들이 붙여놓은 광고들이 많다. 친구들의 소개로 튜터와 연결되기도 한다.

용석	Hello?
	여보세요?
튜터	Hello?
	여보세요?
용석	Umm. My name's Yong Seok. I'm calling about the notice on the board about English tutoring.
	음. 저는 용석이라고 하는데요, 알림판에 붙은 튜터 광고를 보고 전화 드렸어요.

Oh, yeah? So you want to learn English?

아, 그러세요? 영어를 배우고 싶다고요?

Yep. That's right. Every Tuesday and Thursday night. Would that be okay?

네. 매주 화요일과 목요일 저녁에요. 괜찮으신지?

That's alright with me. Can you tell me your mobile phone number?

저는 괜찮습니다. 휴대폰 번호 좀 알려주시겠어요?

How much money do you charge per hour?

시간당 얼마인가요?

I would like to meet you three times a week.

일주일에 세 번 만나고 싶어요.

튜터와 하는 공부는 학교 공부와는 달리 커리큘럼이 체계적으로 짜여 있는 것이 아니기 때문에, 본인이 얼마나 열심히 준비하느냐에 따라 결과가 많이 달라진다. 기본적인 공부는 혼자 하고 튜터를 만날 때는 되도록 대화를 많이 하자. 부족한 부분을 체크받을 수 있도록 미리 준비해서 가는 것도 좋다. 예를 들어 쓰기가 약하다 싶으면 하루에 한 개씩 주제를 정해 200~300단어 정도 되는 에세이를 꾸준히 써본다. 그리고 튜터를 만날 때 자기가 쓴 에세이를 보여주며 체크해 달라고 한다. 튜터가 고쳐준 글을 보면서 나중에 글을 쓰는 과정이나 철자, 어휘, 표현 등을 익히면 좀 더 효율적으로 공부할 수 있다.

Do you have any questions about this?

이것과 관련해서 질문 있어요?

용석　No, I don't have any. Well, actually I want to improve my English writing skills, so if I wrote a diary every day, would you please check it?

아뇨. 없습니다. 사실 제가 글쓰기 실력을 좀 향상하고 싶은데, 일기를 써오면 체크해 주실 수 있나요?

튜터　Sure. No problem. Just give it to me anytime.

물론이죠. 문제없습니다. 언제든지 주세요.

용석　Thanks.

고마워요.

튜터　Do you want to ask me anything about what you have studied by yourself?

혼자서 공부할 때, 궁금했던 건 없나요?

용석　Yes, I have some questions. Could you please look at this?

네, 몇 가지 있습니다. 이것 좀 봐주시겠어요?

TV와 Radio를 활용하라!

나는 학교에서 돌아오면 TV를 즐겨 봤다. 물론 내가 좋아하고 관심 있는 프로들만 골라서. 처음에는 계속 듣다 보면 귀가 뚫려 다 들을 수 있을 거라고 생각했다. 하지만 그렇게 듣다 보니 머릿속이 멍해지고 자꾸 딴 생각이 났다.

한 번에 너무 오래 듣는 것보다 짧게 보고 잠시 쉬었다가 다시 듣는 식으로 공부하는 것이 더 효과적이다. 방송을 들을 때는 어떤 내용인지 이해하려고 애쓰면서 들어야 한다. 짧은 시간이라도 집중해서 듣는 것이 중요하다. 나중에 기회가 된다면 방송 대본을 찾아서 읽어보는 것도 좋다. 그렇게 하면 자기 마음대로 해석하는 버릇을 막을 수 있다.

Do you know which TV programs are popular at the moment?

요새 재밌는 프로가 뭐지?

Is it okay if I watch TV after 9pm?

9시 이후에 TV를 봐도 될까요?

What's the best TV program to help me study English?

영어 공부하는 데 가장 좋은 TV 프로가 뭔가요?

What did that character say? Did you hear it?

저 등장인물이 뭐라고 말했죠? 들으셨어요?

I don't understand. Could you please write that sentence down here?

이해를 못하겠어요. 여기에 저 문장 좀 적어주시겠으요?

자기 실력에 맞는 프로를 보는 것도 중요하다. 기초 수준의 실력으로 정치, 경제, 사회 뉴스를 보면 당연히 재미도 없고 이해도 안 된다. 너무 어렵게 느껴지고 실력도 잘 향상되지 않아 결국 포기하기 십상이다.

나는 일반 영화보다 상대적으로 쉬운 애니메이션을 반복해서 봤다. 시간이 지나면서 처음에는 들리지 않던 단어들이 차츰 들리기 시작했고 수십 번 반복한 뒤에는 몇 부분만 빼놓고 전체적인 내용을 이해할 수 있었다. 보고 듣기만 하는 것보다 큰소리로 대사를 따라 읽으면서 시청(청취)하는 것이 더 효과적이다.

Why don't we borrow a video now?

비디오 빌려 볼래?

Which animation movie is the most popular?

어떤 애니메이션이 재미있어요?

Can I borrow a DVD movie here?

여기서 DVD를 빌릴 수 있습니까?

Does that movie have English subtitles?

이 영화에 영어 자막이 나오나요?

영어는 언어이기 때문에 우리가 한국어를 사용하듯 그렇게 자주 사용하고 접해야 실력이 는다. TV를 보며 휴식을 취할 때도 항상 영어에 대한 생각을 놓지 말아야 한다.

도서관을 잘 활용하자

우리나라 도서관처럼 호주의 도서관에서도 무료로 인터넷을 사용할 수 있으며 책, 잡지, 비디오, CD, DVD 등을 대여할 수 있다. 이런 자료들을 잘 활용해서 다양한 방법으로, 지겹지 않게 공부해보자.

골드코스트 도서관	사우스포트 도서관

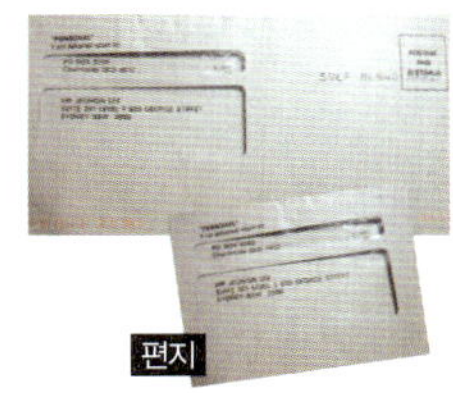

도서관에서 책을 빌리려면 회원 가입을 해야 하는데, 가입할 때 현주소 증명서(주소가 적힌 편지 봉투 또는 고지서)와 여권 또는 학생증이 필요하다. 가입비는 없다.

용석	I'd like to apply for a library card.
	회원 가입을 하고 싶어요.
도서관	I need to see some identification and proof of your current address.
	신분증과 현주소 증명서가 필요합니다.
용석	Here is my passport.
	제 여권입니다.

책을 빌릴 때는 도서 대출대checkout counter에 가서 Self-checkout이라는 기계를 이용해서 빌리든지 도서관 직원librarian에게 I'd like to borrow these books.(이 책을 빌리고 싶어요)라고 말한다.

| 용석 | Excuse me. I'd like to borrow these books, please. |

실례합니다. 이 책을 좀 빌릴 수 있을까요?

| 도서관 | Okay. You need to write your name down here, and please fill in this form. |

네, 여기에 이름을 써주시겠어요? 이 서류도 작성해주세요.

| 용석 | Okay, no problem. Here you go. |

네, 알겠습니다. (작성 후) 여기 있습니다.

| 도서관 | Thanks. You need to return this within a week, please. |

감사합니다. 이 책은 일주일 내로 다시 가지고 오셔야 합니다.

| 용석 | Okay. Thank you very much. |

알겠습니다. 대단히 감사합니다.

I'd like to renew these items.

이 책을 연장하고 싶습니다.

How can I renew these items?

연장은 어떻게 하면 되죠?

How long is the usual extension available for these items?

보통 얼마나 연장되나요?

You can't renew items here.

여기서는 연장이 안 됩니다.

| 용석 | Can I just use that computer? |

저 컴퓨터는 그냥 사용하면 되나요?

| 도서관 | No. You have to write your name down on this waiting list first. |

아뇨. 먼저 이 대기자 명단에 이름부터 적으셔야 해요.

학교생활

가끔 레벨 테스트를 받을 때 커닝cheating을 하는 사람들이 있다. 레벨 테스트는 정확하게 받아 자기 실력에 맞는 레벨로 편성되는 것이 좋다.

학교 수업을 통해, 영어를 배울 뿐만 아니라 각국에서 온 친구들을 사귈 수도 있다.

처음 학교에 가던 날, 지금도 기억이 생생하다. 어디로 가야 할지 몰라 학교 리셉션reception에 가서 여권을 보여주며 Good morning. My name is Tommy Han. It's my first day today.(안녕하세요? 토미 한입니다. 오늘 학교에 처음 왔습니다)라고 말했더니 교실로 안내해주었다. 그곳에서 빈칸 채우기, 영작하기, 일대일 인터뷰 등 레벨 테스트를 받은 후 배정된 반으로 가보니 동양인, 유럽인(처음에는 노랑머리에 파란 눈을 한 백인은 모두 호주 사람인 줄 알았는데, 그들은 스위스와 덴마크에서 온 학생들이었다), 브라질 학생들이 있었다. 다른 나라 학생들과 친해지고 싶은 마음에 브라질 친구에게 먼저 말을 걸었던 기억이 난다.

리셉션

용석	Hi! Can I sit here?
	안녕! 여기 앉아도 되니?
반 친구	Of course you can.
	물론이지.
용석	Thanks. My name is Yong Seok. I'm from Korea, and actually I'm new here. It's nice to meet you.
	고마워. 나는 한국에서 온 용석이라고 해. 사실 오늘 여기 처음 왔어. 반갑다.
반 친구	Oh, yeah? I'm Angela. I'm from Brazil. It's nice to meet you, too.
	아, 그래? 나는 안젤라야. 브라질에서 왔고. 만나서 반갑다.
용석	You're from Brazil? Wow! I heard a lot about the Samba when I was in Korea. Are you good at the Samba?
	브라질에서 왔다고? 왜! 나 한국에 있을 때, 삼바 춤에 대해서 되게 많이 들었어. 삼바 춤 잘 추니?
반 친구	Oh, I love it. That's a really common dance in Brazil, you know?
	오, 나 삼바 엄청 좋아해. 삼바는 브라질 사람들이 즐겨 추는 춤이잖아. 알지?

상대방이 어떤 분야에 관심을 가지고 있을지 생각해보고 관심 있어 하는 것을 화제로 삼아 대화해보자. 그러려면 각국의 문화에 대해서도 미리 알고 가는 것이 좋다.

대부분 한국 학생들은 일본 학생들이나 중국 학생들과 더 쉽게 친해진다. 같은 동양권이라 서로 편안함을 느끼는 것 같다. 유럽 학생들은 자유분방하고 파티를 즐기기 때문에 처음에는 함께 어울리기가 쉽지 않다. 하지만 학교에서 하는 활동이나 파티에 참석하면서 어울리려고 노력하다 보면 친해질 수 있다.

유럽 학생과 친해지고 싶은 사람은 여러 학생을 공략하지 말고 우선 한 사람한테만 집중한다. 일단 친하게 지내는 유럽 학생이 한 사람 생기면 그 친구를 통해 다른 친구들과도 쉽게 친해질 수 있다. 유럽 학생들은 문법에는 약하지만 회화에는 강한 편이다. 유럽 학생들과 어울리다 보면 영어로 말하는 데 도움이 많이 된다. 자기만의 특기가 하나 있어도 친구 사귀기가 훨씬 수월해진다.

수업은 주입식이 아니라 편한 분위기에서 학생들의 참여로 이루어지며 선생님과도 친구처럼 친근하게 지낼 수 있는 분위기다. 우리나라처럼 선생님이라고 깍듯이 존댓말을 쓰는 것도 아니고 부를 때도 그냥 이름을 부르다 보니 그런 것 같다.(호주에서는 선생님을 부를 때, teacher라고 하지 않으며 이름 앞에 Mr./Ms. 등의 호칭도 붙이지 않는다.)

수업 시간에 질문이 있거나 선생님의 말이 너무 빨라 알아듣기 힘들면 바로 표현하도록 하자. 질문을 한다는 건 열심히 수업을 듣고 있다는 표시다. 선생님도 질문을 받으면 자기 강의를 열심히 듣는 학생이라 생각해서 더 좋아한다.

Liz? I have a question.

리즈, 물어볼 게 있는데요.

I can't understand what you're saying. Could you speak more slowly, please?

이해가 잘 되지 않는데, 좀 더 천천히 말씀해주시겠어요?

I missed what you just said.

조금 전에 말씀하신 내용을 못 들었습니다.

Could you say that again, please?

한 번 더 말씀해주시겠어요?

Can I ask you about today's homework assignment?

오늘 과제에 대해 질문이 있어요.

수업 시간 외에도 선생님을 찾아가 모르는 내용을 물어본다든지, 영어로 쓴 일기나 저널을 체크해달라고 부탁해볼 수도 있다. 선생님과 친해지면 학교생활이 더 즐거워질 것이다.

용석   Excuse me, Liz. I'd like to ask you something. Can you give me few minutes, please?

저기, 리즈 선생님. 뭐 좀 물어보고 싶은 게 있는데, 시간 좀 내주실 수 있으신가요?

선생님   Oh! Yong Seok. Please come in and have a seat here.

오, 용석. 들어와요. 여기 앉고.

용석   Thanks.

감사합니다.

선생님   So, what would you like to ask me?

어떤 걸 물어보고 싶죠?

용석   Actually, I'm afraid your class is a little tough for me. Sometimes I can't understand what you're saying. So, what should I do? Please tell me what the best solution is.

사실 선생님 수업이 저한테 좀 어려운 것 같아서요. 가끔씩 선생님이 어떤 말씀을 하시는지 잘 못 알아들어요. 어떻게 하죠? 어떻게 하는 게 제일 좋은 방법인지 듣고 싶어요.

This is my English diary. Could you please check my sentences for grammar, vocabulary and so on?

제가 쓴 영어 일기인데, 문장에 쓴 문법, 단어 같은 것 좀 체크해주세요.

Could you tell me if there are any mistakes?

제가 실수한 부분이 있으면 말씀해주시겠어요?

Could you explain page 55 in our text book again, please? I missed that part.

교재 55페이지에 있는 내용에 대해서 다시 설명 좀 해주시겠습니까?

제가 그 부분을 제대로 못 들어서요.

Could you give some examples?

예를 몇 가지 들어주시겠습니까?

정말, 호주라는 낯선 땅에서 일도 하고 돈도 벌 수 있을까?

물론이다. 영어를 잘하면 잘할수록 일할 기회는 더 많아지지만, 영어를 못한다고 너무 걱정할 필요는 없다. 일자리는 얼마든지 구할 수 있다. 일을 구하는 방법과 요령을 알고 적극적으로 구하기만 한다면 말이다.

호 주 에 서
홀 로 서 기
SURVIVAL
ENGLISH
일자리 구하기
나도
세금 내고 싶다

1. 준비하기

★호주 이민성 위치 조회
www.immi.gov.au/conta
cts/australia/index.htm
호주 이민성은 각 지역에
하나씩 있다.

워홀 메이커는 한 직장에서 최대 6개월까지 일할 수 있다. 물론 이 말은 한 직장에서 일한 지 6개월이 지나면 다른 직장을 찾아 떠나야 한다는 의미이기도 하다. 일을 하려면 우선 택스 오피스를 직접 방문하거나 온라인으로 택스 파일 넘버를 신청해야 한다.

비자 정보 확인

★비자 정보 조회
www.immi.gov.au/e_vis
a/vevo.htm

2008년 8월 11일부로 워킹홀리데이 비자는 온라인 비자 자격 확인Visa Entitlement Verification Online(VEVO)에서 비자에 대한 상세 정보를 확인할 수 있다. 따라서 이제는 여권에 비자라벨을 받을 필요가 없어졌다.

★학생 비자

2008년 4월 26일 이후부터는 학생 비자에 Work permission이 포함되어 승인되므로, 별도로 이민성의 허가 없이 일할 수 있다. 학기 중에는 주당 20시간 이내로 일할 수 있고, 방학 때는 시간제한이 없다.

★관광 비자

관광 비자 소지자들은 절대 일할 수 없다.

택스 파일 넘버 신청하기

택스 파일 넘버는 TFN(Tax File Number)이라고 하는데, 우리말로 바꾸면 납세자 번호 정도 된다. 택스 파일 넘버를 받는다는 것은 호주에서 합법적인 노동권을 보장받는다는 말이다. 호주에서 일을 하려면 반드시 택스 파일 넘버가 있어야 한다.

세금 관련 업무는 Australian Taxation Office에서 처리한다(이하 택스 오피스tax office). 택스 오피스에 직접 찾아가거나 인터넷 홈페이지에 접속해서 택스 파일 넘버를 신청하면 된다. 택스 파일 넘버를 신청하려면 여권 번호, 비자 번호가 필요하다.

★인터넷으로 신청하는 방법★

https://iar.ato.gov.au/iarweb/default.aspx?pic=4&sid=1&outcome=1에 접속 → 하단에 있는 Next 버튼 클릭 → 신청서 작성 시작

택스 파일 신청서

용석	Excuse me. How can I apply for a Tax File Number?
	실례합니다만, 택스 파일 넘버를 어떻게 신청하나요?
직원	You can apply for a Tax File Number on the internet. Just use that computer over there.
	인터넷으로 신청할 수 있어요. 저기 있는 컴퓨터를 사용하시면 됩니다.
용석	Oh, okay. Thanks.
	아, 네. 감사합니다.

신청서를 작성하고 대략 4주 후면 집으로 택스 파일 넘버가 적힌 편지가 온다. 만약 신청하고 나서 택스 파일 넘버를 받기 전에 이사를 갈 예정이라면 신청서에 다른 사람 주소를 적거나 한 달 뒤에 택스 오피스로 전화를 걸어 택스 파일 넘버를 물어 번호만 알아둘 수도 있다.

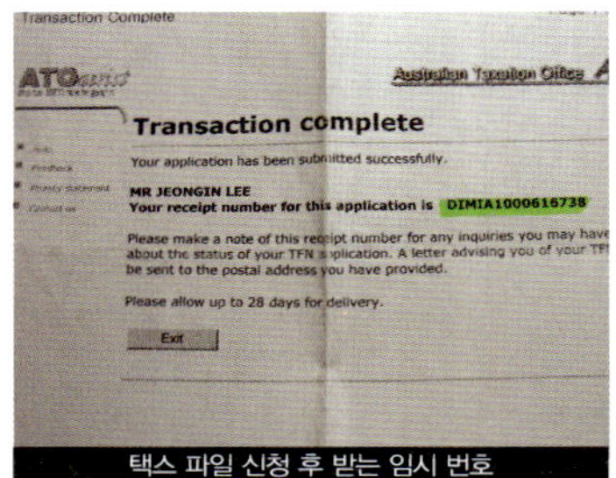
택스 파일 신청 후 받는 임시 번호

택스 오피스

택스 파일 넘버가 적힌 편지

1. **브리즈번** 140 Elizabeth Street, Brisbane, QLD 4000
2. **애들레이드** 91 Waymouth Street, Adelaide, SA 5000
3. **퍼스** 45 Francis Street, Northbridge, WA 6003
4. **시드니** 2 Lang Street Sydney NSW 2000
5. **캔버라** Ethos House, 28-36 Ainslie Avenue, Civic Square, ACT 2600
6. **멜버른** Casselden Place, 2 Lonsdale Street, Melbourne, VIC 3000
7. **호바트** 200 Collins Street, Hobart, TAS 7000
8. **다윈** 24 Mitchell Street, Darwin, NT 0800
9. **앨리스 스프링스** Jock Nelson Centre, 16 Hartley Street, Alice Springs, NT 0870

이력서 작성하기

일자리를 구하러 다녀보면 알겠지만 가게에서는 더부분 Just give me your resume if you have one.(이력서를 가져왔으면 놔두고 가라)는 말을 많이 한다. 다시 말해 이력서를 어떻게 썼느냐에 따라 나중에 전화가 올 수도 있고, 안 올 수도 있다는 말이다.

이력서를 쓰는 데에도 요령이 있다. 가게 주인들이 실질적으로 원하는 정보 위주로 쓰되 구하려고 하는 곳에서 필요로 할 만한 경력, 중요한 내용을 크고 굵게 쓰는 것이 중요하다. 아무리 학력이 좋고 경력이 화려하다 해도 지금 내가 구하려고 하는 일과 상관없는 학력이고 경력이라면 아무 소용없다.

용석	Excuse me? Could you help me for a moment?
	실례합니다만, 잠시 시간 좀 내주시겠어요?
선생님	Sure. What can I do for you?
	물론이죠. 뭘 도와드릴까요?
용석	I have put my resume together. Could you please give me your honest feedback on it?
	사실 제가 이력서를 작성했는데, 보시고 솔직한 의견 좀 말씀해주세요.
선생님	OK. Let's take a look.
	어디 봅시다.

❶ 이름

❷ 주소

❸ 전화번호

❺ 일할 수 있는 날

❼ 일을 시작할 수 있는 날

❽ 희망직

❾ 최종 학력 및 과외 활동

❿ 경력

❹ 나이 및 생년월일

❻ 비자

RESUME

- GIVEN NAME : DANIEL   FAMILY NAME : KIM
- ADDRESS : 10/92 STATION RD. INDOOROOPILLY 4068
- PHONE : *0432 369 007* AGE : 나이   DATE OF BIRTH : 일/월/년

- → DAYS WILLING TO WORK : 7 DAYS A WEEK
  - (I have a Working Holiday Visa.)

- → WHEN AVAILABLE TO START : NOW

- POSITION APPLYING FOR : STAFF (CASUAL or PART/FULL-TIME)

- [HIGHEST QUALIFICATION]
  → UNIVERSITY STUDENT

[PUBLIC GROUP ACTIVITIES]
1. Marketing Group
- I have learned about Marketing and Customer Satisfaction.
- from 2001 ~ now.

2. A Volunteer for a Universiad
- I have experienced about the volunteer work.
- from 18.08.2003 to 31.08.2003

3. Latin Dance Club
- I have learned and enjoyed about Latin Dance.
- from 2001 ~ now.

- [PREVIOUS WORK EXPERIENCE]

EXPERIENCE (1) --
DATE OF EMPLOYMENT : 04.2004 ~ 09.2004
NAME : CAFÉ
POSITION HELD : MANAGER

EXPERIENCE (2) --
DATE OF EMPLOYMENT : 10.2003 ~ 03.2004
NAME : GIFT SHOP

이력서는 1장 정도면 충분하다. 대개 가게 주인들은 바빠서 이력서를 찬찬히 훑어볼 시간이 없다. 주로 ❺번과 ❼번 그리고 ❿번만 보고 사람을 뽑는다.

❶ 이름 GIVEN NAME AND FAMILY NAME
영어 이름을 적는다. 어차피 이름은 부르라고 있는 것. 호주 사람들에게는 영어 이름이 외우기도 쉽고 부르기도 쉽다.

❷ 주소 ADDRESS
자기가 살고 있는 집 주소를 정확하게 적는다. 가게에서 집까지의 거리가 멀지 않을수록 일하러 다니기가 수월하니 집 주변에서 먼저 일자리를 알아보도록 하자.

❸ 전화번호 PHONE
항상 연락 가능한 번호를 적도록 한다. 휴대폰이 있으면 휴대폰 번호를 쓰는 것이 좋다.

❹ 나이 및 생년월일
AGE AND DATE OF BIRTH
만 나이를 적고, 생년월일을 쓴다.

❺ 일할 수 있는 날
DAYS WILLING TO WORK
가게 주인들이 가장 중요하게 생각하는 부분 중 하나. 일주일 중에 실제로 자기가 일할 수 있는 날을 적는다. 나는 일만 할 생각이었기 때문에 7일 모두 가능하다고 적었는데, 만일 학교를 다닌다면 여유 시간대와 일주일에 며칠 일할 수 있는지 잘 생각해보고 되도록 정확하게 적자. 일할 수 있는 날이 많다고 할수록 기회는 더 늘어난다.

❻ 비자 VISA
일반적으로 가게 주인들은 워킹홀리데이 비자 소지자보다 학생 비자 소지자를 더 선호한다. 워홀 메이커들은 비자법상 한 업소에서 최대 6개월 이상 일할 수 없고, 다른 지역으로 이동하는 경우도 잦기 때문이다.

하지만 어떤 상황에서든지 최선을 다하면 자신에게 맞는 일자리를 구할 수 있다.

❼ 일을 시작할 수 있는 날
WHEN AVAILABLE TO START
이력서를 냈다고 그날 당장 연락이 오는 것은 아니니 지금 시작할 수 있다(now)라고 쓰자.

❽ 희망직 POSITION APPLYING FOR ~
희망하는 자리가 있으면 적고, 아니면 Staff라고 쓴다. 인터뷰할 때 매니저가 어떤 일을 할 수 있겠느냐고 물어보면 그때 자기가 원하는 일을 말해도 된다. 그다지 중요한 부분은 아니다.

❾ 최종 학력 및 과외 활동
HIGHEST QUALIFICATION AND PUBLIC GROUP ACTIVITIES
대략 적는다.

❿ 경력 PREVIOUS WORK EXPERIENCE
굉장히 중요한 부분이다. 경력, 많으면 많을수록 좋다. 물론 자기가 일하고 싶은 직종에 관련된 경력이어야 한다.

＊ 그 밖의 사항 ＊
FURTHER INFORMATION ABOUT MYSELF
이 부분은 추가해도 좋고 하지 않아도 괜찮다. 길면 안 읽힐 확률이 높기 때문에 간략하게 적도록 한다.

2. 도시 일자리 구하기

대부분 일자리를 구할 때 자기 전공이나 한국에서의 경력을 살려 일할 수 있는 곳을 원하지만 호주에서 워홀 메이커들이나 어학연수생들이 실제로 할 수 있는 일은 청소, 식당, 주방 보조, 막노동, 세차 등이다. 회사에서 자기 전공을 살려 회계 업무를 한다거나 실무를 익힌다는 건 하늘의 별따기만큼이나 어려운 것이 사실이다.

한인 업소에서는 대략 시간당 A\$7~A\$10, 호주 사람이 운영하는 업소에서는 시간당 A\$14~A\$19 정도 급료를 지불한다. 대부분의 업소에서는 어학연수생이나 워홀 메이커들이 지역 이동을 하거나 고국으로 돌아가는 경우가 많기 때문에 한 명에게 많은 시간 일을 주지 않고 일주일에 20시간 정도 일을 시킨다. 그렇기 때문에 돈을 모아 여행을 하거나 다른 계획을 가지고 있는 경우에는 두세 곳에서 일을 해야 한다.

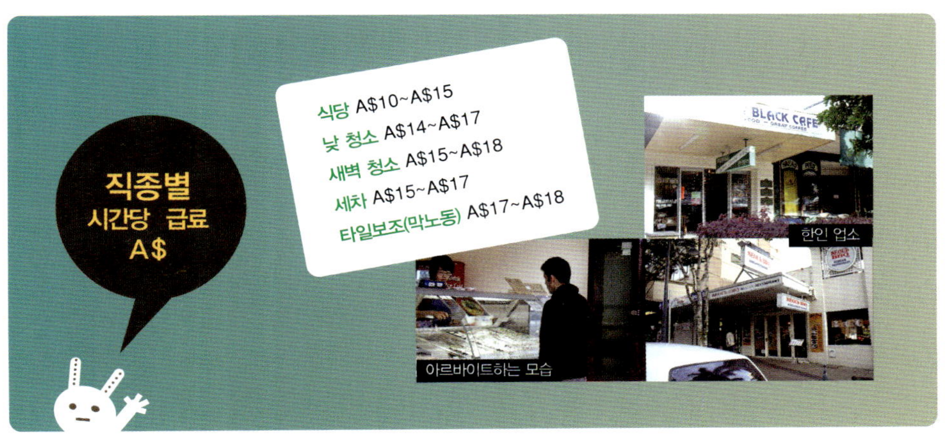

직접 찾아가서 이력서 돌리기

일자리를 구하는 방법에는 여러 가지가 있겠지만, 사람을 구하든 구하지 않든 무조건 가게에 들어가 이력서를 건네주는 것이 가장 빨리 일을 구할 수 있는 방법이다. 말을 할 때는 당당하게 하자. 외국 사람이라고 봐주지 않는다. 나는 시티에서 일을 구할 때 이력서를 100장 복사해 레스토랑이 모여 있는 지역에 가서 쫙 돌렸는데, 바로 다음날 세 군데서 당장 일을 시작하라고 연락이 왔었다.

영어로 말하는 곳에서 일하고 싶지만 호주 사람들이 운영하는 업소가 부담스러운 사람들은 일본 가게나 태국 가게를 찾아가도록 하자. 한국 사람들이 운영하는 가게에서는 외국 손님에게는 영어로 말하지만 주로 한국말을 사용하기 때문에 영어 실력에는 그다지 도움이 되지 않는다.

용석	Hello. I was wondering if there were any part-time or full-time positions available here.
	안녕하세요. 혹시 파트타임이나 풀타임으로 사람을 구하시는지 여쭤보려고요.
직원	OK. Just wait a minute, please.
	네. 잠시만 기다려주세요.
용석	Okay. Thanks.
	네, 감사합니다.

매니저	Hi. Are you looking for a job here?
	안녕하세요. 여기서 일을 했으면 한다고요?
용석	Yes. I am.
	(최대한 밝은 표정으로) 네, 그렇습니다.
매니저	Do you have a resume with you? (or Can I get your CV?)
	이력서는 가지고 오셨습니까?
용석	Yep. Here it is.
	넵. 여기 있습니다.
매니저	Okay. I'll call you after I read this. Alright?
	알겠습니다. 이력서를 체크하고 나서 연락드리겠습니다. 괜찮겠습니까?

★CV
호주 사람들이 많이 쓰는 resume의 다른 표현

용석   Alright. Thank you. Please call me if you think I'm suitable.

잘 알겠습니다. 감사합니다. 제가 필요하다고 생각되면 연락주세요.

Could you give the manager my resume?

매니저에게 제 이력서를 전해주시겠습니까?

이력서를 주고 빠르면 그날, 늦어도 일주일 안에는 인터뷰를 하러 오라고 연락이 온다. 만일 일주일이 지났는데도 연락이 없으면 앞으로도 쭉 없을 가능성이 높다.

매니저   Hello. This is the Australian Restaurant. Is Tommy Han there?

안녕하세요. 호주 레스토랑입니다. 토미 한 있습니까?

용석   Oh, hi! This is Tommy!

오, 안녕하세요! 제가 토미입니다.

매니저   Can you come to our restaurant at four pm for a job interview?

면접 때문에 그러는데, 오후 4시까지 저희 레스토랑으로 올 수 있나요?

용석   Sure. I'll be there at 4. Thank you.

물론이지요. 4시까지 가도록 하겠습니다. 감사합니다.

Can you come on Sunday morning?

일요일 아침에 오실 수 있습니까?

시티는 많은 사람들이 활동하는 지역이기 때문에 면세점, 커피숍, 레스토랑 등 일할 수 있는 곳이 많다. 하지만 대부분 시티에서 일하고 싶어 하기 때문에 그만큼 경쟁률도 세다. 외국 업소에서 일하고 싶으면 시티보다 시티에서 15~20분가량 떨어진 지역에 있는 쇼핑센터를 공략하는 것이 더 현명하다. 쇼핑센터 안에 있는 푸드 코트에서 캐셔cashier로 일할 수도 있고 영어 실력이 부족한 경우에는 짐을 정리하거나 박스를 나르는 일을 할 수도 있다. 이런 곳을 찾아가 이력서를 돌리면 시티보다 구직 확률이 더 높다.

광고 보고 전화하기

처음 일자리를 구할 때 나는 주변에 있는 친구들에게 일자리가 나오면 소개해달라고 부탁하고 기다렸었다. 하지만 다들 알겠다고만 하고 정작 일자리가 나오면 자기랑 가장 친한 친구들한테만 소개시켜주는 것이 아닌가. 목마른 놈이 우물 판다고, 기다리다 지친 나는 직접 일을 찾아야겠다는 생각에 일자리 정보가 나오는 수요일과 토요일자 현지 신문을 사서 구인란을 뒤지기 시작했다. 구인 광고를 낸 업소에 전화를 걸어 면접 약속을 잡을 수 있었다.

광고를 보고 전화하는 경우, 전화로는 자세한 사항을 물어볼 수 없기 때문에 면접 약속을 잡아야 한다. 만일 영어 실력이 부족해 전화하는 것도 부담스럽다면 광고에 나온 주소를 보고 직접 업소를 찾아가자.

interpersonal skills. A good knowledge of OH&S requirements is also highly desirable.
An attractive salary package commensurate with the responsibilities of the position is offered. Re-location expenses will be paid if required.
Applications should be sent to:-
P.O Box 285 Caboolture QLD 4510 or by email to mike.eathorne@meramist.com.au
Applications close 2 September 2006

SECURITY OFFICERS
■ Western Brisbane location ■ National quality based company ■ Great opportunity
This is a 24 hour, 7 days a week, site based in Richlands. The site is a Distribution Centre with a focus on quality security service.
To be successful for this role you require:-
■ Excellent computer skills
■ Excellent written and communication skills
■ Current QLD Security Licence and Senior First Aid Certificate
■ Certificate III in Security Guarding
■ Ability to work a rotating roster
■ Understanding of dispatch, receiving and goods movement
■ Strong leadership skills and security knowledge base
To apply, please fax applications to (02) 4927 5944 or email employ@hiss.com

BOBCAT & MINI EXCAVATOR OPERATOR
We have a full time permanent position as Bobcat & Mini Excavator Operator for our busy earthmoving company. Detailed and hammering work is essential and must hold industry tickets and union ticket. Full range of EBA benefits (Buss/Bert/CIP). Must have truck licence.
Please call during office hours between 9am to 5pm Mon. to Fri. on 3865 2349 or 3865 1113.

BOBCAT OPERATOR
Bobcat and Three Tonne excavator combination. Must have MR or HR licence and tickets. Good rates. Offering a long term position with a reputable earth moving company based on the south side.
Please phone 3245 4414

BRAKE PRESS OPERATORS required for day and afternoon shift at Darra. Top rates and condition. Ph Brad at Steelpro 3375 6622
BRICKIES LABOURERS Experience only Northside good money trans 0425 215 498
BRUSH HAND own transport southside. Phone 0413 731 572 or 3830 5685
BUS DRIVERS Casual. Due to our rapid expansion Logan City Bus Service requires staff for immediate start. Current Qld DA and relevant Qld licence essential. Contact HR Manager on 3200 9606 Monday-Friday 8:30 - 4:30.
CAR DETAILERS Positions now exist for car detailers for both CBD and Hendra area. Driver's licence and weekend availability a must. Above award wages apply. Please phone Mick today 0412 628 795 to register your interest. All ages encouraged to apply.
CAR DETAILER if your honest reliable have a current drivers licence and available for immediate start Call 3260 2799 Eagle Farm

CAR WASH
2 positions available for experienced car detailers, weekend work required. 2 locations, Cannon Hill / Sherwood. 30 - 40 per week Please Call Matt: 0412 554 676

- CAR WASH ATTENDANT -
Person with a mature attitude required, good customer service skills essential. Full time including some weekend work. Must be fit and motivated to work. Above award wages. Apply in writing with resume to: The Manager Car Wash Solutions, 92 Chambers Flat Rd Marsden Qld 4132

CAR WASHER/ PORSCHE
The Porsche Centre Brisbane requires the services of a car washer for valet cleaning within the service department.
The successful applicant must have a current diver's licence, be well presented and have attention to detail.
To register interest, please contact Stacey on 3248 9411 between 11am and 12pm Monday

CARER Female, live in. Happy type, can drive. Likes fishing trips, etc. No smoking or drinking. Reasonable remuneration. 1 child OK Bundaberg area. Alan - 4159 7554
CARERS 1. L/In position, perm roster including alt w/ends Tamborine Mtn. 2. Companion care for

Groundsperson
A vacancy exists for a self-motivated general groundsperson who works well in a team environment. Experience is preferred. Applications, containing the names, addresses and phone numbers of two confidential referees, should be forwarded to:
Mr Stephen Paul, Headmaster, John Paul College John Paul Drive, Daisy Hill Qld 4127
Closing date: 28 August, 2006
Visit our website: www.jpc.qld.edu/careers.asp

CAREERS IN MARTIAL ARTS
Would a career in the martial arts field appeal to you? We are seeking 6 people to be involved in the operation and

Carindale Court Nursing Home Mt Gravatt East

requires a number of sub-contractors throughout Brisbane. Excellent written verbal communication skills are essential. Please forward business profile to: mantontuition@aapt.net.au or Suite 69, 5/18 Kilroe Street Milton Qld 4064 or Contact Janelle on 0407 267 023 for further information

CLEANERS
Experienced commercial Sub-contractors, ABN, equipment, and experienced in quality service, required all areas for after hours cleaning. Phone Monday to Friday 9am-4pm on 3666 0847
CLEANERS casual, daywork, Redlands, exp preferred, lic and vehicle essential. 1300 668 212.
CLEANERS exp'd, hardworking and reliable, able to work alone car and mobile essential wanted for growing business. Email resumes admin@discleaning.com.au or Phone 0411 874 194
CLEANERS If you are exp in Rental and Bond cleans we have immedi-

We offer award-winning paid training, a flexible working week to suit your lifestyle, plus the option to try us before you leave your current job.
Apply online today to find out why moving furniture with MiniMovers is a great way to earn a living:
mmjobs.com.au
MiniMovers

COOKS Northside. To work in Indian food outlets. Must have some experience in commercial kitchen. Email or fax resume to dine@sitar.com.au or 3862 2403 Northside
COUNTRY GUYS 18-24 make $200/hr amateur photo modelling. No experience/fees. 5532 7247

구인 광고
during office hours
3233 0708 or 0412 141 322

CROWD CONTROLLERS Crowd controllers required. Immediate start, good rates, for City and Valley venues. Must be licensed and have current RSA. Phone: 1300 796 003 or 0405 093 584.

CROWD CONTROLLER
licenced, req'd for Valley, excellent pay and hours. Ph 0412 086 331

CROWD CONTROLLERS required all areas, high rate of pay, many hours, immediate start. Course available for unlicenced applicants. Phone 3399 9002 business hours.

★ ★ DANCERS ★ ★
Rockhampton Adult Entrainment

10hr/wk New Farm 0411 400 022
CARPARK ATTENDANT Mon-Fri. 7.30am-12.30pm Milton 0414 918 282 after 10am.
CHILDCARE ASSISTANT we are seeking a junior childcare assistant to join our high quality privately owned childcare centre in the Ipswich area. A certificate 3 an advantage. Phone Sue on 3282 6648 after 9am

CLEANER
Required with carpet and hard floor experience. In Northside suburbs. Minium 15hrs per week Ph 0422 109 378

CLEANER - Immediate start available for regular cleans and other

CLEANER Required to clean hotel/ restaurants in Stones Corner, Spring Hill, Beenleigh, suit couple, good wages. Full time permanent work, 15 hours total, early morning start, 2 people team, abn required. M0409 904 555
CLEANER REQUIRED West End, morning work, 16 hours wk, reliable hard worker. Ph 0423 260 238 between 9 and 4
CLEANER REQUIRED CBD various shifts, reliable, hard worker Ph 0413 233 600 between

Mon-Fri. 7am-12 approx. Prev restaurant cleaning exp nec. Pcsn tiny physical distribution of stock. Apply Jo-Jo's Queen St M-F 3pm or ph 3221 3113 for interview
references to Cleaner
PO Box 320 Northgate QLD 4013
Email: graham@mitchellsqf.com.au
Fax: 07 3267 9293

CRANE OPERATOR 50 TON
Schnider Engineering Group is seeking applications for a 50 ton Crane Operator. Contract workers and wages. Full time permanent or part time casual. Phone 3210 0979

Or e-mail: colleens@broncosleagues.com.au

DIGITAL PRINT OPERATOR / DOCUMENT CONTROLLER
MILTON: Busy digital print bureau seeks methodical person to join our wide format printing area. The successful candidate will possess strong computer skills and be particularly well versed in all areas of digital file management. They will have the ability to work well unsupervised but enjoy working in a team environment. If you have a positive work ethic and great customer service, here is your opportunity to work as part of a friendly and professional service team. Start ASAP. Apply in writing to The Manager, Rapid Copy Pty Ltd, PO Box 1231, Milton, Qld 4064 or email

CLOTHING ALTERATION/ Tailor, with experience. Good conditions and wages. Full time permanent or part time casual. Phone 3210 0979
CONCRETE PUMP OPERATOR and/or Line Hand. Must have KR or MR. Northside 0417 733 423
CONSOLE OPERATOR required

매니저	Hello?
	여보세요?
용석	Hello? This is Tommy Han. I'm interested in the part-time and full-time jobs you advertised. Is there anything still available?
	여보세요? 저는 토미 한이라고 합니다. 사실 제가 파트타임 또는 풀타임 일을 찾고 있거든요. 아직 사람을 구하시나요?
매니저	Yes. If you're interested, please come and see me and bring your resume with you.
	네. 관심 있으시면 이력서를 가지고 직접 오셔서 저를 만나세요.
용석	Alright. Thank you. Could you tell me when would be convenient for you?
	네, 감사합니다. 언제쯤 시간이 괜찮으신지 말씀해주시겠어요?
매니저	Tomorrow morning, around nine.
	내일 오전에요. 대략 9시 정도.
용석	Thank you very much. See you tomorrow morning.
	감사합니다. 내일 오전에 뵙도록 하겠습니다.

May I ask you something?

뭐 좀 물어봐도 되겠습니까?

Will you call me again tonight?

오늘 밤에 다시 전화 주시겠습니까?

Do you have any previous work experience?

경력이 있습니까?

인터뷰하기

인터뷰할 때는 자신감 있는 모습으로 '무엇을 해도 열심히 잘할 수 있다.'라는 태도를 보여주도록 한다. 일단 인터뷰를 하게 되면 그 일을 하게 된 것이나 다름없다.

첫 인터뷰 때였다. 한국에서 가져간 정장을 깔끔하게 차려입고 필요하다 싶은 영어를 열심히 외워서 갔는데 막상 물어보는 질문이 너무 간단해서

인터뷰가 끝나고 난 뒤 조금 허탈한 기분이었다. 게다가 식당 인터뷰에
왜 정장을 입고 갔었는지 지금 생각해도 모를 일이다.

용석	Hi. I'm Tommy Han. I phoned you yesterday. This is my resume.
	안녕하세요. 어제 전화한 토미 한입니다. 제 이력서입니다.
매니저	Oh, yeah? Let me see. Have you worked in Australia before?
	아, 그래요? 어디 봅시다. 호주에서 일해본 적은 있나요?
용석	Yes. I worked at one of the Pizza restaurants when I was in Sydney.
	네. 시드니에 있을 때 피자 가게에서 일했습니다.
매니저	Okay. Good. I will call you again tomorrow morning.
	그래요. 좋습니다. 내일 아침 제가 다시 전화를 드리죠.

I'm very good at waiting.

저는 서빙을 잘합니다.

What do you think of your working hours?

일하는 시간대는 괜찮습니까?

It doesn't matter. / I don't care.

상관없습니다.

What days are you willing to work?

무슨 요일에 일할 수 있습니까?

When are you available to start?

일을 언제부터 시작할 수 있나요?

What position are you applying for?

어떤 쪽으로 일자리를 원하는 거죠?

Can you tell me more information about yourself?

자신에 대해 좀 더 이야기해주시겠어요?

3. 농장에서 일하기

사람마다 농장에 대한 생각이 다르겠지만, 나는 호주에서 꼭 한 번 해봐야 할 경험 중 하나가 농장 생활이며 한 번 이상 해보지 말아야 할 것도 농장 생활이라고 생각한다. 농장에서 한 번 돈을 벌어본 사람들은 대부분 여행을 하다가 돈이 떨어지면 다시 농장에 들어가서 돈을 벌고 그 돈으로 여행을 하다가 또 돈이 떨어지면 농장에 들어간다. 여행을 계속 다닐 수 있어서 좋은 면도 있지만, 이렇게 생활하다 보면 영어도 잘 늘지 않고 다양한 문화 체험을 경험하기도 어렵다.

농장 모습

땅은 넓은데 일손은 부족하기 때문에 농장 일을 구하는 건 그다지 어렵지
않다. 대체적으로 농장에서 하는 일은 수확picking, 포장packing, 가지치기
pruning, 잡초 제거weeding, 모종 심기planting 등으로 보수는 시
간제인 곳도 있고 능력제인 곳도 있다. 시간당 급여가 계
산되는 곳에서는 한 시간에 대략 A$11~A$15 정도
지급하며, 능력제인 경우에는 얼마나 일을 많이
했느냐에 따라 보수가 결정된다. 농장에서 일
을 시킬 때 남자 여자 따로 구별해서 일을 주지는
않지만 대체적으로 포장은 여자들, 수확은 남자들을
많이 시킨다.

농장에 가면 다들 돈을 많이 벌 수 있을 거라 생각하지
만 농장에서 몸만 상하고 숙박비만 쓰다가 나오는 사람들
도 있다. 지역의 성수기나 비수기를 따지기보다 지금 당장 일을 많이 할
수 있나 없나를 알아보고 가야 한다. 성수기라 일이 많을 거라고 생각해
서 무턱대고 찾아가면 일하러 온 사람들이 너무 많아 돈벌이가 안 될 수
도 있고, 반대로 비수기인 농장이지만 사람들이 별로 없어 일자리가 많을
수도 있다.

★**얼마 정도 벌 수 있을까?**★

주당 A$300~A$400 정도 저축하는 것이 일반적이고 잘 버는 사람은 주당
A$600 이상 저축하기도 한다.

정보 구하고 농장에 전화하기

일반적으로 TNT Magazine이나 Backpackers World 같은 배낭 여행
자를 위한 잡지, 인터넷 사이트 등에서 농장에 대한 정보를 얻는다. 하지
만 백팩커에서 다른 여행자들에게 물어 얻은 정보가 가장 빠르고 확실한
정보일 수 있다. 간혹 농장 지역에 있는 여행자 숙소에서 비수기 때 숙소
에 사람을 채워 넣기 위해 그 지역에 일자리가 많다는 거짓 정보를 퍼트
리고 사람들이 찾아가면 얼마 뒤에 일이 시작되니 기다리라고 해서 숙박
비만 챙기는 경우가 있기 때문이다.

용석	Hey! Have you tried farm work in Australia?
	안녕하세요. 호주에서 농장 일 해본 적 있어요?
여행자	Yes, I worked at an apple farm around two months ago.
	네. 대략 두 달 전에 사과 농장에서 일했었어요.
용석	Oh, yeah? Where? What was the work like? I'd like to try it.
	아, 그래요? 어디에서요? 일은 어땠어요? 제가 농장 일을 좀 해보고 싶어서요.
여행자	In Stanthorpe. I tried apple thinning work. It was quite hard because I'd never tried that sort of work before.
	스탠솝이라는 곳에서 했어요. 사과를 솎아내는 작업이었죠.
	그런 일을 한 번도 해본 적이 없어서 좀 어렵더군요.
용석	Apple thinning? Can you explain what that is?
	사과 솎아내기? 어떤 일인지 설명 좀 해주시겠어요?
여행자	Have you seen an apple tree before?
	사과나무를 본 적이 있나요?
용석	No. I've never seen one before.
	아뇨. 한 번도 없어요.
여행자	There are a lot of apples on one branch. So, you have to take the small apples off and leave big apples.
	나뭇가지 하나에 사과들이 많이 달려 있는데, 작은 사과들을 쳐내고
	큰 사과들만 남겨 두는 거예요.
용석	Okay, I got it.
	네, 그렇군요

대략적인 정보를 얻고 나면, 직접 농장이나 여행자 숙소에 전화를 걸어 일이 있는지, 어떤 일을 하는지, 작업 환경은 어떤지, 보수는 얼마인지, 숙소가 있는지 등을 확인하고 숙소를 예약한다. 농장 일이 많은 시즌에는 숙소나 일자리가 일찍 마감될 수 있다. 전화로 확인해보지 않고 무작정 찾아가는 것은 좋은 방법이 아니다. 개인적으로 농장 일을 구할 때는 농장에서 지내는 경우보다 가까운 여행자 숙소나 카라반 파크 등에서 지내는 경우가 많기 때문에 농장까지 출퇴근할 수 있는 차가 있는 것이 좋다.

직원	Good morning! Backpackers of Queensland. Andrea speaking.
	좋은 아침입니다. 퀸즐랜드 백팩커스의 안드레아입니다
용석	Oh, hi! I'm interested in doing some farm work. I was wondering if there was any work available there at the moment.
	아, 안녕하세요. 제가 농장 일을 좀 하고 싶은데요 거기에 지금 일자리가 있나요?
직원	Yeah. There's some fruit picking and packing work available at the moment.
	네. 요즘 과일 수확하는 일과 포장하는 일이 있어요.
용석	Oh, really? Also, do you have any dorm rooms available?
	아, 그래요? 도미토리도 있나요?
직원	Yeah. We have a number of rooms available.
	넵. 많이 있습니다.
용석	Okay, thanks. I'd like to book dorm rooms for tomorrow. Is that okay?
	알겠습니다. 감사합니다. 그러면 내일 날짜로 도미트리를 예약하고 싶은데요. 가능한가요?
직원	Yes. Could you tell me your name and phone number?
	네. 가능합니다. 성함이랑 연락처 좀 알려주시겠어요?
용석	I'm Tommy Han and my mobile phone number is 0432-369-007.
	저는 토미 한이라고 하고요. 휴대폰 번호는 0432-369-007입니다.

농장 주인 명함

I'm afraid we're booked up until next weekend.

다음 주까지 방이 모두 차 있습니다.

Normally, you can get A$10 per hour.

일반적으로 시간당 10달러 받습니다.

주요 농장과 숙소 전화번호

웨스턴오스트레일리아 주

● **Donnybrook:** 봄인 10월과 11월을 제외한 모든 기간에 농장 일거리가 있다. 복숭아, 사과, 포도, 토마토 등을 주로 재배하며 여행자 숙소나 잡 센터에서 일자리를 소개해준다.

Brook Lodge Backpackers
08-9731-1520

사우스오스트레일리아 주

● **Adelaide Hills:** 사과, 복숭아, 배, 포도 등이 주로 재배되는 지역. 성수기가 아니더라도 과일 솎아주기나 나무 가지치기 등의 일이 많다.

Adelaide Hills Getaway
08-8388-9295

뉴사우스웨일스 주

● **Tumut:** 1월~3월까지 스톤 프루트(stone Fruit, 복숭아 종류의 과일)를 수확하며 3월~5월까지는 사과를, 3월부터 한 달 정도는 포도를 수확한다.

Tumbarumba Blueberry Farm
02-6948-2841

Bullamunta Caravan Park
02-6872-2257

빅토리아 주

● **Mildura:** 1년 내내 여러 가지 농장 일이 있으며 특히 포도 성수기에는 10,000여 명의 워커가 필요할 만큼 최대의 농장 지역이라할 수 있다.

Mildura International Backpackers
Hostel
0408-210-132

Peninsula Backpackers Hostel
02-5982-0488

퀸즐랜드 주

● **Bowen:** 1년 내내 기온이 높아 바나나 농장이 주를 이루며 6월~11월에는 토마토를 비롯해 여러 가지 채소를 수확할 수 있다.

Bowen Backpackers Hostel
07-4786-3433

Barnacles Backpackers Hostel
07-4786-4400

● **Emerald:** 커튼 치핑 cotton Chipping이나, 포도, 오렌지 수확 일을 한 후 Rockhampton 지역을 관광하기 좋다. 단, 숙소 예약에 신경을 써야 한다.

The True Blue Gums Caravan Park
07-4982-2387

Emerald Cabin Caravan Village
07-4982-1300

● **Gayndah:** 브리즈번 북서쪽으로 약 350km 정도 떨어진 곳. 오렌지, 만다린, 레몬 등이 4월~10월까지 많이 나오고 여름 시즌인 10월~2월까지도 여름 오렌지를 수확한다.

Riverview Caravan Park
07-4161-1280

● **Gatton:** 1년 내내 일할 수 있는 지역이다. 9월~10월 양파 시즌이 최성수기다. 파 농장 일은 익숙해지면 어렵지 않게 돈을 벌수 있기 때문에 여자들에게도 인기가 좋다.

Gatton job Centre
07-5462-3355

작물 시기별 농장 정보

작물 시기	작물	농장 지역
1년 내내	토마토, 파, 피망, 당근, 오이, 양파 등	Innistail, Tully, Misson Beach Childers , Gatton
2~3월	배, 사과	Stanthorpe
	생강	Marochydore
2~10월	아보카도	Childers
3~9월	아보카도	Bundaberg
	감귤류	Emerald
4월	감귤류	Childers
4~7월	토마토	Bundaberg
	오이	Bundaberg
4~11월	오이, 피망	Ayr
	호박	Ayr
	모종 심기	Ayr
	잡초 제거	Ayr
4~12월	멜론, 수박	Ayr
	감, 귤, 자두, 포도	Mundubbera
6~8월	담배, 아보카도	Carins
6~9월	딸기	Marochydore, Caboolture
7~2월	오이, 피망, 콩	Childers
7~12월	멜론	Bundaberg
10~12월	포도	Emerald
10~1월	건포도	Stanthorpe
11~1월	사과, 배, 포도	Stanthorpe
11~12월	망고	Ayr

★피해야 할 작물들

●망고
아시아 사람들의 80% 이상이 알레르기allergy가 있다.

●멜론
농약 사용이 많아 여자들에게 힘들다. 힘든 작물 중의 하나로 꼽히며 남자들에게는 돈이 된다.

●오이
허리가 안 좋은 사람들은 피해야 한다. 일은 힘들지만 돈이 되는 작물 중 하나다.

★선택해야 할 작물들

●토마토
Bundaberg, Bowen 지역의 토마토 대박 시기를 노려보자. 일이 쉬워서 여자들에게 권하고 싶다.

●딸기
Caboolture의 딸기농장 대박을 노리자. 여자들에게는 그늘에서 할 수 있는 포장 일을 권한다. 일이 능숙해지면 비교적 쉽게 돈을 모을 수 있는 작물이다.

●사과
Stanthorpe의 사과 시즌에 가면 돈을 모으기 쉽다. 이 지역은 숙소를 구하기가 힘들기 때문에 시즌 2주 전에 미리 예약해야 한다.

농장에서 생활하기

농장에 들어갈 때에는 농장에서 필요한 준비물을 잘 챙기고 마음의 준비를 단단히 해야 한다. 음악을 들으며 여유롭게 사과를 따는 모습을 상상하고 갔다가는 실망하게 될 것이다. 한여름에는 40도를 오르내리는 무더위 속에서 뙤약볕을 고스란히 받으며 일해야 하고 강렬한 햇볕에 화상을 입을 수 있기 때문에 긴팔과 모자 착용은 필수다. 신발 속에 들어간 거미에 물리지 않으려면 아침마다 신발을 털어주어야 한다.

농장에서 독사를 만나는 것도 드문 일은 아니다. 한번은 아스파라거스 asparagus 농장에서 열심히 아스파라거스를 따고 있는데 바로 눈앞에서 독사와 조우한 적이 있었다. 어찌나 간담이 서늘하던지. 내가 소리를 지르면서 도망가자 농장 주인은 아무 일도 아니라는 듯 단칼에 독사 머리를 잘라버렸다.

농장 일은 보통 오전 6시쯤 시작한다. 일이 많을 때는 하루에 8~10시간씩 일하기도 하고(12~2시 정도까지는 햇빛이 너무 강해 쉬기도 함) 일이 없을 때는 숙소에서 쉬거나 6시부터 오전 9~10시까지(이런 곳에 가면 돈을 벌지도, 모으지도 못하고 번 돈을 전부 생활비로 쓰게 된다) 일하기도 한다.

대부분 백팩커나 카라반 파크, 농장 소개소에서 지내면서 그곳에서 소개해주는 농장 일을 하게 되는데, 숙박비는 하루에 A$28~A$90, 아침저녁으로 숙소에서 농장까지 픽업해주는 픽업비는 하루에 A$5~A$10 정도다. 밥은 개인적으로 해먹어야 한다.

용석	What sort of fruit is it? And what time would I normally need to be at work?
	어떤 과일인가요? 그리고 보통 몇 시에 일을 하러 가나요?
직원	It's apples. You have to get up at five o'clock in the morning and work five days a week.
	사과입니다. 매일 아침 5시까지 일어나야 하고 일주일에 5일 일합니다.
용석	Alright. Could you please tell me about the wages? How much money will I earn per hour?
	그렇군요. 임금은 어떤가요? 시간당 얼마나 받지요?
직원	Ten dollars per hour after tax.
	세금을 제하고 10달러 받습니다.

일을 하면서 영어 실력을 키운다는 게 생각만큼 간만치 않다. 일하는 시간에는 계속 일만 해야 하기 때문에 영어로 말할 기회가 많지 않고 일이 끝난 뒤에는 피곤해서 자꾸 쉬게 된다. 정말 영어 실력을 향상시키고 싶다면 자기 몸 관리도 잘 하면서 외국 친구들과도 자주 어울리도록 스스로 노력해야 한다.

4. 우프 경험하기

우프wwoof는 농가에서 하루 3~4시간씩 일해주고 무료로 숙식을 제공받는 프로그램이다. 돈벌이가 목적이 아닌 어학 실력 향상, 문화 체험, 유기농법 습득, 농장 체험에 의의를 두고 있는 사람들이 참여하면 좋다. 관광 비자, 워킹홀리데이 비자, 학생 비자 소지자 모두 우퍼가 될 수 있으며, 호스트host(집주인) 가족들뿐만 아니라 다른 우퍼들과 함께 생활하면서 자연스럽게 생활 영어를 익힐 수 있다. 일상적인 의사 표현을 할 수 있을 정도의 영어 실력이 있어야 보다 원활하고 재미있게 우프 생활을 할 수 있다. 농장에서 필요한 기본적인 농작물, 농기구, 목장 관련 용어 등을 미리 숙지하고 가면 좋다.

우프 책자 구입하기

우프 책자를 구입하면 자동적으로 우프 회원이 되어 우프에 참여할 수 있다. 우프 책자는 현지 호주 여행사에서 여권만 있으면 구입할 수 있고 책값은 한 사람당 A$65다. 책을 구입하면 발행일로부터 1년간 책을 사용할 수 있으며 타인에게는 양도할 수 없다. 우프 협회 홈페이지에서도 우프 책자를 판매한다.

우프 농가에 전화하기

우퍼가 되려면 책자를 보고 마음에 드는 집에 전화를 걸어 구체적으로 어떤 일을 하는지 궁금한 점을 물어보고 예약하면 된다. 어떻게 찾아가야 하는지, 호스트가 채식주의자vegetarian인지, 농가에서 시티까지 가는 교통편이 있는지 등도 미리 물어보자. 술과 담배를 금지하는 우프 농가가 많으므로 이것 없인 못 산다는 사람들은 이 부분도 미리 확인해보도록 하자. 대부분 우프 농가는 인적이 드문 곳에 위치해 있기 때문에 버스나 기차를 타고 약속 장소까지 가면 우프 농가에서 마중을 나온다.

용석	Hello. May I speak to Mrs. Brown? This is Tommy Han. I'm interested in becoming a member of the WWOOF team.
	안녕하세요? 브라운 씨 계신가요? 토미 한이라고 합니다. 혹시 거기서 우프를 할 수 있을까요?
호스트	Oh, yeah. You can do fruit picking work here, but we have only one position available.
	아, 네. 요즘에는 과일 수확하는 일이 있답니다. 한 사람이 필요해요.
용석	Oh, really?
	아, 그래요?
호스트	Yes. So when do you want to start working?
	네. 그럼 언제부터 일을 시작하고 싶은 거죠?
용석	From this Thursday. Is that okay?
	이번 주 목요일부터요. 괜찮습니까?
호스트	Yes. That's alright. How long will you be here?
	네. 좋습니다. 얼마나 머물 예정인가요?
용석	Around one month I think.
	대략 1개월 정도요.
호스트	Sounds good. Could you tell me your name and your phone number?
	좋습니다. 성함이랑 연락처 좀 알려주시겠어요?
용석	I'm Tommy Han and my mobile phone number is 0432-369-007. I'll call you again after I check the

★ **채식주의자**

우퍼들은 주로 가벼운 집안일을 도와주거나 농장이나 목장의 허드렛일을 하게 된다. 채식주의자인 호스트가 많아, 육류를 좋아하는 우퍼들은 채식주의자 농가에 들어가면 다소 힘들어할 수 있다.

★ **농가에서 시티까지 나가는 교통편**이 없으면 쉬는 날에도 농가 밖으로 나가기가 쉽지 않기 때문에 활동적인 사람들은 답답해하기도 한다.

bus timetable.

저는 토미 한이라고 합니다. 휴대폰 번호는 0432–369–007이에요.

버스 타임 테이블을 확인한 뒤에 다시 연락드리겠습니다.

호스트   Great. Tommy.

좋습니다. 토미.

용석   Thanks. Bye.

감사합니다.

Have you got WWOOF experience?

우프 경험이 있나요?

Could you make a reservation for me?

예약 좀 해주시겠어요?

How can I get to your address?

당신 집 주소로 어떻게 가야 하나요?

Can I get there by bus?

버스로 갈 수 있어요?

우프 농가에 들어갈 때 책자를 보여주며 우프 회원이라는 걸 확인시켜줘야 하지만 일할 사람이 필요하고 누군가의 추천으로 온 경우에는 호스트가 그냥 받아주기도 한다. 그래서 우프 경험이 있는 주변 사람들에게 개인적으로 알고 있는 집을 추천받아 가기도 한다.

우프 농가에서 생활하기

한 농가에 최소 이틀은 머물러야 하며, 호스트와의 협의에 따라 몇 주에서 수개월까지 지내는 기간을 연장할 수 있다. 다른 지역으로 이동하려면 경비도 많이 들고, 같이 지내는 사람들과도 친해지려면 어느 정도 시간이 걸리니, 한 농가에서 최소 10일 이상은 지내도록 하자.

처음 예약한 기간이 끝나가는데 집이 너무 마음에 들고 그곳에 더 있고 싶다면 집주인에게 더 있고 싶은 이유를 말한다.

호스트	How is work these days?
	요즘 하고 있는 일은 어떤가요?
용석	I've never tried that sort of farm work before, but it's pretty good.
	사실 이런 농장 일은 전에 해본 적이 없는데, 꽤 자미있네요.
호스트	Very good.
	잘됐군요.
용석	I'd like to stay here more than one month. Would that be okay?
	여기서 한 달 이상 더 있고 싶은데, 괜찮은가요?

농가 모습

처음 말한 기간보다 좀 더 일찍 다른 곳으로 떠나고 싶을 때는 서로 기분이 상하지 않도록 호스트에게 상황을 충분히 설명하도록 하자. 설사 기분 나쁜 일이 있었다고 하더라도 말을 함부로 하고 나와서는 안 된다.

호스트	How's work these days?
	요즘 하고 있는 일은 어떤가요?
용석	You know, I had never tried that sort of farm work before, so it's pretty hard.
	사실 이런 농장 일은 전에 해본 적이 없어서 그런지 꽤 힘드네요.
호스트	Yeah, it's hard work. So, what do you think?
	네, 힘든 일이죠. 그래서 당신 생각은 어떤데요?
용석	Actually I've had a great experience here. I'm sorry, but I can only work until the end of this week. I'd like to go to Sydney next week. Is that okay?
	사실 이곳에서 좋은 경험을 많이 했습니다. 죄송하지 만 일은 이번 주까지만 할 수 있을 것 같네요. 다음 주에 시드니로 떠났으면 합니다. 괜찮을까요?
호스트	I understand. I'll check the schecule for you.
	알겠어요. 스케줄을 한번 체크해보도록 할게요.

한 집에서 같이 생활하기 때문에 우퍼들도 호스트와 공동으로 집안일을 하는 경우가 많다. 자기 방 청소는 기본이며 설거지나 집주인이 원하는 곳의 청소는 해주는 것이 좋다. 손님이 아닌, 숙식을 제공받는 조건으로

하루에 3~4시간 일해주는 우퍼로 갔다는 사실을 잊지 말자.

What can I do for you, mate?
Cleaning? Washing?

무슨 일을 할까요? 청소? 빨래?

주류나 마약류, 애완동물은 가져갈 수 없으며, 냉장고를 마음대로 열어 음식을 꺼내 먹는다든지, 집에 있는 전화를 허락 없이 사용한다든지 하는 행동은 삼가도록 한다. 호스트가 제공하는 음식이 입에 맞지 않을 때는 자기가 따로 차려 먹을 수도 있다. 물론 이때 드는 비용은 본인 부담이다.

용석	I'm sorry but I can't eat that sort of spicy food. Can I cook for myself?
	죄송합니다만, 제가 이런 향료를 넣은 음식은 못 먹거든요. 개인적으로 요리해도 될까요?
호스트	Yes, no problem. Go ahead.
	네, 그러세요.
용석	Well, actually I need to buy some food first, so I'm going to the market now.
	음, 사실 음식을 사야 해서 지금 마켓에 다녀올게요.
호스트	Oh yeah. Well, I can pick you up if you want.
	아, 그래요. 음, 원한다면 데려다 줄 수 있어요.
용석	Okay. Thank you very much.
	좋습니다. 정말 감사합니다.

일할 땐 일하고, 즐길 땐 즐기며 가급적 호스트에게 부담스럽지 않게 행동하도록 하자. 언제 일을 하고 언제 개인 시간을 가질지 호스트와 분명히 이야기하는 것이 좋다. 그렇지 않으면 하루 종일 자기 시간 없이 집안일만 돕게 될 수도 있다.

호스트	How do you feel mate? You look tired.
	컨디션 어때요? 피곤해 보이네요.
용석	Yeah. I don't feel well this morn ng. I'd like to rest today. Would that be okay?
	네, 오늘 아침 몸이 좋지 않네요. 오늘은 좀 쉬고 싶은데 괜찮은지요?
호스트	No worries. You should have a day off today.
	걱정 말아요. 오늘은 쉬도록 해요.
용석	I'd like to go to a pharmacy tomorrow morning if that's okay because I have to buy some tablets and some other medicine.
	괜찮으시면 내일 아침에 약국에 갔으면 좋겠어요. 약을 좀 샀으면 해서요.
호스트	Alright. Please tell me when you car start work here again.
	알았어요. 언제 일을 다시 시작할 수 있을지 말해줘요.
용석	Alright. I'll tell you tonight.
	네, 오늘 저녁에 말씀드릴게요.

Part 6

호주는 자연이 아름답기로 소문난 나라다. 오죽하면 여행자들 사이에서 호주는 제일 나중에 여행하라는 말이 돌겠는가. 호주를 먼저 여행하고 나면 다른 나라에 가서도 좋은 줄 모른다고 하는 소리다. 호주의 아름다운 자연을 눈으로 보고 몸으로 체험하면서 신나게 즐겨보자.

호 주 에 서
홀 로 서 기
SURVIVAL
ENGLISH
여행하기
광활한
대륙을 누비며

1. 여행 정보 수집 및 여행 계획 세우기

호주 배낭여행을 계획할 때 가장 어려운 점은 호주가 얼마나 큰지 짐작하기 어렵다는 것이다. 가까운 도시를 가더라도 최소한 버스나 기차로 10시간 정도 가야 하고 브리즈번에서 퍼스까지 갈 때는 기차로 4일 정도 걸린다. 다소 여유롭게 호주 대륙의 반 바퀴를 여행하려면 한 달 정도, 한 바퀴를 돌려면 45일 정도가 걸린다.

우선 본인이 어떤 여행을 하고 싶은지, 무엇을 보고 싶은지 생각해본다. 그리고 나서 각 지역에 대한 정보를 바탕으로 어디 어디를 어떤 루트로 여행할지 결정한다. 너무 여러 곳을 가려다 보면 예산이나 일정 때문에 그 지역에서 꼭 먹어야 할 음식을 못 먹거나 꼭 해야 할 액티비티를 못 하게 된다. 여행지에서 새로운 정보를 얻어 계획에 없던 투어나 액티비티를 하게 될 수도 있으니 여행 예산을 여유롭게 잡도록 하자.

정보 수집하기

여행을 떠나기 전 수집해야 하는 정보에는 크게 두 가지가 있다. 하나는 여행 일정을 짜는 데 필요한 전반적인 호주 정보고, 다른 하나는 더 풍성한 여행을 하기 위해 필요한 정보다.

정해진 예산 안에서 가장 효율적으로 여행할 수 있도록 여행 일정을 짜려면 각 지역의 규모와 이동 거리, 가능한 이동 수단에 대한 정보를 수집해야 한다. 그리고 여행을 잘 즐기려면 각 지역의 액티비티, 자연환경, 레포츠, 예술과 문화, 음식 및 와인, 쇼핑 등에 대해 알고 가는 것이 좋다.

인포메이션 센터

★호주 관광청
www.australia.com
★퀸즐랜드 관광청
www.queensland.or.kr
★서호주 관광청
www.kr.westernaustralia.
com
★뉴사우스웨일스
관광청
www.visitnsw.com
★빅토리아 관광청
www.tourism.vic.gov.au
★태즈메이니아 관광청
www.discovertasmania.
com.au
★남호주 관광청
www.tourism.sa.gov.au
★호주 여행안내 사이트
www.travelaus.com.au
★호주 지역별 지도
www.street-directory.
com.au

인터넷이나 관광 브로슈어 등을 통해 여행지에 대해 알고 갈 수도 있지만, 여행지에 있는 인포메이션 센터나 여행사를 통해 가볼 만한 곳을 추천받을 수도 있다.

용석	What do you think are the best places to see?
	가볼 만한 데가 어디일까요?
직원	I'd like to recommend you to go to Sydney Tower first.
	시드니 타워를 추천해주고 싶네요.
용석	Oh yeah? How can I get there? Can I go there by foot?
	아, 그래요? 어떻게 가면 되죠? 걸어서도 갈 수 있나요?
직원	Sure. I'll show you that place on your city map.
	물론이죠. 지도에다 표시해드릴게요.

I would like to get some tourist brochures.

관광 브로슈어 좀 얻고 싶습니다.

Do you have any brochures about Fraser Island?

프레이저 섬에 관한 브로슈어가 있나요?

나는 여행할 때 주로 그 지역 사람들에게 물어 정보를 얻는다. 인포메이션 센터에 가면 쉽게 많은 정보를 얻을 수 있지만, 이렇게 얻은 정보보다 그 지역에 사는 사람들에게 얻은 정보가 더 유용하기 때문이다. 그들에게 물어보면 일반적인 정보 외에도 잘 알려지지 않은 멋진 곳, 그 지역의 사소하지만 재미있는 특징 등에 대해 알 수 있다. 이런 이야기를 듣고 여행을 했기 때문에 남들이 보지 못한 것, 남들이 느끼지 못한 것을 보고 느낄 수 있지 않았나 싶다.

Do you know where the nearest travel agency is?

이 근처에 여행사가 어디 있나요?

Could you recommend some interesting places?

재미있는 장소를 추천해주시겠어요?

Could you tell me some areas where I could take a day-trip?

당일로 다녀올 수 있는 곳을 몇 군데 추천해주시겠습니까?

Are there any famous places or historical sites?

명소나 유적이 있나요?

Is there a garden nearby?

이 근처에 공원이 있나요?

Is it walking distance?

걸어서 갈 수 있습니까?

Where can I store my luggage?

어디에 제 짐을 맡길 수 있죠?

구간	항공편	장거리 버스	장거리 기차
Adelaide → Alice Springs	2.00	19	20
Adelaide → Perth	3.10	34	38
Alice Springs → Uluru	0.40	6	n/a
Brisbane → Sydney	1.20	15	15
Cairns → Brisbane	2.05	28	30
Canberra → Melbourne	1.00	10	9
Darwin → Alice Springs	1.55	19	24
Melbourne → Hobart	1.10	n/a	n/a
Melbourne → Adelaide	1.05	10	12
Sydney → Canberra	0.45	5	4
Sydney → Melbourne	1.10	14	10

도시 간 여행 예상 시간

(단위: 시간)

art museum 미술관
museum 박물관
parliament house 국회의사당
town hall 도청
city hall 시청
temple 사원, 절
historic area 유적지
zoo 동물원
botanical garden 식물원
amusement park 놀이공원
aquarium 수족관

용석이가 제안하는 여행 코스

호주의 자연은 정말 놀랄 만큼 아름답고 다채롭다. 사막인 아웃백outback
에서부터 그레이트 배리어 리프Great Barrier Reef의 푸른 바다, 혹은 눈 덮
인 산에서부터 북부 열대 지역에 이르기까지. 인간과 자연이 공존하는 모
습을 보면 호주 사람들이 자연을 있는 그대로 보존하기 위해 얼마나
노력하는지 느낄 수 있다.

나는 개인적으로 내륙과 동부 해안을 여행하는 '호주 반 바
퀴 돌기' 코스를 추천하고 싶다. 브리즈번에서 출발해 시
드니까지 시계 반대 방향으로 돌면서 호주의 다양한 아름다
움을 만끽해보자. 브리즈번에서 케언스로 가는 동안 세계 최
고의 아름다운 해양 휴양지를, 케언스에서 에어스록Ayers Rock
을 거쳐 애들레이드까지 가면서 열대 우림과 광활한 사막을, 애들레이드
에서 멜버른으로 가면서 호주 사람들의 생활 모습을 브고 느껴보자.

멜버른은 유럽풍의 도시로, 유럽에 왔다는 착각이 들 정도로 멋진 건축물들이 많으며 멜버른 근처에도 가볼 만한 여행지들이 많다. 멜버른과 시드니 사이에 있는 캔버라는 정돈된 인공미를 자랑하며 호주의 제1도시 시드니는 항구의 아름다움과 다국적 문화의 어우러짐으로 유명하다.

교통편

호주는 예약 제도가 발달되어 있기 때문에 여행을 떠나기 3~4주 전에 교통편을 예약하면 할인받을 수 있는 경우가 많다. 우선 출발지에서 도착지 사이에 어떤 관광지가 있는지 확인해본다. 그 사이에 여행할 곳이 많으면 버스로 이동하면서 중간 중간 내려 여행하고, 별로 없으면 비행기로 이동하는 것이 경비를 줄이면서 효율적으로 여행할 수 있는 방법이다.

저렴하게 이용할 수 있는 장거리 버스(그레이하운드 파이어니어Greyhound Pioneer) 패스에는 오지 익스플로러 패스Aussie Explorer Pass, 오지 킬로미터 패스Aussie Kilometer Pass 등이 있다. 정확한 여행 계획을 가지고 한쪽 방향으로만 여행할 경우라면 오지 익스플로러 패스를 구입하고, 여행 계획이 수정될 가능성이 있다면 오지 킬로미터 패스를 사도록 하자. 장거리 버스를 이용할 때는 가벼운 담요와 베개를 가지고 타는 것이 좋다.
호주 국내 항공편 중 버진블루virginblue는 기내 서비스가 없는 대신 저렴하게 이용할 수 있는 항공편으로 콴타스 항공보다 항공료가 싸다.

1. 버진블루 홈페이지 접속 www.virginblue.com.au
2. 왕복/편도, 출발지, 도착지, 날짜 체크(왼쪽 상단), Quote 클릭
3. 여러 항공편 중 가장 저렴하고 자기 마음에 드는 항공편을 고른다.
   화요일, 수요일, 목요일 항공편이나 아침 6~7시, 혹은 저녁 시간에 출발하는
   항공편이 가장 저렴한 편이다.
4. 여행 일정, 가격 확인
5. 신상 명세personal detail 입력
6. US 달러로 결제, 본인 또는 타인의 신용카드로 결제
7. 자신의 예약 번호와 일정 등 확인(출력)
8. 부칠 짐이 없는 경우, 공항 내에 있는 티켓 머신에서 티켓 수령 가능
   부칠 짐이 있는 경우, 체크인 데스크에서 신분증 확인 후 짐을 부치고 티켓 수령

오지 익스플로러 패스

미리 정해진 루트를 따라 여행하면서 원하는 곳에서 언제든지 타고 내릴 수 있다. 오직 한 방향으로만 여행할 수 있으며, 약 20여 종의 루트 중 본인의 일정에 맞는 패스를 구입한다. 패스의 유효 기간은 1~12개월까지로, 각 패스마다 다르다. 일부 패스는 투어나 카카두 국립공원Kakadu National Park, 울루루Uluru 등을 무료로 관광할 수 있는 혜택을 제공한다. 이미 정한 루트를 거꾸로 이용하는 패스도 구입 가능하다. 구입할 때 VIP 카드, YHA 카드, ISIC 카드가 있으면 10~15% 할인받을 수 있다. 예약은 반드시 하루 전까지 해야 하며 당일 30분 전까지 터미널에서 탑승 수속을 마쳐야 한다.

오지 킬로미터 패스

원하는 만큼 킬로미터(거리)별로 구입한다(2,000~20,000km). 구입한 킬로미터를 넘지 않는 한 어느 곳이나 어느 방향으로나 여행할 수 있으며 여행 개시일로부터 12개월간 유효하다. 킬로미터 공제로 울루루, 카카두 국립공원, 그레이트 오션 로드Great Ocean Road에서의 투어 상품을 구입할 수 있다. VIP 카드, YHA 카드, ISIC 카드 소지자는 10~15% 할인된다.

★패스 구입
●오지 여행 패스는 각 지역에 있는 여행사나 고속버스 터미널, 그레이하운드 파이어니어 홈페이지에서 구입할 수 있다.
●호주: 국번 없이 13-20-30

★그레이하운드 파이어니어 홈페이지
www.greyhound.com.au
예약, 버스 노선, 구간별 요금, 타임 테이블 검색 가능

★요금
오지 익스플로러 패스는 구간마다 요금이 다르고 오지 킬로미터 패스는 거리마다 요금이 다르다.
http://www.fintour.co.kr/australia/connection03_06.asp에서도 요금을 확인할 수 있다.

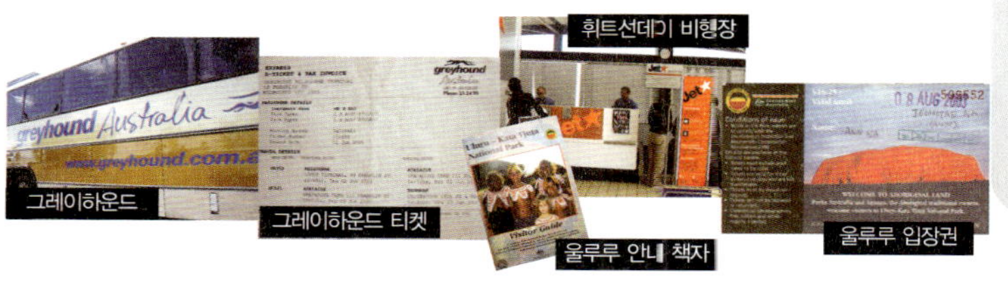

그레이하운드   그레이하운드 티켓   울루루 안내 책자   울루루 입장권

투어

　여행지마다 유명한 투어나 액티비티들이 있다. 현지 여행사에 투어를 신청하면 그 투어를 신청한 다른 여행자들과 함께 여행하며, 짧게는 당일 투어에서 보름 투어까지 다양한 투어 코스들이 있다.

투어에 참가하고 싶으면 여행사에 찾아가 어떤 투어가 있는지 확인하고 추천받아 선택한다. 백팩커에서도 투어를 신청할 수 있는데, 여러 투어를 한 번에 신청하면 할인해주기도 한다. 편하다는 장점이 있지만 투어 비용이 여행사보다 비싼 경우가 많다. 투어를 선택할 땐 투어 비용에 어떤 비용들이 포함되는지(식대, 교통비, 숙박비, 레포츠 참여 비용 등등) 확인하고, 여러 사람들이 움직이기 때문에 투어 출발 시간을 잘 지키도록 한다.

직원	Hi. How can I help you?
	안녕하세요. 무엇을 도와드릴까요?
용석	I'd like to go to a beach. Which tours do you have available?
	바닷가 쪽을 보고 싶은데, 어떤 투어가 있을까요?
직원	What about the Great Barrier Reef Tour or the Whitsunday Island Tour.
	그레이트 배리어 리프 투어나 휘트선데이 아일랜드 투어가 어떠세요?
용석	I think the second one is better for me. I love beautiful islands. How can I join that tour?
	두 번째 투어 상품이 괜찮을 것 같네요. 아름다운 섬을 좋아하거든요. 어떻게 그 투어에 참가할 수 있죠?
직원	One of our yachts will go to Whitsunday Island this Saturday. We have only three vacancies left. What do you think?
	저희 요트 중에서 한 대가 이번 주 토요일에 휘트선데이 아일랜드로 갈 예정입니다. 지금 3명이 남았네요. 어떠세요?

| 용석 | This Saturday? That sounds nice. I'm free this weekend. How much is that? |

이번 주 토요일이요? 좋은데요. 이번 주 주말에 시간이 괜찮거든요. 얼마예요?

| 직원 | Sixty dollars per person, including meals. |

식사 포함해서 한 사람당 60달러입니다.

I'd like to take a sightseeing tour.

관광 투어에 참가하고 싶습니다.

Can I make a reservation here?

여기서 예약할 수 있습니까?

Do you have a night tour?

야간 투어가 있나요?

Can I sign up here for a tour?

여기서 투어를 신청할 수 있습니까?

I'd like to join an optional tour.

옵션 투어에 참가하고 싶습니다.

Is there a Korean guide?

한인 가이드가 있습니까?

Are there any city tours?

시내 투어가 있나요?

Do you have a full-day tour?

하루 투어가 있습니까?

Which sightseeing tours are popular?

어떤 투어가 인기 있습니까?

How many people can go?

정원은 몇 명인가요?

Where is your accommodation?

어디에서 숙박하나요?

What time does it start?

언제 출발하나요?

Are any meals included?

식사는 제공되나요?

개인적으로 호주 투어 중 에어스록 투어는 반드시 해보아야 한다고 생각한다. 짧게는 2박 3일, 길게는 일주일 동안 각국에서 온 여행자들과 어울려 사막에서 먹고 자는 맛이란. 고충이 하나 있다면 사막에서 지내기 때문에 간단하게 씻을 수는 있지만 샤워를 할 수 없다는 점이다. 사막 투어를 할 때는 물티슈를 준비해가면 좋다. 화장실에서 세수하고 난 다음 물티슈로 몸을 쓱쓱 닦아주면 그나마 청결 관리가 된다.

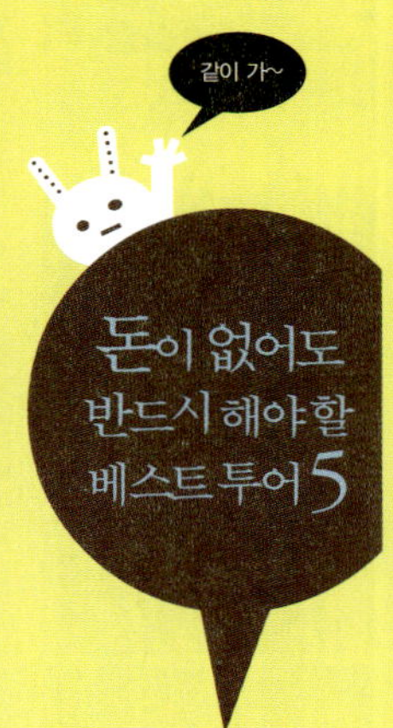

1. Great Ocean Road Tour: 1일, 약 A$60~70

아침 7시쯤 멜버른 시티에서 출발해 저녁 6시쯤 시티로 돌아온다. 빅토리아 주 토키Torquay에서 워냄불Warrnambool까지 300km에 이르는 지역. 파도에 침식된 바위들과 절벽, 굴곡 있는 해안선이 장관이다. 아마 입을 다물 수 없을 것이다.

2. Whitsunday Island Tour: 2박 3일, 약 A$200~250

케언스에서 약 500km 정도 떨어진 곳에 위치. 휘트선데이에서 출발해 2박 3일 동안 배 안에서 먹고 자는 요트 투어다. 여유롭게 즐길 수 있다.

3. Fraser Island Tour: 1박 2일, 약 A$130~145

브리즈번에서 북쪽으로 약 300km 거리에 있는 지역. 허비베이Hervey Bay
에서 출발. 1박 2일 또는 2박 3일 동안 호주 최고의 모래섬인 프레이저 섬
을 지프(4WD)로 돌아보는 투어다.

4. Port Stephens Tour: 1일, 약 A$80

시드니 시티에서 아침에 출발해 저녁에 돌아오는 투어. 모래 썰매도 타고
조개잡이도 체험할 수 있다. 배를 타고 바다로 나가 고래도 구경한다.

5. Pinnacles Tour: 1일, 약 A$135~160

퍼스 시티에서 출발해 당일에 돌아오는 코스. 모래와 바람으로 형성된 수
천 개의 노란 석회암 기둥이 정말 멋지다. 투어가 끝난 후, 란세린Lancelin
으로 이동해 거대한 흰 모래 언덕에서 모래 썰매를 탈 수 있다.

2. 자동차 렌트하기

친구들과 함께 여행할 때 자동차를 렌트해서 다니면 교통비도 절약되고 가고 싶은 여행지도 자유롭고 편하게 다닐 수 있다.

호주 전역에 지점망을 갖추고 있는 국제적인 대형 렌터카 업체로는 버짓 Budget과 에이비스Avis, 헤르츠Hertz, 스리프티Thrifty, 델타Delta 등이 있다. 렌터카 회사는 인포메이션 센터에서 추천받을 수 있으며, 트랜싯 센터나 공항에 상주하고 있는 렌터카 업체도 있다.

대형 업체인 경우에는 렌트한 지점이 아닌 다른 지점에 차를 반환할 수 있는 원웨이 렌털One-Way Rental이 가능하며 사고나 고장 발생 시 다른 차량으로 교환하기 용이하다. 소규모 현지 업체는 대형 업체의 질적 서비스나 신용도에는 크게 미치지 못하지만 대여료가 저렴하다는 장점이 있다. 일정과 예산을 고려해 렌터카 업체를 신중히 선택하도록 한다.

Where can I rent a car?

렌터카는 어디에서 빌립니까?

일반적으로 가장 많이 렌트하는 차종은 세단형 승용차이며 이 외에 사막이나 모래섬을 여행할 때 유용한 지프(4WD), 내부에 취사와 숙박 시설이 완비되어 있는 모터 홈motor home, 캠퍼 밴camper van 등을 빌릴 수 있다.

차량을 대여하려면 국제 운전면허증, 여권, 신용카드(보증금은 A$400~A$1,000 며 현금이나 신용카드로 임시 결제해야 한다. 무사고 반환 시에는 돌려받는다)가 필요하다. 만 21세 이상의 운전면허증 소지자들만 차량을 빌릴 수 있다. 간혹 만 21~24세 운전자에게는 업체에 따라 A$15~A$20의 할증금을 부과하기 도 하며, 지프 대여를 제한하기도 한다.

용석	Excuse me. I'd like to rent a car here.
	실례합니다. 여기서 차를 렌트하고 싶습니다.
직원	Do you have a credit card and a driver's license?
	신용카드와 운전면허증이 있나요?
용석	Yes.
	네, 있습니다.
직원	That's good. What kind of car do you want?
	좋습니다. 어떤 종류의 차량을 원하세요?
용석	A small automatic car, please. Do you have a list of cars?
	오토매틱 소형차면 좋겠는데, 혹시 자동차 리스트를 가지고 계세요?
직원	Sure. Here you go.
	물론입니다. 여기 있어요.
용석	Okay, thanks. How much is the charge per day for this car?
	네, 감사합니다. 이 차는 하루 빌리는 데 얼마죠?
직원	Forty five dollars a day.
	하루에 45달러입니다.
용석	I think that's good. I'll take it.
	마음에 드네요. 이걸로 하겠습니다.

Can you show me the car?

차를 보고 싶습니다만.

Can I see a list of your rates?

대여료 표 좀 보여주시겠습니까?

I want to rent this car for three days.

이 차를 3일 동안 빌리고 싶습니다.

How much is the deposit?

보증금은 얼마입니까?

사고가 나면 보통 운전자가 모든 책임을 지게 되므로 운전자가 두 명 이상일 때는 운전할 사람의 이름을 모두 계약서에 기입해야 한다. 계약하기 전에는 차량에 흠집이나 이상이 없는지 반드시 먼저 확인하도록 하자. 차량을 되돌려줄 때는 처음 빌렸을 때처럼 휘발유를 채워주어야 한다. 그렇지 않으면 시중보다 비싼 연료비를 부담하게 된다. 자동차 반환 시 자동차의 상태를 점검해 손상된 부분이 있으면 렌터카 회사에서 수리비를 청구할 수도 있다.

직원	Hi. This is AVIS Central office. Susan speaking. 안녕하세요. AVIS 중앙 지점의 수잔입니다.
용석	Hello. This is Tommy. I would like to return the car. What should I do? 네. 안녕하세요. 저는 토미라고 합니다. 차를 반납하고 싶은데, 어떻게 하면 되나요?
직원	Okay. Could you tell me your registration number first? 알겠습니다. 우선 예약 번호를 먼저 알려주시겠어요?

용석　　My registration number is 415568.

예약 번호는 415568입니다.

직원　　Okay. Let me see. You can leave our cars at any
of our offices. Which office do you want to return
the car to?

좋습니다. 확인할게요. 저희 사무실 아무 곳에나 반납하실 수 있습니다.

어느 사무실에 반납하시겠습니까?

용석　　I want to leave it at the city office.

시내 지점에 반납했으면 하는데요.

직원　　No, problem. We will check it when you return it.

문제없습니다. 차를 반납하시면 그때 차를 체크하도록 하죠.

만약의 사고를 대비해서 보험에 가입하는 것이 좋다. 사고가 발생하면 과
실에 따라 자기 부담금이 결정되고 나머지는 보험 처리된다. 보험료가 너
무 저렴한 보험은 사고 발생 시 전액 보상을 받지 못할 수 있으니 보험료
가 조금 높은 보험에 가입하도록 하자.

용석　　Should I take out insurance separately?

보험은 따로 가입해야 합니까?

직원　　Yes. It's ten dollars a day.

그렇습니다. 보험료는 하루에 10달러입니다.

용석　　How much money will I receive if I have an accident?

만약 사고가 났을 때 보상받을 수 있는 한도액이 얼마인가요?

직원　　The maximum compensation you can receive is
twenty thousand dollars.

최고 20,000달러까지 보상받을 수 있습니다.

용석　　How much do I have to pay for fifty thousand dollars
maximum compensation?

50,000달러 정도까지 보상받는 건 보험료가 얼마죠?

직원　　Fourteen dollars a day.

하루에 14달러입니다.

용석　　Alright. I'll take it.

좋습니다. 그럼 그것으로 해주세요.

I want to get insurance.

보험에 들고 싶습니다.

Does the price include insurance?

대여료에 보험이 포함됩니까?

Does it include petrol?

연료비가 포함된 겁니까?

Please tell me how to drive this car.

이 차의 조작법 좀 알려주세요.

In case of trouble, what number should I call?

문제가 생기면 어디로 연락하나요?

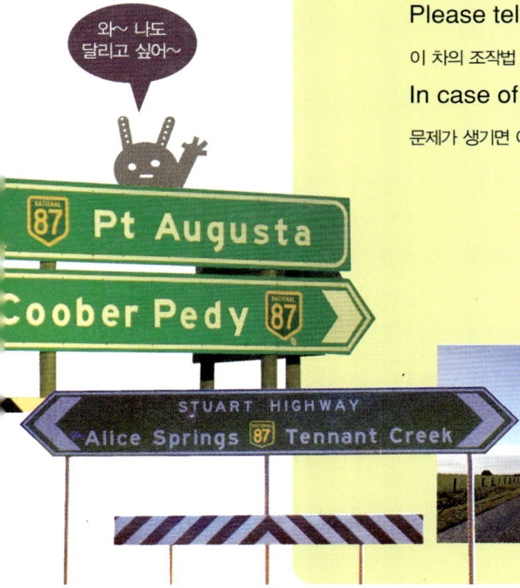

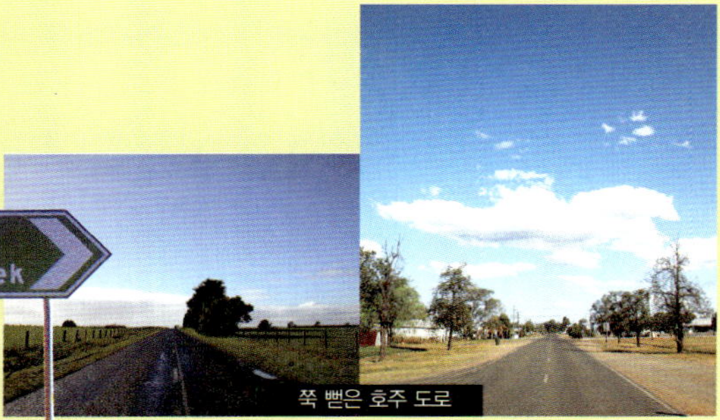

쭉 뻗은 호주 도로

직원	Hi. This is AVIS Central office. Susan speaking.
	안녕하세요. AVIS 중앙 지점의 수잔입니다.
용석	Hello. This is Tommy. I think there are some problems with the car. What should I do?
	네, 저는 토미라고 합니다. 제 생각에 차에 문제가 조금 있는 것 같습니다.
	어떻게 하죠?
직원	Could you tell me what the problem is?
	어떤 문제가 있는지 말씀해주시겠어요?
용석	I can't start the engine. I don't know why.
	시동이 걸리지 않아요. 왜 그런지 모르겠어요.
직원	Okay. Do you know where you are row?
	알겠습니다. 지금 어디에 있는지 알고 계십니까?
용석	In the middle of Central Park I think.
	제 생각에는 중앙 공원 가운데 있는 것 같아요.
직원	Alright. Our mechanic will be there soon. Thanks.
	알겠습니다. 자동차 정비사가 곧 갈 거예요. 감사합니다.

road map 도로 지도
express way 고속도로
toll road 유료 도로
intersection 교차점
parking lot 주차장
one-way 일방통행
no passing 추월 금지
road closed 통행 금지
no parking 주차 금지
accident 사고
slow 서행

Part 7

외국에서 생활하다 보면 아무리 조심하고 주의해도 예상치 못한 상황이 벌어질 수 있다. 짐을 잃어버린다든지 사고가 난다든지 하는 경우가 그렇다. 이런 돌발 상황에 부딪히면 당황하기 마련인데 그럴 때일수록 최대한 마음을 가라앉히고 차분하게 해결 방법을 생각해보자.

문제 상황 해결하기

1. 길을 잃거나 물건을 분실했을 때

길을 잃었을 때

숙소에 짐을 풀고 주변을 둘러보러 나갔다가 길을 잃어버리는 경우가 종종 있다. 다 커서 길을 잃어 집을 못 찾는다는 게 말이 되나 싶겠지만 집 모양이 비슷비슷하기 때문에 그럴 수도 있다. 외곽 지역에 있는 타운 하우스는 수십 채에서 수백 채를 한 번에 짓기 때문에 집 모양이 거의 흡사하다. 만일의 경우를 대비해 집 주소와 전화번호를 수첩에 적어 가지고 다니자.

호스트 명함

유닛

용석	Could you tell me your address and phone number?
	주소와 전화번호를 말씀해주시겠어요?
호스트	Sure. My address is 45 Station Rd, Hillston, 4063. And my phone number is 0432 369 007.
	그래요. 힐스톤, 스테이션 로드 45번지, 4063이 우리 집 주소예요. 그리고 제 휴대폰 번호는 0432 369 007이고요.
용석	I'm sorry, but I'm having trouble understanding you. Could you please write it down here?
	죄송합니다만, 잘 못 알아듣겠네요. 여기에 좀 적어주시겠습니까?

길을 잃었을 때는 지나가는 사람에게 집 주소를 보여주고 물어보면 친절하게 대답해준다.

용석	Excuse me. I'm lost. I don't know where I am.
	실례합니다. 길을 잃었는데, 제가 어디에 있는지 모르겠네요.
행인	Oh, really? Where do you want to go?
	아, 그래요? 어디를 가고 싶으신데요?
용석	Well, could you tell me how I can get to this address?
	음, 그러면 이 주소지로 어떻게 가야 하는지 말씀해주시겠어요?
행인	Oh, Adelaide Street! That's not far from here. I'll take you there.
	아, 애들레이드 거리요. 여기서 그리 멀지 않답니다. 제가 데려다 드릴게요.

What street is this?

이 거리 이름이 뭐죠?

Could you tell me where the police office is?

여기 경찰서가 어디에 있나요?

I don't know what to do.

제가 어떻게 해야 할지 모르겠습니다.

You're headed in the wrong direction.

잘못된 방향으로 가고 계시네요.

Should I turn around and go back?

제가 되돌아가야 하나요?

주택가에는 지나다니는 사람들이 별로 없을 때가 많다. 주변에 물어볼 사람이 없을 때는 호스트에게 전화를 걸어 자기가 있는 거리 이름과 번지를 알려주자. 호스트가 직접 데리러 오거나 택시를 보내줄 것이다.

호스트	Hello? Liz speaking.
	여보세요? 리즈입니다.
용석	Hey, Liz. This is Tommy. I'm lost. I don't know

where I am.

호스트　Really? Don't worry. Can you find a traffic sign or street name?

용석　Okay, let me check. I found the street name and a number here. 42 Spencer Street.

호스트　Alright. Please stay there. I'll pick you up now.

용석　Okay, thanks.

가방을 도둑맞았을 때

백팩커에 있다 보면 소지품이나 배낭을 도둑맞는 사람들을 가끔 보게 되는데 자기 물건은 자기가 잘 챙겨야 한다. 사물함이 없는 곳이 많기 때문에 밖에 나갈 때는 소지품을 모두 큰 가방 속에 넣고 자물쇠를 꼭 채우도록 한다. 간혹 가방째 훔쳐 가는 용감무쌍한 도둑들도 있으니 중요한 물건은 작은 가방에 넣어 휴대하는 것이 좋다. 지갑, 여권, 항공권, 여행자수표, 디지털 카메라, MP3 등은 휴대용 가방에 넣어 항상 들고 다니고 지

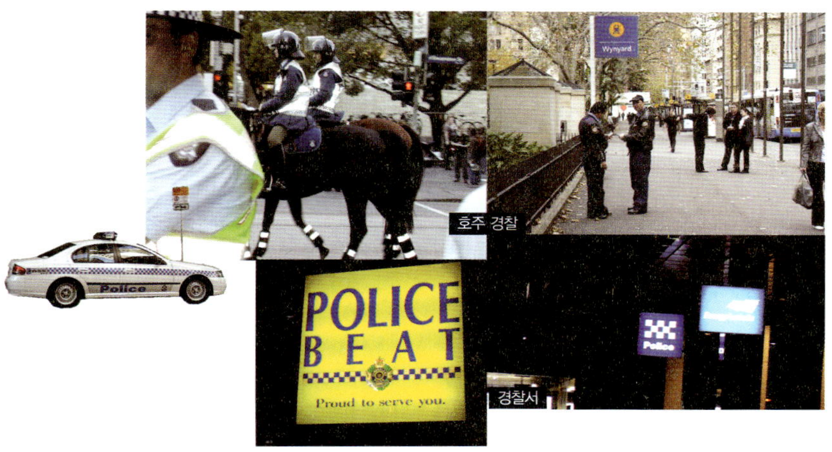

갑 속에는 당장 쓸 현금만 넣고 다니자.

물건을 잃어버리게 되면 되도록 아무것도 건드리지 말고 숙소 직원에게 가서 Please call the police. My bag was stolen.(경찰을 불러주세요. 가방을 도둑맞았어요)라고 말한다. 돈이나 여권, 항공권 등을 잃어버렸을 때는 반드시 분실 신고서Lost Article Report를 작성한 후 분실 확인 증명서Lost Article Certificate를 발급받도록 하자.

경찰	**What can I do for you?**
	무엇을 도와드릴까요?
용석	**I lost my bag and my passport. What should I do now?**
	가방이랑 여권을 잃어버렸어요. 어떻게 하면 될까요?
경찰	**When and where did you lose it?**
	언제 어디서 잃어버렸나요?
용석	**Just a couple of hours ago at the Backpacker's Hostel.**
	백팩커에서 불과 몇 시간 전에요.
경찰	**Okay. Please fill out this form first.** **And you'd better get your passport reissued.**
	알겠습니다. 우선 이 서류를 먼저 작성해주시겠어요?
	그리고 여권은 재발급받도록 하세요.
용석	**Alright. Are you able to tell me the way to the Korean Embassy?**
	알겠습니다. 혹시 한국 대사관에 어떻게 가는지 알고 계신가요?
경찰	**Here's the address and phone number.** **And this is the letter of acceptance.** **Please keep this one.**
	여기 주소와 전화번호가 있습니다. 그리고 이것은 분실 확인
	증명서예요. 잘 가지고 계세요.

어처구니없게도, 여행 중 가방을 내려놓고 전화를 하거나 잠깐 한눈판 사이 가방을 도둑맞기도 한다. 그런 일을 당하거나 그런 상황을 목격하면 무조건 큰 소리로 Thief! Catch him!(도둑이야! 저놈 잡아래) 하고 소리치자. 주변에 사람이 있다면 도와줄 것이다.

★신분증(여권, 국제 운전 면허증, 호주 학생증, 국제 학생증), 중요 서류, 번호들은 분실 시를 대비해 따로따로 보관하도록 한다.

혹시 길에서 강도를 만난 경우에는 지갑을 꺼내준답시고 안주머니에 손을 넣지 않도록 주의해야 한다. 무기나 총을 꺼내는 것으로 오해받아 해를 당할 수도 있다. 하지만 호주가 관광 대국이고 치안 상태가 좋은 편이기 때문에 이런 일을 당할 염려는 크게 하지 않아도 된다.

여권을 분실했을 때

여권을 분실해서 재발급을 받으려면 먼저 가까운 경찰서에서 분실 확인 증명서를 발급받아야 한다. 여권을 잃어버렸다고 말하면 몇 가지 물어본 뒤 바로 발급해준다.

용석	Excuse me. Can I get a Lost Article Certificate?
	실례합니다만, 분실 확인 증명서를 받을 수 있을까요?
경찰관	Sure. Did you fill out a report?
	물론이지요. 분실 신고서는 작성하셨나요?
용석	Yes. Here's the report.
	네. 여기 있습니다.
경찰관	Thanks. Please wait here.
	고마워요. 여기서 좀 기다려주세요.

필요한 서류들을 가지고 한국 대사관이나 총영사관을 찾아가서 여권 발급 신청서를 작성하면 2~3주 뒤에 여권을 받을 수 있다. 신청서를 쓰려면 분실한 여권 번호와 교부 일자를 알아야 하니 한국에서 가져간 여권 사본도 꼭 챙겨가도록 하자.

직접 영사관에 찾아갈 수 없을 때는 구비 서류를 우편으로 보내면 되는데, 반송용 봉투(본인의 여권을 되돌려받을 때 필요한 봉투. 우체국에서 등기우편registered mail 봉투를 사서 받는 사람란에 본인 이름과 주소를 영문으로 기재)도 같이 넣어 보낸다. 여권 재발급 및 연장 수수료는 반드시 우체국에서 전신환money order을 발급받아(수취인: Korean Consulate) 동봉해야 한다.

보낼 주소 Consulate General of the Republic of Korea G.P.O. Box 1601, Sydney, NSW 2001

1. 여권 발급 신청서

   영사관 홈페이지 여권란에서도 다운받을 수 있다.

2. 분실자는 여권 분실 경위서를 작성, 멸실 및 훼손인 경우는 여권 재발급 사유서 작성

   사진 3매: 필히 최근 6개월 이내에 촬영한 여권용 사진(3.5cm x 4.5cm)

   영사관 홈페이지 여권란에서도 다운받을 수 있다.

3. 비자 증빙 서류로 다음 중 한 가지 제출

   입학 허가서Confirmation of Enrollment(CoE): 학생 비자

   학교 재학 증명서: 학생 비자

   워킹홀리데이 비자 승인 메일: 워킹홀리데이 비자

4. 호적 등본 1통: 군 미필 남자만

   12년에는 1996~1998년 출생자에 한함.

   13년에는 1997~1999년 출생자에 한함.

5. 주민등록증 또는 한국 운전면허증

6. 분실자는 경찰에 신고한 후 받은 Event No.

7. 수수료: A$83(8세 미만은 A$53)

※최근 5년 동안 2회 이상 분실자는 수사 기관에 수사 의뢰되며, 여권을 발급하는 데
   상당한 기간이 소요된다.

1. 소지하고 있는 여권

2. 여권 기재 사항 변경등신청서

   영사관 홈페이지 여권란에서도 다운받을 수 있다.

3. 사진 2매: 필히 최근 6개월 이내에 촬영한 여권용 사진(3.5cm x 4.5cm)

4. 비자 증빙 서류로 다음 중 한 가지 제출

   입학 허가서Confirmation of Enrollment(CoE): 학생 비자

   학교 재학 증명서: 학생 비자

   워킹홀리데이 비자 승인 메일: 워킹홀리데이 비자

5. 호적 등본 1통

   12년에는 1996~1998년 출생자에 한함.

   13년에는 1997~1999년 출생자에 한함.

6. 수수료: A$23

※여권 페이지 5에 아무런 기재 사항이 없거나 여권 페이지 5에 연장을 한 적이 없는
   경우 여권 연장이 가능하다.

항공권을 분실했을 때

항공권을 분실하면 해당 항공사 지점을 찾아가 수수료를 내고 재발급을
신청한다. 재발급을 하려면 항공권 번호, 발권 일자, 여행 구간 등을 알아
야 하니 항공권 사본을 지참한다. 만일 복사본도 없그 따로 적어놓은 내
용도 없다면 항공권을 구입한 유학원이나 여행사에 군의하자. 항공권 사
본이 있으면 당일에도 재발급받을 수 있지만 사본이 없으면 2~3일 정도
시간이 소요된다. 재발급받는 수수료는 대략 A$50~A$100(요즘은 대부분
e-ticket으로 발행하기 때문에 온라인으로 재출력하면 된다).

★**항공권 사본**

항공권을 스캔해서 개인 이
메일에 저장해놓는다.

직원	**Hi. What can I do for you?**
	안녕하세요. 무엇을 도와드릴까요?
용석	**I lost my flight tickets. What shou d I do?**
	항공권을 분실했거든요. 어떻게 하면 되죠?
직원	**Really? Did you make a copy of your tickets before?**
	그래요? 혹시 전에 항공권 사본을 만들어두셨나요?
용석	**Yes. Here it is. / No. I don't have one.**
	네, 여기 있습니다. / 아니오, 없어요.

은행 카드를 분실했을 때

신용카드를 분실한 경우에는 되도록 빨리 해당 신용카드 회사에 전화를
걸어 분실 신고를 해야 한다. 자기가 찾아보다가 없으면 나중에 신고하는
사람들이 많은데, 혹시 도난당한 경우라면 그 사이 훔쳐간 사람이 카드를
사용할 수 있기 때문에 분실 사실을 발견하는 즉시 신고하는 것이 좋다.

호주에서 발급받은 현금 카드를 분실했을 때는 여권을 가지고 은행에 가
서 재발급을 신청한다. 재발급받는 데 1주일 정도 걸린다.

직원	**Hi. What can I do for you?**
	안녕하세요. 무엇을 도와드릴까요?
용석	**I lost my bank card a couple of hours ago. What should I do?**
	제가 몇 시간 전에 현금 카드를 분실했거든요. 어떻게 하면 되죠?
직원	**Oh, yeah? Can I see your passport?**
	아, 그래요? 여권 좀 보여주시겠어요?

용석	Yes. Here it is.
	네, 여기 있습니다.
직원	I just cancelled your previous card. Would you like to have a new bank card?
	방금 카드를 정지시켰습니다. 새 현금 카드를 받으시겠어요?
용석	Yes, please.
	네, 그렇게 해주십시오.

은행 거래 내역서

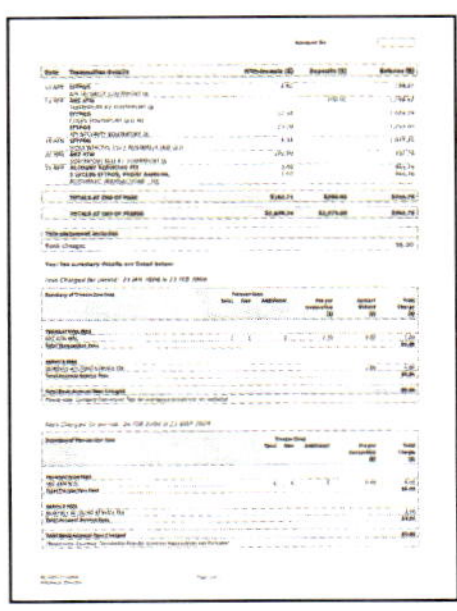

여행자 수표를 분실했을 때

여행자 수표를 분실한 경우에는 여행자 수표를 구매했을 때 받은 분실 센터 연락처로 전화하면 보상받을 수 있다. 여행자 수표를 구매한 은행이 현지에 지점이 있을 때는 그쪽으로 직접 방문해도 보상받을 수 있다.

분실 신고를 할 때는 반드시 사용한 수표와 사용하지 않은 수표를 구분해서 신고해야 한다. 평소에 수표를 사용하고 나면 사용한 수표의 번호를 따로 기록해놓도록 하자. 수표 발행 은행 지점에 가서 신고를 할 때는 여권, 분실 확인 증명서(경찰서 발행), 수표 발행 증명서(수표 구입 시 은행에서 준 것)를 가지고 가야 한다.

직원	Hi. What can I do for you?
	안녕하세요. 무엇을 도와드릴까요?
용석	I lost my traveler's checks a couple of minutes ago. What should I do?
	제가 몇 분 전에 여행자 수표를 분실했거든요. 어떻게 하면 되죠?

직원	Oh, yeah? Do you have the receipt? Or do you know the numbers of your traveler's checks?
	아, 그래요? 영수증을 가지고 있나요? 아니면, 여행자 수표 번호를 알고 있는지요?
용석	Yes. I've got the receipt and I can see the numbers.
	네, 영수증을 가지고 있고요. 번호도 알고 있습니다.
직원	Okay, good. Let me check your passport number and your name first. And I will cancel your checks. What's your name?
	알겠습니다. 우선 여권 번호와 이름을 확인한 뒤, 수표를 정지시키도록 하겠습니다.
용석	My name is Yong Seok.
	제 이름은 용석입니다.

These are the numbers of my traveler's checks.

여행자 수표 번호입니다.

2. 교통사고가 났을 때

호주는 도로 주행 방향과 운전석 방향이 우리나라와 반대다. 길을 건널 때는 항상 오른쪽을 보면서 차가 오는지 확인하고, 한국에서 운전을 했더라도 호주 도로 사정에 익숙해지면 그때 차를 운전하도록 하자.

운전 경력이 있는 사람은 차를 렌트해서 여행을 하는 경우가 많은데, 차에 익숙하지 않은데다 들뜬 기분에 순간 방심해서 사고가 나기도 한다.

사고가 나면 가장 먼저 경찰에 신고부터 하자. 예의상 상대방에게 I'm sorry.(미안합니다)라고 말하면 스스로 과실을 인정하는 것이 될 수 있으므로 경찰의 과실 판정이 있기 전에는 그런 말을 하지 않도록 한다. 상대방의 과실이라 생각되면 It's not my fault.(제 잘못이 아니에요)라고 분명히 말한다.

상대방	Hey, what have you done?
	이봐요? 이게 뭐예요?
용석	I think you were responsible. Please think about it. You would have hit my car here if it were my fault, but you hit this part of my car because you didn't see it. Don't you think that's what happened?
	제 생각에는 당신 잘못인 것 같습니다. 생각해보세요 만약 제 잘못이라면 당신이 이 부분을 받았어야 합니다. 하지만 당신 차가 제 차 이쪽을 받았어요. 제 차를 보지 못했기 때문이지요. 그렇게 생각하지 않나요?
상대방	No! It wasn't my fault.
	아니에요! 제 잘못이 아니에요.
용석	Do you have a driver's license?
	운전면허증은 가지고 계신가요?
상대방	Sure. What about you?
	물론이죠. 당신은요?
용석	Same here. Can you show me your driver's license?
	물론 가지고 있습니다. 운전면허증 좀 보여주시겠습니까?
상대방	There's no reason why not!
	물론이에요.
용석	Okay, good. Now I'll call the police office. Is that okay?
	좋습니다. 그럼 제가 경찰에 전화하도록 하지요. 괜찮겠지요?

| 용석 | Hello! Is this the police office? |
| 여보세요? 거기 경찰서죠? |

| 경찰 | Yes. What can I do for you? |
| 네. 무엇을 도와드릴까요? |

| 용석 | I was just involved in a car accident. |
| 사실 제가 지금 자동차 사고가 났거든요. |

| 경찰 | Okay. Where are you now? |
| 네. 어디죠? |

| 용석 | Just next to the Flinders Street station. |
| 플린더스 스트리트 역 바로 옆입니다. |

| 경찰 | Okay. We will be there soon. |
| 알겠습니다. 금방 가도록 하겠습니다. |

You made a sudden stop.

당신이 급제동을 했잖아요.

Your car ran into my car!

당신 차가 내 차를 들이받았잖아요.

My car broke down.

제 차가 고장 났어요.

I hit the guardrail.

도로의 가드레일을 들이받았어요.

Please also send a tow truck.

견인차도 보내주세요.

경찰이 조사하는 과정을 잘 지켜보다 만일 과실 판정이 공정하지 않다고 판단되면 나중에 한국 대사관이나 총영사관에 연락해서 도움을 요청한다. 보험에 가입되어 있으면 과실 여부에 따라 보험 처리되며 경찰서에서 바로 보험 회사로 연락을 취한다.

| 경찰관 | Was anyone hurt? |
| 다친 사람은 없습니까? |

용석	No one was seriously hurt.
	심하게 다친 사람은 없습니다.
경찰관	That's good. What happened?
	다행입니다. 무슨 일이 있었던 거죠?
용석	I just turned right at that corner at a green light, but he didn't see my car and he hit it here.
	파란불일 때 저쪽 코너에서 우회전을 했죠. 그런데 저쪽 운전자가 내 차를 보지 못하고 여기를 박았어요.
경찰관	Okay. Could you show me your driver's license and registration card?
	좋습니다. 먼저 운전면허증과 차량 등록증을 보여주시겠어요?
용석	No problem. And may I have an accident report after you check it?
	그러죠. 확인이 끝나면 사고 증명서를 좀 떼어주시겠습니까?

몸을 다친 경우에는 먼저 병원에서 응급 처치를 받은 후 경찰이 사고 경위에 대해 조사하는데, 의사소통이 잘 안 되고 사고로 정신이 없다 보니 억울하게 자신의 과실로 인정되는 경우가 많다. 영어로 상황을 잘 설명할 수 없을 것 같으면 통역사를 불러 정확하게 조사받도록 한다.

Are you insured?
보험에 가입하셨나요?

Please call the simultaneous interpreter.
동시 통역사를 불러주세요.

Could you take me to a hospital?
저를 병원으로 데려가 주시겠습니까?

I was hit by a car.
차에 치였습니다.

Please call an ambulance.
구급차를 불러주세요.

Part 8

한국으로 돌아갈 준비가 되었는가? 무엇이든 마무리가 중요한 법이다. 부지런히 움직여서 환급받을 세금이 있으면 환급받고, 호주에 있는 동안 자신을 걱정해준 부모님, 친구들에게 고마움을 표시할 선물도 준비하자.

호 주 에 서
홀 로 서 기
SURVIVAL
ENGLISH
귀국 준비
내 꿈은
계속된다

1. 세금 환급

호주에서 합법적으로 일을 하고 비자법에 맞게 세금을 납부했다면 매년 6월 말에 세금을 환급받을 수 있는데 만약 한국에 돌아오는 시기가 6월 이전이라면 택스 오피스에 환급 신청을 하고 돌아와야 한다. 세금을 환급받을 때는 현지 회계사 사무실에 찾아가서 상담을 받고 환급 신청을 해야 확실하게 받을 수 있다.

워홀 메이커들은 환급액을 잘 따져보고 신청하도록 하자. 워킹홀리데이 비자는 세금 신고가 비거주자non-residents로 분류되기 때문에 총수입의 29%에 해당하는 금액을 세금으로 내야 한다. 자기가 낸 세금이 29% 미만인데 세금 환급 신고를 하면 오히려 세금을 더 내야 하고 29% 이상 낸 경우에만 환급을 받을 수 있다.

용석	I'd like to receive my tax refund now because I'll go back to Korea soon.
	제가 곧 한국으로 돌아가는데, 세금을 환급받고 싶습니다.
회계사	What sort of visa do you have?
	비자가 뭐죠?
용석	I've got a student visa.
	학생 비자입니다.
회계사	Okay. Do you have your passport, tax file number, group certificate and payment summary now?
	알겠습니다. 지금 여권과 택스 파일 번호, 기업 증명서 또는 급여 내역서를 가지고 있나요?
용석	Yep. Here they are.
	예. 여기 있습니다.

회계사	Please write the bank details for your account in your country down here.
	여기에 본국에 있는 은행 디테일을 적어주세요.
용석	Okay.
	알겠습니다.
회계사	You can receive your tax refund in two or three months if your tax return is processed now.
	지금 신청하면 대략 2~3개월 후에 환급받을 수 있을 겁니다.

한국에 돌아오기 한 달 전에 구입한 물건에 대해서도 GST를 환급받을 수 있다. 공항에서 비행기를 타기 전, 면세 구역 내 Tourist Refund Scheme(TRS) 마크가 붙어 있는 곳에 가면 신용카드, 은행 카드로 환급해준다. 환급을 받으려면 한 상점에서 산 상품의 금액이 A$300 이상이어야 하므로 만일 어제 A$150치 구입하고 오늘 같은 상점에서 A$150치 구입했다면 주인에게 영수증(세금 청구서) 2장을 1장으로 통합해달라고 말한다. A$1,000 이상의 영수증인 경우에는 그 상점의 대표 이름, 주소 등의 정보가 기재되어 있어야 한다.

★GST
물건을 구입할 때 10% 정도씩 붙는 세금

I would like to refund the GST.

GST를 환급받고 싶은데요.

GST를 환급받을 수 있는 경우

1. 호주 떠나기 30일 안에 구입
2. 한 상점에서 A$300 이상 구입(세금 포함)
3. 구입한 뒤 현재 소지하고 있는 상품
   (옷, 보석, 장신구류, 카메라, 신발, 기념품, 프도주 등)

GST를 환급받을 때 필요한 것

여권, 탑승권, 구입한 상품, 세금 청구서(GST)

2. 이삿짐 정리하기

짐을 정리하다 보면 처음 호주에 왔을 때보다 짐이 30~40% 늘어나 있는 것을 발견할 것이다. 짐이 너무 많을 경우에는 전부 한국으로 싸들고 가는 것보다 호주에서 적당히 처분하고 가는 것이 낫다. 지인에게 나눠주든, 중고로 팔아 노잣돈에 보태든.

사용하던 가전제품이나 가구는 학생들이 많이 보는 인터넷 사이트나 교민 잡지에 광고를 내거나 학교, 마켓, 유학원 등에 있는 알림판에 광고문을 붙여 팔 수 있다. 중고로 구입한 물건들은 큰 손해를 보지 않고 팔 수 있지만 새 것으로 구입했다면 40% 이상 싸게 팔아야 한다. 침대, 책상, 밥통, 노트북, TV 등이 잘 팔리는 편이다.

교민 잡지

나는 집을 렌트해서 생활했기 때문에 가구와 가전제품이 많았다. 한국에 들어오기 20일 전부터 물건을 판다고 광고를 했는데, 나처럼 집을 렌트해서 살려고 하는 사람들이 많아 금방 물건들을 처분할 수 있었다.

Can I put a poster up here to show I've got some stuff for sale?

여기에 물건 판매 포스터를 붙여도 되겠습니까?

Do you know anybody who wants to buy second hand furniture?

중고 가구를 사려는 사람을 혹시 알고 있나요?

I'd like to sell my chair.

의자를 팔려고 합니다.

지금 당장 필요한 물건들만 빼고 나머지 짐들은 우체국이나 해외 이삿짐 업체를 통해 선박편으로 한국에 보내는 방법도 있다. 선박으로 보낸 짐은 한 달 보름 정도 뒤에 받아볼 수 있다. 선박으로 짐을 보낼 때 중요한 물건이라면 보험에 가입하자. 보험료는 비싸지 않은 편이다.

짐이 많으면 이삿짐 업체를 통해 컨테이너 박스로 보내고 워홀 메이커나 학생들처럼 짐이 많지 않은 경우엔 우체국 우편으로 보내자.

★우체국 홈페이지
www.austpost.com.au

직원	Good morning. International Moving Company. Susan speaking.
	안녕하세요. 국제 이삿짐 업체의 수잔입니다.
용석	Hi. I'd like to ship some packing boxes to Korea.
	안녕하세요. 한국으로 이삿짐을 보내고 싶어서요.
직원	Alright. When are you planning to ship them?
	그러시군요. 언제쯤 보낼 예정이죠?
용석	Tomorrow morning. Is that okay?
	내일 아침에요. 괜찮은가요?
직원	Sure, but we have to check your packages first. Could you tell me your address? We'll visit your home tomorrow morning.
	물론입니다. 하지만 먼저 보낼 짐을 체크해야 합니다 집 주소를 알려주시겠습니까? 저희가 내일 아침에 방문하도록 하지요.

3. 예약 상황 체크하기

한국으로 돌아가기 3~4일 전에는 항공 스케줄을 확인해야 한다. 항공사에 전화를 하거나 직접 찾아가서 예약을 재확인하자.

> I'd like to confirm my reservation.
>
> 예약을 확인하려고 합니다.
>
> What's your reservation number?
>
> 예약 번호를 알려주시겠습니까?
>
> Could you tell me your full name and flight number, please?
>
> 이름과 항공편명을 알려주시겠습니까?
>
> QF 360 for Narita airport, Japan, on the 11th of October.
>
> 10월 11일 일본 나리타행 QF 360편입니다.
>
> Your reservation is confirmed.
>
> 확약되었습니다.

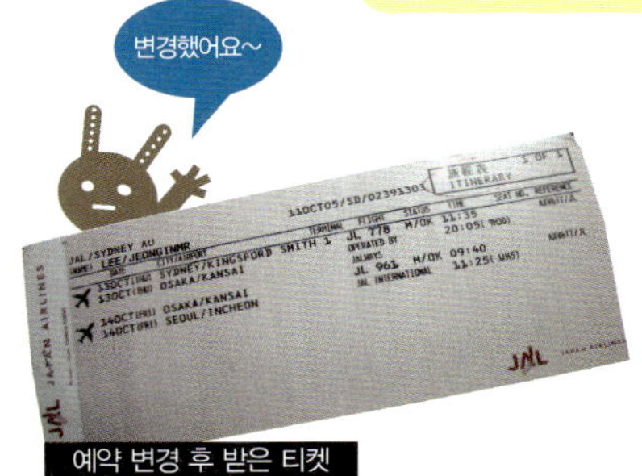

예약 변경 후 받은 티켓

출발하는 날짜를 바꿀 수도 있는데, 항공사에 따라 추가 요금을 지불해야 하는 곳도 있다. 7~8월과 1~2월은 최성수기이기 때문에 출국을 원하는 날짜에 여유 좌석이 없을 수 있다. 이때 출국을 원한다면 2~3개월 전에 미리 예약하도록 하자. 출발지는 변경이 안 되는 경우가 많다.

"

직원	How can I help you?
	무엇을 도와드릴까요?
용석	Could I change my departure date on my flight ticket?
	비행기 출발 날짜를 바꿀 수 있나요?
직원	Of course. When do you want to leave Brisbane?
	물론입니다. 브리즈번에서 언제 떠날 예정이죠?
용석	I'd like to depart on the 1st of March, 2007.
	2007년 3월 1일에 떠나고 싶습니다.
직원	I'm sorry. There are no vacant seats on that flight. What about the 4th of March, 2007?
	글쎄요. 이때는 자리가 꽉 찼습니다. 2007년 3월 4일은 어떤가요?
용석	That would be fine. Would you please make a reservation for that day?
	좋아요. 그날로 예약해주시겠습니까?
직원	No problem. It's done.
	알겠습니다. 다 됐습니다.
용석	Thank you.
	감사합니다.

★**항공사 전화번호**

●콴타스 항공
전지역: 13-13-13

●JAL 항공
대표: 1300-525-287
시드니: 02-9272-1111
브리즈번: 07-3229-9916
멜버른: 03-8662-8333

●대한항공
시드니: 02-9262-6000
브리즈번: 07-3226-6000
멜버른: 03-9920-3853

●캐세이패시픽 항공
전지역: 131-747

Can I put my name on the waiting list?
대기자 명단에라도 이름을 올려주시겠어요?

만약 스케줄을 바꿔 경유지에서 며칠 머물고 싶다면 항공 스케줄을 변경할 때 I'd like to stop over in Japan.(일본에서 스톱오버를 하고 싶습니다)라고 말한다. 항공사에 따라 스케줄 조절만으로 스톱오버를 할 수 있는 경우도 있고 추가 수수료를 지불해야 가능한 경우도 있다. 아예 스톱오버가 불가능한 항공권도 있으니 한국에서 항공권을 예약할 때 조건이 어땠는지 확인해보자.

★**스톱오버**
JAL 항공의 경우 처음 예약할 때 스톱오버를 원한다고 하면 스톱오버가 가능한 티켓으로 발권해준다. 단, 비용이 10만 원 추가된다.

4. 공항에서

여유 있게 출국 수속을 하려면 늦어도 출발하기 2시간 전에는 공항에 도착해야 한다. 항공권에 표기된 비행기 출발 시간을 잘 확인하고 준비하도록 하자. 항공사에서는 보통 시간을 표기할 때 오후 4시를 16시로 표기하는데, 간혹 16시를 오후 6시로 착각해서 4시까지 가는 사람들이 있다.

출국 수속하기

호주 공항의 공항세는 항공권 구입 시 지불되기 때문에 공항에서 따로 내지 않아도 된다.

공항에 도착하면 곧바로 이용 항공사의 체크인 데스크를 찾아가자.

데스크 항공사 직원에게 여권과 항공권을 주면 탑승권을 주고 수화물 가방을 부쳐준다.

Could you please tell me where the JAL check in counter is?

JAL 항공사의 체크인 카운터가 어디입니까?

브리즈번 공항

용석	Hi. Here's my passport and ticket.
	안녕하세요. 여기 여권과 항공권이 있습니다.
직원	Thanks. Did you have a nice time in Australia?
	고마워요. 호주에서 좋은 경험 많이 했나요?
용석	Yes, I did. Maybe someday I'll be back here.
	네, 그럼요. 아마도 언젠가 다시 돌아올 거예요.
직원	That sounds good.
	좋군요.
용석	Can I have a window seat, please?
	창문 쪽 자리에 앉고 싶은데요.
직원	Okay, no problem. How many bags do you have?
	알겠습니다. 문제없습니다. 가방이 몇 개죠?
용석	I have two.
	두 개입니다.
직원	Good. Here's your boarding pass, claim tag and passport.
	좋습니다. 여기 탑승권과 수화물 보관증, 여권입니다.
용석	Thank you very much.
	정말 감사합니다.

스톱오버를 하지 않고 경유지에서 바로 비행기를 갈아타는 경우에는 일반적으로 수화물은 한국까지 바로 수송되는데 간혹 스케줄에 따라 경유지에서 찾아야 하는 경우도 있다. 수화물을 보낼 때 한번 확인해보자. 경유지에서 며칠 여행하기 위해 스톱오버를 할 때는 경유지에서 수화물을 찾아 가지고 다녀야 한다.

직원	Do you have any luggage?
	가방이 있습니까?
용석	I have two pieces of luggage here.
	여기 두 개 있습니다.
직원	Is this all carry-on?
	이 가방을 모두 가지고 타실 건가요?
용석	No, only this one. Could I ask you something?
	아니요. 이것만요. 그리고 뭐 좀 물어봐도 될까요?
직원	Sure.
	물론이죠.
용석	I don't need to collect this luggage when I transfer, do I?
	경유할 때, 이 가방은 찾지 않아도 되는 거죠? 제 말이 맞습니까?
직원	No. You can collect it in Seoul.
	맞습니다. 서울에서 찾으실 수 있습니다.
용석	Thanks.
	감사합니다.

수화물을 보내고 탑승권을 받았으면 출국 신고서를 작성해서 출국 수속하는 곳으로 들어가면 된다.

Where can I get a departure form?

출국 신고서를 어디서 받을 수 있죠?

When is the boarding time?

탑승 시간은 언제인가요?

Why is boarding delayed?

왜 탑승이 늦어지나요?

Your flight will be delayed.

비행기가 연착되었습니다.

How long will it be delayed?

얼마나 지연되는 거죠?

Can I carry this onto the plane?

이걸 기내로 가져가도 되나요?

How many bags do you have?

가방을 몇 개 가지고 계신가요?

How much is the charge for exceeding the weight limit?

중량 초과 요금은 얼마인가요?

Can I take this with me?

이 가방은 제가 가지고 갈 수 있나요?

You have to collect your luggage when you transfer.

경유할 때, 수화물을 다시 찾으셔야 합니다.

What's the weight limit?

무게 제한이 얼마인가요?

You have to pay an extra charge.

추가 요금을 내셔야 합니다.

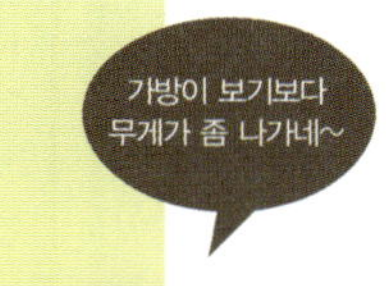

출국 신고서

주요 항목 설명

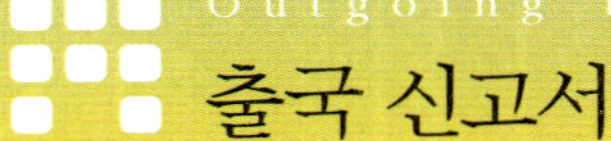

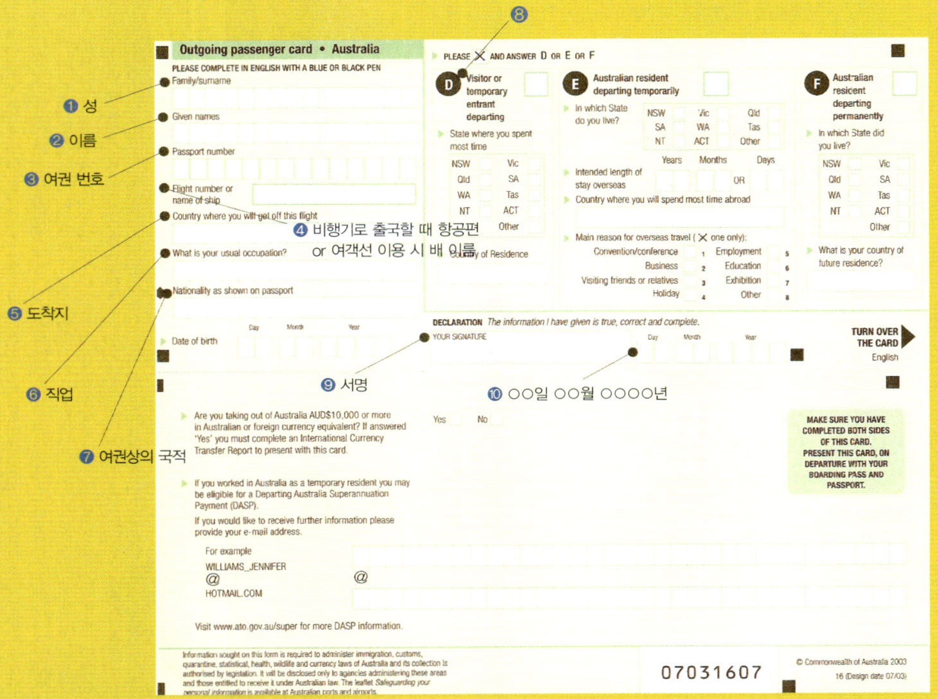

❶ 성
❷ 이름
❸ 여권 번호
❹ 비행기로 출국할 때 항공편 or 여객선 이용 시 배 이름
❺ 도착지
❻ 직업
❼ 여권상의 국적
❾ 서명
❿ ○○일 ○○월 ○○○○년

신고서 좌측 : 여권에 기재된 내용을 토대로 기술하면 된다.

❶ Family/surname: 성 (예〉 HONG)

❷ Given names: 이름 (예〉 GIL DONG)

❸ Passport number: 여권 번호 (예〉 YP0012345)

❹ Flight number or name of ship: 비행기로 출국할 때 항공편(예〉 OZ 062) / 여객선 이용 시 배 이름)

❺ Country where you will get off this flight: 도착지 (예〉 Republic of KOREA)

❻ What is your usual occupation?: 직업 (예〉 EMPLOYEE)

❼ Nationality as shown on passport: 여권상의 국적 (예〉 Republic of KOREA)

신고서 우측 : 한국인의 경우 D만 작성한다.

❽ D Visitor or temporary entrant departing: 관광 혹은 다음 목적지로 가기 위해 잠깐 머물었던 경우 (대부분 한국 관광객은 여기에 해당)

State where you spent most time: 주 체류 지역 (예〉 SYDNEY)

신고서 하단 : 서명란

❾ YOUR SIGNATOURE: 서명

❿ DAY MONTH YEAR: ○○일 ○○월 ○○○○년

공항 면세점 이용하기

한국에 도착하면 면세점을 이용할 수 없다. 미처 선물을 준비하지 못했다면 이곳 면세점에서 선물을 사도록 하자. 호주 동전은 한국에서 환전이 안 되므로 기념으로 보관할 생각이 아니라면 선물을 살 때 동전으로 계산한다. 사실 선물을 살 때 시간적 여유가 있다면 공항 면세점보다 시티에 있는 면세점을 이용하는 것이 낫다. 제품들도 더 많고 할인 행사도 다양하게 하기 때문이다. 대부분 벌꿀, 양모 이불, 캥거루 인형, 오팔, 부메랑 등을 많이 선물한다. 경험상 부모님이나 친척 어른들은 로열젤리, 스쿠알렌, 상어 연골 같은 건강 보조 식품을 선물해 드리면 좋아하신다.

> **★ 면세점**
> 한국 면세점이 호주 면세점보다 훨씬 크고 더 저렴한 편이다.

용석	I'm looking for a gift for my parerts. Can you recommend anything?
	부모님께 드릴 선물을 찾고 있는데요. 추천해주실 만한 것이 있나요?
직원	How about this? This is a hot sale model.
	이건 어떠세요? 아주 인기 상품이에요.
용석	It looks good, but I want to buy something made in Australia.
	좋네요. 하지만 전 호주 특산품을 사고 싶어요.
직원	How about something made of wool? Take a look at this.
	양모 제품은 어떠세요? 이것 한번 보세요.
용석	Oh, it's nice. I'll take it. Is it tax-free?
	오, 좋습니다. 그걸로 하겠습니다. 면세로 되는 거죠?
직원	Sure. Would you please show me your passport?
	물론이죠. 여권을 보여주시겠습니까?

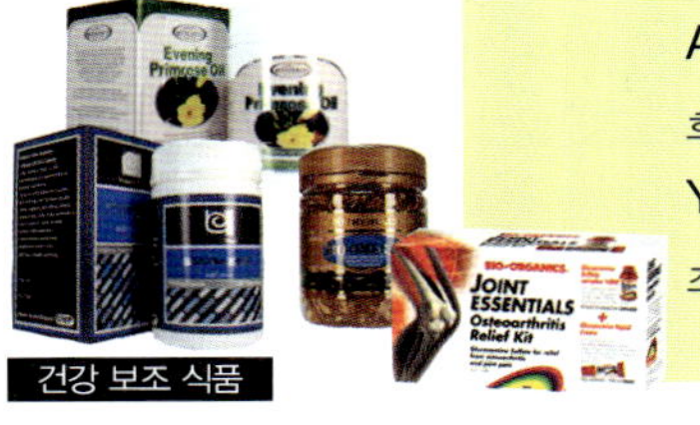

I'm looking for a gift for my friends.

친구들에게 줄 선물을 찾고 있습니다.

What are the Australian made products here?

이곳 지역 특산품은 어떤 게 있나요?

Australian honey is also nice.

호주 벌꿀도 좋습니다.

You could get a toy kangaroo for your nephew.

조카를 위한 캥거루 인형도 좋습니다.

탑승하기

면세점에서 쇼핑이 끝나면 탑승권에 적힌 탑승구(게이트)에서 기다리다가 안내 방송에 따라 탑승하자.

탑승구

콴타스 항공

승무원	Welcome, sir. May I see your boarding pass?
	안녕하십니까? 탑승권을 보여주시겠어요?
용석	Here you go. My seat number is A-3.
	여기 있습니다. 제 좌석 번호는 A-30이에요.
승무원	Your seat is at the front. This way, please.
	앞쪽이네요. 이쪽입니다.
용석	Thank you.
	감사합니다.
승무원	Are you going back to your country?
	이제 자국으로 돌아가시나 봐요?
용석	That's right.
	네, 맞습니다.
승무원	Did you have good time here?
	좋은 경험을 많이 하셨나요?
용석	Yes. It was a really valuable experience for me.
	네, 제 인생에 정말로 가치 있는 시간이었어요.
승무원	That's great. Please let me know if you need anything.
	정말 멋지네요. 필요한 게 있으면 언제든 말씀하세요.
용석	Thank you.
	감사합니다.

호주 사람들이 실제로 쓰는 표현들

같은 말도 한국 사람들이 흔히 알고 있는 표현과 호주 사람들이 사용하는 표현이 다르다.

● 너 만나는 사람 있니?
- Korean: Do you have a girl friend(boy friend)?
- Australian: Are you spoken for?

● 사실은 사실이잖아.
- Korean: The true is true.
- Australian: What true is true.

● 저를 아시나요?
- Korean: Do you know me?
- Australia: Do I know you?

● 무슨 말인지 이해가 안 돼.
- Korean: I can not understand you.
- Australia: I'm not following you.

● 요새 운동하니?
- Korean: Have you been working out?
- Australia: Do you work out?

● 오해는 마세요.
- Korean: Please, don't misunderstand me.
- Australia: Don't get me wrong.

● 잘했어.
- Korean: Good Job.
- Australia: Good on you.

● 어깨가 결리는 걸.
- Korean: I have an ache on my shoulder.
- Australia: I have a stiff shoulder.

● 그 사람은 취향이 꽤 까다로워.
- Korean: His personality is so complicated.
- Australia: He's so picky.

● 그 프로그램에 정말 질려버렸어.
- Korean: I am sick of the program.
- Australia: I'm fed up with that program.

● 그는 참 이상한 사람이야.
- Korean: He is a strange person.
- Australia: He's weird.

● 지금 너무 바쁜데.
- Korean: I'm so busy at the moment.
- Australia: My hands are tied up at the moment.

● 시간 정말 빠르지.
- Korean: Time goes fast.
- Australia: How time flies.

Korean	What kind of notes do you want have of your A$500?	● 500달러를 어떻게 드릴
Australia	How would you like your A$500?	까요?(은행 같은 곳에서)
Korean	He was out of mind.	● 그는 제 정신이 아니었어.
Australia	He was freaked out.	
Korean	What is his name? I can not remember exactly.	● 그 사람 이름이 뭐더라.
Australia	I have his name right on the tip of my tongue.	알 듯 말 듯한데.
Korean	I will help you right now.	● 내가 바로 도와줄게.
Australia	I'll be right behind you.	
Korean	I am tired of him.	● 난 그 사람이 지긋지긋
Australia	I'm sick and tired of him.	하게 싫어.
Korean	I do not decide yet.	● 난 아직 결정 못했는데.
Australia	I'm still on the fence.	
Korean	Is this seat available?	● 자리 있나요?
Australia	Is this seat taken?	
Korean	It's my family style.	● 우리 집안 내력이야.
Australia	It runs in my family.	
Korean	First come, first serve.	● 선착순입니다.
Australia	It's on a first-come-first-serve basis	
Korean	I'll pay it for you.	● 이번엔 내가 낼 거야.
Australia	This round is on me.	(밥값 등을 지불할 때)
Korean	Just now I intended to call you.	● 그렇지 않아도 전화하려고
Australia	I've been meaning to call you.	그랬어.
Korean	I need to build up my body.	● 몸을 멋지게 만들어야 해.
Australia	I've got to shape up.	(운동을 해서)
Korean	My driving exam will be soon.	● 운전면허시험이 바로
Australia	My driving test is just around the corner.	코앞인데.

호주 사람들이 실제로 쓰는 표현들

● 그녀는 언제나 티내고 다녀.

Korean	She always fancies herself.
Australia	She always shows off.

● 핵심을 말해.

Korean	Just tell me the point.
Australia	Stop beating around the bush.

● 난 저 카페 단골이야.

Korean	That is my favorite cafe.
Australia	That cafe is my hang-out place.

● 그게 바로 내가 하려던 말이야.

Korean	I agree with you.
Australia	That's exactly what I'm saying.

● 친구 좋다는 게 뭐니.

Korean	What are good things between friends?
Australia	What're friends for?

● 여기서 널 만나다니!

Korean	What does it take you here!
Australia	What brings you here!

● 그렇게 하면 뭐가 달라지니?

Korean	What is difference you do that?
Australia	What difference does it make?

● 왜 그렇게 확신하니?

Korean	Why are you so sure it?
Australia	What makes you so sure?

● 어디 가는 중이니?

Korean	Where are you going?
Australia	Where are you headed?

● 그 사람에게 데이트 신청 해봐.

Korean	Why don't you ask him to date with!
Australia	Why don't you ask him out?

● 왜 하필 오늘이지?

Korean	Why today?
Australia	Why today of all days?

● 나 오늘 저기압이야.

Korean	I feel no good.
Australia	I feel pretty low.

● 다 잘 될 거야.

Korean	Everything will be all right.
Australia	She'll be right.

호주식 표현	미국식 표현	
jumper	a woolen sweater	● 울 스웨터
arvo	afternoon	● 오후
Aussie	Australian	● 호주 사람, 호주의
barbie	barbecue	● 바비큐
chook	chicken	● 닭
durry	cigarette	● 담배
coldie	cold beer	● 차가운, 시원한 맥주
cuppa	cup of tea	● 한 잔의 차
ace	excellent	● 우수한, 훌륭한
brekky	breakfast	● 아침식사
damper	flour and water bread	● 물 빵
tucker	food	● 음식
nong	fool, idiot	● 바보
fridee	friday	● 금요일
fair dinkum	genuine	● 진짜, 정말
예) He is fair dinkum.		
cobber	good friend	● 친구
hard yakka	hard work	● 궂은 일, 중노동
gidday or g'day	hello	● 안녕
roo, boomer	kangaroo	● 캥거루
lippie	lipstick	● 립스틱
bloke	male	● 남성
brass	money	● 돈
oldies	parents	● 부모님
blue heeler	police	● 경찰
snag	sausage	● 소시지
jumbuck	sheep	● 양
cook	sick, ill	● 아픈
예) He's cook.		
loo, john	toilet	● 화장실
vegetable	vegies	● 채소
billabong	waterhole	● 작은 물웅덩이
good on ya	well done	● 잘했어
better half	wife or husband	● 아내 또는 남편

영어인 줄 알고 썼던 콩글리시

House & Household Items

에어컨	air-conditioner	미싱	sewing machine
비디오	VCR(Video Cassette Recorder)	비디오 카메라	video recorder
애프터서비스	after-sales service	인터폰	intercom
리모컨	remote control	니스	varnish
가스레인지	stove, oven	플래시	flashlight
전자레인지	microwave oven	펜치	pliers
믹서	blender, juicer	드라이버	screwdriver
전기 스탠드	lamp, desk / table lamp	일자드라이버	regular screwdriver
콘센트	Outlet, (plug) receptacle	십자드라이버	Philips head screwdriver

Class & Stationery

커닝	cheating (on the exam)	매직펜	marker
커닝페이퍼	cheat sheets / crib notes	샤프	pacer/ mechanical pencil
커트라인	cutoff point / cut off score	노트	notebook
	the lowest acceptable score	포스트잇	post-it note pad
올A	straight 'A'		post it memo pad
서클	club	화이트	white out, correction ink
동아리 활동	club activities		correction fluid
포켓북	appointment book	본드	glue
	memorandum book	노트북	laptop
볼펜	ball-point pen / pen	코팅	laminating
cf. 수성볼펜	felt-tip pen, felt-tip fine line pen	다이어리	schedule book / diary
사인펜	felt tip broad line pen	프린트	handout

Food & Drinks

스낵코너	snack bar	파인주스	pineapple juice
달걀프라이	poached eggs	레몬주스	lemonade
	fried-egg	아이스커피	iced coffee
오므라이스	rice omelette	하드	ice-cream bar
	cf. omelet rice (x)	아이스캔디 (막대에 꽂은)	popsicle
돈가스	pork cutlet	카스텔라	sponge cake
로스구이	roast beef		custard
카레라이스	curry and rice	더치페이	to split the bill(호주식)
커피 프림	cream		to go dutch(미국식)

Shopping

바겐세일	a sale	자크	zipper
ex)	Christmas sale	런닝셔츠	undershirt
	Thanksgiving Day sale		singlet
	back-to-school sale	노슬리브	sleeveless
	half-sale / half-price sale	티	T-shirt
쇼핑백	paper bag	골뎅	corduroy
비닐백	plastic bag	머플러	scarf
아이쇼핑	window shopping	팬티	underwear
D.C.	discount	에어로빅 복	leotard
메이커	manufacturer	팬티스타킹	pantyhose
매니큐어	nail polish	와이셔츠	dress shirt

Sports

백넘버	uniform number	사인	autograph
	jersey number	사인회	autograph session
	player number		autograph signing
포 볼	base on balls / walk	저서 사인회	book autographing
데드 볼	hit by pitched ball	노 골	no point
홈 인	scored / went home		no score
파이팅	Go / Break a leg		not good
	Do your best / Way to go	게임 셋	game and set
치어걸	cheer leader		game is over
	pompom girl(미국식)		game is finished
슛 골인	kick! goal	바톤 터치	baton pass
	shot! goal	터치 아웃	tag out
터닝 슛	turned and shot	징크스	jinx
오버헤드 킥	bicycle kick		bad luck

TV & Entertainment

탤런트	actor on TV, entertainer	매스컴	mass media
	TV actor or actress	토크쇼 엠씨	talk show host / hostess
	TV star / celebrity	CF 모델	actor / ad actor
홈드라마	family drama / soap opera		actress for commercials
개그맨	comedian	트럼프	playing cards / cards

철자를 말해줄 때

이름이나 주소 등의 철자를 말해줄 때 발음이 비슷해서 헷갈리는 경우가 많다. 알파벳을 말하고 그 알파벳으로 시작하는 단어를 같이 말해주면 좋다. 흔히 예로 사용되는 단어들은 다음과 같다.

My name is Yong-seok.
That's y as in yankee, o as in oscar, n as in November, g as in golf, s as in Sierra, e as in echo, o as in oscar, k as in kilo.

A	Alpha	N	November
B	Bravo	O	Oscar
C	Charlie	P	Papa
D	Delta	Q	Quebec
E	Echo	R	Romeo
F	Foxtrot	S	Sierra
G	Golf	T	Tango
H	Hotel	U	Uniform
I	India	V	Victor
J	Juliett	W	Whiskey
K	Kilo	X	X-ray
L	Lima	Y	Yankee
M	Mike	Z	Zulu

휴대폰 문자 메시지 약어

호주의 젊은이들이 문자를 보낼 때 많이 사용하는 영어 약어들이다. 발음을 이용해서 짧게 줄여 표현한 말들이 재치 있다. 문자를 보낼 때 대문자를 사용하면 대화할 때 소리를 지르는 것과 같기 때문에 대문자는 거의 사용하지 않는다.

원문	약어	해석
I see	ic	알겠어
who are you	Who R U	넌 누구니
what's up	Wassap	안녕
long time no see	LTNS	오랜만이야
are you okay	RUOK?	괜찮니?
I love you	I luv U or ILU	당신을 사랑합니다
It's for you	It's 4 U	널 위한 거야
see you later	CUL8R	나중에 봐
be back later	BBL	이따 다시 올게, 잠시 후 또 올 거야
be right back	BRB	잠깐 나갔다 올게
welcome back	WB	다시 와줘서 반가워
bye for now	BFN, B4N	당분간 안녕, 나중에 보자
bye-bye	BB	안녕
go ahead	GA	더서 말해 봐, 계속해 봐
great big hug	GBH	꼭 껴안아줄게
hug back	HB	나도 안아줄게
smile back	SB	웃어줄게
as soon as possible	ASAP	가능한 빨리, 조속히
as far as I know	AFAIK	내가 아는 한도 내에서는
I have no idea.	IHNI	난 모르겠어
in my humble opinion	IMHO	내 짧은 생각으로는
in my opinion	IMO	내 생각으로는
In other words	IOW	다시 말하자면
on the other hand	OTOH	다른 한편으로는
Oh, by the way!	OBTW	참, 그런데!
talk to you later	TTYL	나중에 얘기하자
just a minute	JAM	잠깐만
wait a second	SEC	잠깐, 잠시만
just in case	JIC	단일에
Just kidding	JK or J/K	능담이야
Do you know what I mean?	KWIM	내 말 알겠니?
laugh	L	웃자!
laughing out loud	LOL	크게 웃자!
let me know	LMK	알려줘
no problem	NP	믄제없거. 괜찮아
away from keyboard	AFK	잠시 자리를 비울게요
age/ sex/ location?	A/S/L?	나이, 성별, 사는 곳?
get a life	GAL	득바로 살아요
good luck	GL	행운을 빌어요
have a nice day.	HAND	좋은 하루 보내세요
have a good night	HAGN	좋은 밤 보내세요

SMS Terms

원문	약어
you	u/ya
are	r
to	2
see	c
don't	dunno
your	ur
tonight	2nite
light	lite
right	rite
birthday	b-day
great	gr8
easy	ez
excellent	xlnt
today	2day
tomorrow	2morrow
want to	want 2/wanna
to go to	2 go 2
before	b4
face to face	FTF
Thanks	TX
got to	gotta
because	coz
business	biz
please	plz
kind of	kinda
cool	keul
brother	bro
sister	sis
internet	INET
between	btw
why	y
love	luv
female/male	f/m
boy friend	bf
girl friend	gf

호주 주요 도시의 이민성 주소 및 연락처

Australian Capital Territory (Canberra)

(1) Street address : 3 Lonsdale Street Canberra City ACT 2601
(2) Counter hours : Mon-Fri 0900-1600 (Wed 0900-1300)
(3) General facsimile : (02) 6248 0479

New South Wales (Sydney)

1. Sydney CBD(시티)
(1) Street address : Ground Floor , 26 Lee Street Sydney NSW 2000
(2) Counter hours : Mon-Fri 0900-1600 (Wed 0900-1330)
(3) General facsimile : (02) 9032 4096
2. Parramatta Office
(1) Street address : 9 Wentworth Street Parramata NSW 2000
(2) Counter hours : Mon-Fri 0900-1600 (Wed 0900-1330)
(3) General facsimile : (02) 8861 4422

Queensland (Brisbane)

1. Brisbane Office
(1) Street address : Ground Floor 299 Adelaide Street Brisbane QLD 4000
(2) Counter hours : Mon-Fri 0900-1600 (Wed 0900-1330)
(3) General facsimile:(07) 3136 7048
2. Cairns Office
(1) Street address : Level2, GHD Building 85 Spence St. Cairns QLD 4870
(2) Counter hours : Mon-Fri 0900-1600 (Wed 0900-1330)
(3) General facsimile : (07) 4051 0198
3. Gold Coast Office
(1) Street address : Level 1, 72 Nerang Street Southport QLD 4215
(2) Counter hours : Mon-Fri 0900-1600 (Wed 0900-1330)
(3) General facsimile : (07) 5591 5402
4. Thursday Island Office
(1) Street address : Commonwealth Centre Hastings St. Thursday Island
(2) Counter hours : Mon-Fri 0800-1700
(3) General facsimile : (07) 4069 1884

Victoria (Melbourne)

1. Melbourne CBD(시티) Office
(1) Street address : Ground Floor Casselden Place 2 Lonsdale St. Melbounre
(2) Counter hours : Mon-Fri 0900-1600 (Wed 0900-1330)
(3) General facsimile : (03) 9235 3300
2. Dandenong Office
(1) Street address : 51 Princes Highway Dandenong VIC 3175
(2) Counter hours : Mon-Fri 0900-1600 (Wed 0900-1330)
(3) General facsimile : (03) 9706 7068

Western Australia (Perth)

(1) Street address : City Central 411 Wellington Street Perth WA 6000
(2) Counter hours : Mon-Fri 0900-1600 (Wed 0900-1300)
(3) General facsimile : (08) 9415 9286

South Australia (Adelaide)

(1) Street address : Level 3, 55 Currie Street Adelaide SA 5000
(2) Counter hours : Mon-Fri 0900-1600 (Wed 0900-1300)
(3) General facsimile : (08) 8237 6699

Northern Territory (Darwin)

(1) Street address : Pella House , 40 Cavenagh Street Darwin NT 0800
(2) Counter hours: Mon-Fri 0900-1600 (Wed 1000-1600)
(3) General facsimile : (08) 8981 6245

Tasmania (Hobart)

(1) Street address : Level 13 , 188 Collins Street Hobart TAS 7000
(2) Counter hours : Mon-Fri 0900-1600, except Wed 1030-1600
(3) General facsimile : (03) 6223 8247

호주 주요 사이트 목록

여행정보

Australian Tourist Commission www.australia.com
Canberra Tourism commission www.canberratourism.com.au
Tourism New South Wales www.sydneyaustralia.com
Northern Territory Tourism Commission www.ntholidays.com
Tourism Queensland www.queensland-holidays.com.au
South Australia Tourism Commission www.southaustralia.com
Tourism Tasmania www.discovertasmania.com
Western Australian Tourism commission www.westernaustralia.net
National Road and Motorists' Association www.nrma.com.au
VIP Backpackers www.vipbackpackers.com
WWOOF www.wwoof.com.au

일자리정보

Australian Jobsearch www.jobsearch.gov.au
CV OZ www.cvoz.com.au
Joblink PLUS www.joblinkplus.com.au
JOB Guide www.jobsguide.com.au
Harvest Hotline Australia www.harvesthotlineaustralia.com.au

교통정보

Greyhound Australia www.greyhound.com.au
Qanstas Air www.qantas.com.au
Virginblue Air www.virginblue.com.au
Jetstar Air www.jetstar.com
CountryLink www.cityrail.nsw.gov.au
Australia by Rail www.railaustralia.com.au
Metlink Victoria www.victrip.com.au
Queensland Rail www.citytrain.com.au

호주정부

Australian Goverment www.immi.gov.au
Australian Taxation Office www.ato.gov.au
Tax(Tourist Refund Scheme) www.customs.gov.au

은행

ANZ Bank www.anz.com.au
Commonwealth Bank www.commbank.com.au
National Bank www.national.com.au
St.george Bank www.stgeorge.com.au
Westpac Bank www.westpac.com.au

브리즈번 주변 학교

VIVA International College

주소: Level 2, 90–112 Queen Street, Brisbane
전화: +61 7 3012 8269
홈페이지: www.vivacollege.com
e-mail: info@vivacollege.com
운영레벨: 6단계(기초/초급/중하급/중급/중상급/고급)
등록기간: 1주~52주
학급 평균 규모: 10명~15명
시설: 에어컨이 설치된 교실, 컴퓨터실, 셀프 스터디를 위한 Material Room, 도서관, 최신식의 audio-visual 시설, 학생 도서관, 자료실

브리즈번의 비즈니스 중심구인 Queen Street Mall에 위치. 퀸즐랜드 주정부가 공인한 과정을 제공하며 각 과정은 초급에서 고급 레벨까지 여섯 단계로 나눠진다. 항상 업데이트된 최신 교육 자료로 교육하며 도서관에 참고도서 및 TAPE, CD-ROM, 시청각 자료, 첨단 컴퓨터 등이 있다. 학생들의 자율학습을 지원하고 영국, 미국, 캐나다 등 다른 영어권 국가의 영어 교재를 결합해 학생들이 세계 모든 영어권 국가가 사용하는 영어를 효과적으로 습득할 수 있도록 교육한다.

Browns English Language School

주소: 골드코스트 캠퍼스 5-7 Marshall Lane Southport
브리즈번 캠퍼스 Level 1, 102 Adelaide Street, Brisbane
전화: 골드코스트 캠퍼스 +61 7 5561 1192
브리즈번 캠퍼스 +61 7 3221 7871
홈페이지: www.brownsels.com.au
e-mail: info@brownsels.com.au
운영레벨: 6단계 (기초/초급/중하급/중급/중상급/고급)
등록기간: 2주~52주
학급 평균 규모: 10명~15명
시설: 학생용 기숙사 운영, 학생 휴게실, 카페, 컴퓨터실, 학생을 위한 주방 시설과 라운지, 상담실, 게시판(일자리 정보, 숙박, 여행 정보), 스포츠 용구 무료 대여

골드코스트 해변 가까이에 위치한 학교로, 최신 시청각 컴퓨터와 인터넷을 효과적으로 수업에 도입한다. 일반 영어 과정뿐 아니라 비즈니스 영어, IELTS, 캠브리지 과정 등 다양한 과정이 있으며, 유럽 학생들이 많고 매일 테니스, 주말 관광, 바비큐 파티, 각종 스포츠, 게임, 영화 관람 등 다양한 과외활동을 무료로 제공해준다. 4주마다 영어 테스트와 1:1 면담을 통해 개개인의 기록을 관리하며 영어 실력 향상 정도를 관리한다. 한국인에게 약할 수 있는 각 파트(reading, speaking 등)별 레벨을 나눠서 약한 부분을 강화할 수 있다.

Russo (SRSA)

주소: 82 Ann Street, Brisbane
전화: +61 7 3221 5100
홈페이지: www.sarinarussoschool.com
e-mail: info@russo.qld.edu.au
운영레벨: 6단계(기초/초급/중하급/중급/중상급/고급)
등록기간: 1주~52주
학급 평균 규모: 12명~18명
시설: 휴게실, 컴퓨터실, 도서관, 일자리 알선 사무실(Job Access Centre)

브리즈번 중심가의 현대적인 건물에 위치한다. 일반 영어뿐 아니라 비즈니스, IT, 관광 등 다양한 전문과정이 있다. 일반 영어 과정은 주 25시간 수업에 영어시험 준비과정들이 선택과목으로 이루어져 있으며, 진학 준비과정에서 일정 레벨에 도달하면 별도의 영어 점수 없이 본교의 전문과정에 들어갈 수 있다.

Lexis English Centre (Lexis 누사)

주소: 6 Lanyana Way, Noosa Heads
전화: +61 7 5447 4448
홈페이지: www.lexisenglish.com/noosa
e-mail: noosa@LexisEnglish.com
운영레벨: 6단계(기초/초급/중하급/중급/중상급/고급)
등록기간: 4주~50주
학급 평균 규모: 14명~15명
시설: 컴퓨터실, 인터넷 카페, 학생 휴게실, 야외 휴식 공간, 자료 센터(영어책, 시청각 자료, CD, 시험 준비 자료, 잡지 등), 여행 및 숙소 상담, 비자 신청 및 공항 마중 서비스, 비즈니스와 직업 교육 강좌 제공, 학교 기숙사

ESL에 의해 공인받은 교사가 지도하며 NEAS에 의해 인정받은 코스와 프로그램을 제공한다. 연수 기간 중 본인이 원할 경우 Lexis 브리즈번 바이런베이, 마루치도어, 퍼스 캠퍼스로 전학이 가능하다. 많은 유럽 학생들이 수업을 듣는데, 그중 스위스 학생이 가장 많다. GE, Cambridge Course(FCE, CAE, CPE), TOEIC 외 EAP, IELTS, 비즈니스 반 등 총 18반이 있다. 승마, 서핑 등 액티비티를 즐기며 실전 영어를 익힐 수 있는 옵션을 제공한다.

Lexis English Centre (Lexis 선샤인코스트)

주소: Leve 3, 17 Duporth Ave, Maroochydore
전화: +61 7 5479 2272

홈페이지: www.lexisenglish.com/sunshine-coast
e-mail: sunshinecoast@LexisEnglish.com
운영레벨: 6단계(기초/초급/중하급/중급/중상급/고급)
등록기간: 4주~52주
학급 평균 규모: 8명~14명
시설: 컴퓨터실, 플레이스테이션, 당구대, 카페테리아, 비치발리볼 코트, 스포츠 필드, BBQ

마루치도어 캠퍼스는 브리즈번과 누사의 중간 지점에 위치한 학교로 2007년 칼란두라에서 오픈한 후 현재 마루치도어로 이전하였다. 마루치도어 시내에 위치해 있으며 선샤인코스트 남쪽 끝에 있는 King's beach에서 15분 거리에 위치해 있다. Lexis 누사와 비슷한 환경으로 거리상으로는 브리즈번과 더 가깝고 동양인이 거의 없어, 영어를 집중적으로 공부하고 싶은 사람들에게는 최적의 학교다.

Lexis English Centre(Lexis 브리즈번)

주소: Level 6, 15 Adelaide Street, Brisbane
전화: +61 7 3002 8588
홈페이지: www.lexisenglish.com/brisbane
e-mail: brisbane@LexisEnglish.com
운영레벨: 6단계(기초/초급/중하급/중급/중상급/고급)
등록기간: 2주~52주
학급 평균 규모: 14명~16명
시설: 12개 현대적인 강의실, 멀티미디어 컴퓨터실, 자판기와 간단한 조리시설, 야외 학생 휴게실

브리즈번 시내 중심에 있어 영화관, 레스토랑, 쇼핑센터, 미술관 등을 편리하게 이용할 수 있다. 현대식 시설이 잘 갖추어져 있으며 특히 냉난방 시설이 모두 갖추어진 교실, 멀티미디어 컴퓨터실, 넓은 학생 휴게실이 Lexis가 자랑하는 장점 중 하나다. 방과 후 활동 또는 주말 활동(수영, 스노클링 같은 스포츠 프로그램, 놀이공원, 박물관, 미술관 방문 등)을 통해 보다 많은 친구들을 사귈 수 있다.

GLS

주소: 1 Nerang St. Southport QLD 4215
전화: +61 7 5528 1325
홈페이지: www.gls.qld.edu.au
e-mail: info@gls.qld.edu.au
운영레벨: 6단계(기초, 초급, 중하급, 중급, 중상급, 고급)
등록기간: 4주~52주
학급 평균 규모: 15명
시설: 학생라운지, 키친, 무선인터넷, 자율학습공간, 미디어실, 벽걸이TV

Southport Nerang 거리 1번가에 위치하고 있는 골드코스트 랭귀지 스쿨은 골드코스트의 아름다운 Broadwater를 마주하고 있으며, 모든

편의시설(대중교통, 관공서, Australia Fair 쇼핑센터 맞은편)과 2~3분 거리에 위치해 있다. 월요일에서 금요일까지 오전 8시부터 오후 7시 10분까지 오픈하고 있으며 오전반, 오후반으로 수업이 운영된다. 오전 강의 시간은 8시 45분부터 2시 15분까지, 오후 강의 시간은 2시 30분부터 7시 10분까지다. 학생들은 매주 월요일에 시작하는 General English반 또는 IELTS 준비반을 선택하여 강의를 들을 수 있으며 Cambridge시험 준비반 코스와 English+Au Pari, English + Hospitality도 학생들을 위해 개설되어 있다.

시드니 주변 학교

Sydney College of English(SCE)

주소: SCE building, 35-39 Mountain Street, Broadway, Sydney
전화: +61 2 9281 5211
홈페이지: www.sce.edu.au
e-mail: english@sce.edu.au
운영레벨: 6단계(기초/초급/중하급/중급/중상급/고급)
등록기간: 4주~52주
학급 평균 규모: 12명~15명
시설: 학생 휴게실, 진학·생활 일반 상담실, 컴퓨터실, 어학실, 학생센터(도서실, 비디오 감상실, 인터넷)

SCE는 1987년, 현재의 Central Sydney와 같은 장소에 설립되었다. 25개국 이상의 나라에서 영어를 배우기 위해 온 학생들로 반이 구성되며 NEAS(National ELICOS Accreditation Scheme, 영어연수 기관 인증제도)에 의해 공인받은 어학교육 기관이다. 강사진은 전원 어학전문교사로서의 자격을 갖춘 대학 졸업자들이다. 수업 이외에도 하숙집 소개, 고등학교, 전문대학교, 대학교로의 진학 상담, 방과 후와 주말 과외활동 등을 제공한다.

Access Language Centre

주소: 72 Mary Street, Surry Hills, Sydney
전화: +61 2 9281 6455
홈페이지: www.access.nsw.edu.au
e-mail: english@access.nsw.edu.au
운영레벨: 6단계(기초, 초급, 중하급, 중급, 중상급, 고급)
등록기간: 4주~52주
학급 평균 규모: 15명
시설: 컴퓨터실, 도서관, 학습 연구 센터(어학실 및 어학자료), 사교 활동 프로그램, 무료진학 관련 학습 상담.

15년 이상의 오랜 영어 교육의 역사를 지닌 학교. 시티 중심에 있는

센트럴역에서 10분 거리이며, 세계적으로 유명한 시드니 명소들과도 가깝다. 약 32개국 이상에서 학생들이 오기 때문에 다양한 국가와 문화가 혼합되어 생동감이 넘친다. 한 달에 한번, 실력 테스트를 통해 학생들의 강점, 약점을 찾아내고 그에 적합한 교육을 받을 수 있도록 지도한다.

ELS(전 Universal English College)

주소: Level 1, 17 O' Connell Street, Sydney
전화: +61 2 9283 1088
홈페이지: www.uec.edu.au
e-mail: Enquiries@uec.edu.au
운영레벨: 6단계(기초/초급/중하급/중급/중상급/고급)
등록기간: 최소 4주
학급 평균 규모: 13명~17명
시설: 학생 서비스 센터(학습 정보, 시드니 생활 정보 제공), 도서관, 컴퓨터실, 어학실, 학생 휴게실

1988년 설립되었으며 GV 그룹에서 ELS 그룹으로 합류하여 발전해 나가고 있다. 최근 캠퍼스를 이전하면서 학생들에게 더 좋은 연수 환경을 제공하고 있다. 일반 영어 외에 캠브리지, 아이엘츠, 비즈니스 영어, 고등학교 준비반 등이 있다.

ILSC Australia(ILSC)

주소: Level 7, 190 George Street The Rocks Sydney NSW 2000(시드니) Level 1, 232 Adelaide Street, Brisbane, Queensland 4000(브리즈번)
전화: +61 2 9247 1744(시드니), +61 7 3220 0144(브리즈번)
홈페이지: www.ilsc.com.au
e-mail: study@pacificgateway.net.au
운영레벨: 6단계(기초/초급/중하급/중급/중상급/고급)
등록기간: 4주~52주
학급 평균 규모: 13명~15명
시설: 교실(파워포인트 프레젠테이션용 프로젝터 또는 스마트 화이트보드 설치), 점심을 준비할 수 있는 부엌(전자레인지, 식기세척기, 냉장고), 야외 라운지, 탁구대, 평면 TV(닌텐도 wii, DVD 시청), 무선 인터넷

ILSC Australia는 시드니와 브리즈번에 캠퍼스가 있어 두 센터 간의 이동이 가능하다. 6개월 이상 등록 시 지역 이동에 따른 국내선 편도 항공권도 제공된다. English only policy와 호주 현지 대학생들과의 교류 과정 Australian Conversation Club 등이 제공되어 영어회화에 자신감을 향상시킬 수 있다. 다양한 Business 학위 과

정, TESOL 과정 등도 제공되며 선택수업 중에는 Cafe work skills 나 Hospitality 영어 과정 등도 있어, 호주에서 아르바이트 경험을 원하는 학생들에게 많은 도움이 된다.

Navitas English(Sydney)

주소: 237 Oxford Street, Bondi Junction, Sydney
전화: +61 2 9389 7204
홈페이지: www.navitasenglish.com
e-mail: english@navitas.com
운영레벨: 6단계(기초/초급/중하급/중급/중상급/고급)
등록기간: 2주~50주
학급 평균 규모: 15명~18명
시설: 컴퓨터 센터, 어학실, 도서관, 학생지원 센터, DVD 시청실, 전자레인지, 자동판매기, 부메랑 클럽(학교에서 운영하는 학생 특별활동 클럽)

1981년에 개교한 ACE는 호주에서 가장 오래되고 규모가 큰 명문 사립학교 중 하나며, 교사양성기관 ATTC(Australian TESOL Training Centre)는 영어교사 양성을 위한 선두적인 기관이다. 또한 캠브리지 시험 준비 과정을 제공하는, 호주에서 가장 크고 명성 있는 기관이기도 하다. 유럽 학생들의 비율이 다른 학교에 비해 높다는 것이 특징이다. 일반 영어, 캠브리지 IELTS 등 시험 준비반, 비즈니스 영어반, 테솔 과정, 대학 준비반, 고등학교 준비반, 단기연수 및 홀리데이 영어 프로그램 등 목적과 필요성에 적합한 다양한 코스를 제공한다.

Sydney English Language Centre(SELC)

주소: Level 2, 19-23 Hollywood Avenue Bondi Junction, Sydney NSW 2022
전화: +61 2 8305 5600
홈페이지: www.southaustralia.collegeofenglish.com.au
e-mail: info@selc.com.au
운영레벨: 6단계 (기초/초급/중하급/중급/중상급/고급)
등록기간: 2주~52주
학급 평균 규모: 14명~16명
시설: 28개의 강의실(냉난방 시설이 완비되어 있는 최신식 빌딩), 학업 상담실, 도서관, 2개의 학생 휴게실, 학생 취사장, 도서관, 어학실, 3개의 컴퓨터실(인터넷, e-mail, DVD 시청), 커피메이커 과정을 위한 실습 카페테리아

SELC는 호주의 명문 학교 중 하나로, 호주 토익 공식시험 지정기관이기도 하다. SELC는 유럽, 남미, 아시아 등 30여 개의 서로 다른 국가에서 온 학생들로 구성되어 있어 학생들에게 영어를 배울 기회와 함께 다양한 문화를 접할 수 있는 기회도 제공한다.

애들레이드 주변 학교

South Australian College of English(SACE)

주소: Level 1, 47 Waymouth Street, Adelaide, South Australia
전화: +61 8 8410 5222
홈페이지: www.southaustralia.collegeofenglish.com.au
e-mail: registrar@sacecoll.sa.edu.au
운영레벨: 6단계(기초/초급/중하급/중급/중상급/고급)
등록기간: 2주~50주
학급 평균 규모: 10명~15명
시설: 에어컨이 설치된 교실, 컴퓨터실, 셀프 스터디를 할 수 있는 컴퓨터 프로그램실, 학생 휴게실, 간단한 취사가 가능한 부엌

애들레이드에서 가장 오랜 역사를 자랑하는 사립 어학연수 학교. 다른 지역에 비해 한국 학생의 비율이 비교적 낮으며 25개국 이상에서 온 다양한 학생들을 만날 수 있다. 애들레이드 외에 태즈메이니아 주의 호바트 지역과 퀸즐랜드 주의 휘트선데이 지역에 각각 분교가 있다. 학생들의 수준에 맞는 다양한 코스가 마련되어 있으며 교사들은 모두 전문적으로 트레이닝을 받았다. 학교가 시티 근처에 있어 교통편이 매우 편리하며 쇼핑센터들도 주변에 많아 생활이 편리하다. 애들레이드 대학 캠퍼스가 옆에 있으며 걸어서 갈 수 있는 거리에 아트 갤러리, 박물관, 식물원, 쇼핑몰, 카페들이 있다. 학생들의 복지 및 생활과 관련해 언제나 상담받을 수 있으며 과외활동으로 여러 클럽활동이 마련되어 있다.

Eynesbury College

주소: 16-20 Coglin Street, Adelaide
전화: +61 8 8216 9000
홈페이지: www.eynesbury.sa.edu.au
e-mail: eynesbury@navitasworld.com
운영레벨: 6단계(기초/초급/중하급/중급/중상급/고급)
등록기간: 2주~50주
학급 평균 규모: 13명~15명
시설: 숙소 상담, 학생 상담, 컴퓨터실, 전문 학생 복지가

일반 영어 코스뿐만 아니라 고등학교 과정 수료 코스, 전문대학 진학 예비 코스, 대학 1년 과정 수료 코스 등 남호주에서 가장 다양한 프로그램과 교육 방향을 제공한다. 특히 대학 입학 예비 코스가 유명하며 대학 1년 과정 수료 코스는 사우스오스트레일리아 대학의 경영학부와 결연을 맺고 2학년으로 편입하는 제도를 마련하고 있다. 영어 코스는 6단계의 일반 영어 코스 외에 사우스오스트레일리아 대학의 랭귀지 센터와 제휴하여 고등학교 및 대학 진학 준비 영어, 비즈니스 영어, 호텔경영 영어 등 전문 영어 코스를 개설하고 있다.

Cambridge International College(CIC 애들레이드)

주소: 22-26 Peel Street, Adelaide
전화: +61 8 8212 4990
홈페이지: www.cambridgecolleges.com
e-mail: info@cambridgecollege.com.au

운영레벨: 6단계(기초/초급/중하급/중급/중상급/고급)
등록기간: 4주~52주
학급 평균 규모: 5명~6명
시설: 냉난방 시설, 무선 인터넷, 테니스장, 축구장, 체육관, 농구장, 취사 가능한 공동 부엌

멜버른, 퍼스, 애들레이드에 분교를 둔 수준 높은 영어연수 학교. 2007년 7월 일반 영어 코스를 개설했으며 시티에 위치해 있고 근처에 다양하고 매력적인 볼거리가 많다. 영어준비과정(ELICOS)은 호주에서도 최고 중 하나로 꼽히고 있다. Pre Inter와 Upper Inter 두 반으로 나누어져 있는데 과정은 멜버른과 동일하게 진행된다. 레벨테스트를 통해 영어레벨이 결정되며 20여 년의 경험을 가진 교사가 수업을 진행한다.

Centre for English Language at the University of South Australia(CELUSA)

주소: Level 4, Brookman Building, Adelaide
전화: +61 8 8302 1555
홈페이지: www.unisa.edu.au/CELUSA
e-mail: celusa.info@unisa.edu.au
운영레벨: 6단계(기초/초급/중하급/중급/중상급/고급)
등록기간: 최소 1주
학급 평균 규모: 12명~16명
시설: 자료 및 개별 학습 센터(RILC), 컴퓨터실, 학생 휴게실, 사교 클럽, 학생 상담, 학업 및 숙소 상담

영어교육과 영어교사진을 양성하는 전문 기관으로, 애들레이드 중심부에 위치한 남호주대학교(University of South Australia)의 부설 영어 학교다. City East Campus 내에 있으며 구내에 있는 모든 시설을 이용할 수 있고 일반 영어 과정은 5주 과정으로 나뉜다. 의사소통 능력을 향상시키는 데 중점을 두고 있으며 특히 듣기와 말하기 능력을 강조한다. 이런 학교 방침에 따라 라디오와 비디오를 이용한 수업이 많으며, 외부에서 강사를 초청해 듣기 훈련을 강화한다. 야외활동을 통해 현지인들과 말할 수 있는 기회를 많이 가지며 숙제가 많은 편이다. 학교에서 IELTS와 TOEFL 시험을 칠 수 있으며, 20주 과정의 대학 진학 예비 코스를 수료하면 다른 영어 점수가 없어도 남호주대학교에 진학할 수 있다.

멜버른 주변 학교

Holmes Institute(멜버른)

주소: 185 Spring Street, Melbourne
전화: +61 3 9662 2055
홈페이지: www.holmes.edu.au
e-mail: melbourne@holmes.edu.au

운영레벨: 6단계(기초/초급/중하급/중급/중상급/고급)
등록기간: 1주~50주
학급 평균 규모: 12명~18명
시설: 에어컨이 설치된 교실, 식당이나 공원과 가깝고 쇼핑하기 쉬운 최적의 위치, 대강당, 컴퓨터실, 휴게실

1963년 설립된 사설전문대 Holmes Colleges의 English Language Centre. 케언스, 골드코스트, 멜버른, 시드니에 캠퍼스가 있으며 멜버른 캠퍼스가 메인 캠퍼스다. 시드니에 있는 초, 중, 고등학교 준비 과정인 Intensive English College가 Holmes Colleges의 분교. 학교 간의 전학이 용이해 다른 지역에 있는 캠퍼스로 복잡한 과정 없이 옮길 수 있다. 시설이 현대적이며 영어 능력 향상 코스, 최신 정보통신 기술 코스, 대학 정규 학사 코스 등 다양한 코스를 제공한다. 4주마다 레벨테스트를 실시한다.

Cambridge International College(CIC 멜버른)

주소: 422 Little Collins Street, Melbourne
전화: +61 3 9663 4933
홈페이지: www.cambridgecollege.com.au
e-mail: info@cambridgecollege.com.au
운영레벨: 6단계(기초/초급/중하급/중급/중상급/고급)
등록기간: 4주~48주
학급 평균 규모: 12명~15명
시설: 컴퓨터실, 자율 학습실, 학생 휴게실, 프로젝터, DVD 플레이어, 어학 실습기, 영어 학습 자료 및 코스 정보 자료 제공, 방과 후 특별활동

비즈니스와 멀티미디어 과정이 있으며 멜버른과 퍼스, 애들레이드에 캠퍼스가 있다. 영어준비과정(ELICOS)은 호주에서도 최고 중 하나. 기초반부터 고급반까지 6개 레벨로 구성되어 있으며 학생들은 레벨테스트를 통해 반을 배정받는다. IELTS 시험 준비 등을 위한 두 개의 아카데미반과 토익 준비 과정반을 운영하며, 캠브리지 과정을 운영하여 멜버른에 있는 대학에 진학할 수 있도록 돕고 있다.

Hawthorn Melbourne(Navitas English)

주소: 442 Auburn Road, Hawthorn Victoria
전화: +61 3 9815 4000
홈페이지: www.hawthornenglish.com
e-mail: enquiries@hawthornenglish.edu.au
운영레벨: 6단계(기초/초급/중하급/중급/중상급/고급)
시설: 영화관, 미술관, 컴퓨터실, 스포츠 센터, 어학실, 도서관, 은행, 카페, 약국, 미용실, 우체국, 여행사, 신문사를 비롯한 과일 및 채소, 꽃 상점 등 다양한 편의시설, 수상 경력의 IELTS 테스트 센터, ICL(Independent Learning Centre) 자습실

호주에서 가장 오래되고 규모가 큰 ELICOS(유학생들을 위한 인텐시브 영어교육 센터)들 중 하나로, 1986년부터 풀타임의 고난도 영어교육 프로그램을 제공해오고 있다. 특히 호주에서 고등학교 과정이나 TAFE(기술 및 진학 교육)와 대학교를 목표로 하는 학생들을 위한 교

육을 전문으로 한다. 일반 영어 및 다른 교육이나 직업을 목적으로 공부하는 학생들을 위한 전문분야 영어 프로그램도 마련되어 있다. 멜버른 중심가에서 약 8km 떨어진, 평화롭고 가로수가 늘어선 도시 근교에 있으며 모든 대중교통(버스, 트램, 기차 등) 수단을 편리하게 이용할 수 있다.

Monash University

주소: 900 Dandenong Road Caulfield East Victoria 3145
전화: +61 3 9903 4788
홈페이지: http://www.monash.edu.au/englishcentre
e-mail: study@monash.edu
운영레벨: 6단계(기초/초급/중하급/중급/중상급/고급)
등록기간: 5주~50주
학급 평균 규모: 14명~16명
시설: 의료 서비스(응급치료와 처방), 스포츠-레크리에이션 센터(영화관, 물리오법실, 마사지실, 웨이트 트레이닝 시설, 에어로빅장, 스쿼시장, 테니스 코트, 축구 구장, 종합 운동장, 비치발리볼 코트, 탁구장)

Monash University 부설 연수 센터는 호주의 최상위권 대학 연합인 G8의 일원으로서 최고의 교수진과 시설로 20여 개 국가에서 온 학생들이 영어 공부를 하고 있는 랭귀지 센터이다. 일반 영어 과정 이외에도 대학진학 준비 과정, 브릿징 과정, 비즈니스 영어 과정, 취업 준비 영어 과정, 인턴십 과정, IELTS 시험 준비 과정, TOEFL 시험 준비 과정 등 다양한 프로그램을 운영하여 학생들의 대학 진학 및 전문/실용 영어 실력 향상을 도움으로써 영어연수 중 자신에게 맞는 코스를 선택할 수 있는 것이 큰 장점이다.

Impact English college

주소: Level 5, 620 Bourke Street, Melbourne
전화: +61 3 9670 2840
홈페이지: www.impactenglish.com.au
e-mail: info@impactenglish.com.au
운영레벨: 5단계(초급/중하급/중급/중상급/고급)
등록기간: 최소 2주
학급 평균 규모: 12~15명
시설: 까끗하고 큰 강의실, 최신 컴퓨터 시설, 학생들 휴식공간, 학생 라운지, 바리스타 코스 학생들을 위한 impact 전용 카페

Impact는 NEAS로부터 인정받은 센터로, 적합한 자격을 갖춘 강사진으로 구성되어 있다. 특히 강사진 중 IELTS 시험관과 캠브리지 FCE&CAE 시험관이 포함되어 있다. 모국어 사용이 금지되어 있어 수업시간이나 학교에서 모국어를 사용하는 학생들은 강력한 제재를 받게 된다. 액티비티가 다양해 정규수업 외 시간에 다양한 사람들과 즐겁게 영어를 학습할 수 있고, 5주 바리스타 코스도 인기 있다.

Holmesglen TAFE

주소: Holmesglen Institute of TAFE Batesford Road, Holmesglen, Victoria
전화: +61 3 9564 1709
홈페이지: www.holmesglen.edu.au
e-mail: info@holmesglen.edu.au
운영레벨: 5단계(초급, 중하급, 중급, 중상급, 고급)
등록기간: 최소 5주
학급 평균 규모: 15명
시설: 자율학습센터, 공동학습실(도서관), 카페테리아, 피트니스센터, 레크리에이션 활동, 의료 서비스, 카운슬링서비스

1982년에 설립되었으며 호주의 첫 번째 종합전문대학교이다. 또한 호주 최초로 ISO 9001 국제품질 보증인증을 받은 교육기관이며 학생들에게 영어 교육, 대학 진학을 위한 과정 그리고 전문직 자격증 과정을 제공하고 있다. Holmesglen TAFE의 영어센터는 탁월한 교육의 선도적인 역할을 하며 모든 분야에서 국내외적으로 공인된 코스를 제공하고 있다. 교직원은 모두 대학원 학위 소지자임과 동시에 경험이 많은 전문인들이다. 현대식 시설을 이용하고 있으며 최첨단 대화식 교육방법을 영어교육에 적용하고 있다. Holmesglen TAFE은 대중교통으로 20~30분 거리에 세 개의 캠퍼스가 있으며 각 캠퍼스마다 영어센터가 운영되고 있다.

퍼스 주변 학교

Navitas English(Perth)

주소: 211 Newcastle Street Northbridge WA
전화: +61 8 6330 1660
홈페이지: www.navitasenglish.com
e-mail: english@navitas.com
운영레벨: 6단계(기초/초급/중하급/중급/중상급/고급)
등록기간: 4주~52주
학급 평균 규모: 13명~15명
시설: 컴퓨터실, 어학실, 도서관, 학생 지원 센터, DVD 시청각실, 전자레인지, 부메랑 클럽(학생 특별활동 클럽)

호주에서 가장 오래되고 규모가 큰 명문 사립학교 중 하나며 캠브리지 시험 준비 과정을 제공하는, 호주에서 가장 크고 명성 있는 기관이

기도 하다. 유럽 학생들의 비율이 다른 학교에 비해 높다는 것이 특징이다. 일반 영어, 캠브리지 IELTS 등 시험 준비반, 비즈니스 영어반, 테솔 과정, 대학 준비반, 고등학교 준비반, 단기연수 및 홀리데이 영어 프로그램 등 목적과 필요성에 적합한 다양한 코스를 제공한다. 시드니(3개), 브리즈번, 케언스, 퍼스에 캠퍼스를 두고 있으며 연수 기간 중 다른 캠퍼스로 전학이 가능하다.

Lexis English Centre(Lexis 퍼스)

주소: 23-27 Scarborough Beach Road, Scarborough Beach, Western Australia 6019
전화: +61 8 6365 4377
홈페이지: www.gvenglish.com/english/schools/perth
e-mail: perth@gvenglish.com
운영레벨: 6단계(기초/초급/중하급/중급/중상급/고급)
등록기간: 2주~52주
학급 평균 규모: 12명~14명
시설: 현대적인 강의실, 멀티미디어 컴퓨터실, 무료 무선 인터넷, 아트 컴퓨터, 카페테리아, 자료센터(영어책, 시청각 자료 CD, 시험 준비 자료, 잡지 등), 여행 및 숙소 상담, 비자 신청 및 비즈니스와 직업 교육 강좌 제공, 학생 휴게실(와이드 스크린 플라즈마 TV, DVD 플레이어, 닌텐도 wii, 일반 게임기 등), 모든 시설이 갖춰진 주방, 커피 바

Global Village English Centres는 퍼스, 브리즈번, 누사, 마루치도어, 바이런베이에 캠퍼스가 있다. 그중 GV 퍼스 캠퍼스는 수정처럼 맑은 인도양을 끼고 있는 Scarborough 해변 근처에 위치하고 있다. Scarborough 해변은 퍼스 시내에서 북쪽으로 20분쯤 거리에 위치해 있으며 서핑, 카이트 서핑(kite surfing) 등 다양한 해양 스포츠를 즐길 수 있는 곳이다. 또한 바닷가에서 석양을 보며 화이트 비치를 즐길 수 있어 유럽인들이 많이 찾는 유명한 휴양지이기 때문에 아르바이트 기회도 많다. 한국인 비율은 비교적 낮은 편이다. 등교 전이나 방과 후에 GV 워터 스포츠 클래스를 통해 영어를 배우면서 자연을 만끽할 수 있다.

Cambridge International College(CIC 퍼스)

주소: 3rd Floor, 297 Hay Street, East Perth
전화: +61 8 9221 9990
홈페이지: www.cambridgecolleges.com
e-mail: cicp@cambridge.com.au
운영레벨: 4단계(초급/중급/중상급/고급)
등록기간: 최소 1주
학급 평균 규모: 12명~14명

시설: 어학실, 컴퓨터실, 학생 휴게실, 매주 금요일 학교 밖 수업, 매주 목요일 영화 관람, 교사들과의 저녁 식사

미국, 캐나다, 영국 등 다른 영어권 나라에서 온 교사들이 많다. 듣기, 대화, 발음, 어휘, 문법을 중심으로 수업을 진행하며 매일 독해와 영작문을 지도한다. 일반 영어를 배우는 학생들은 certificate나 diploma 코스를 밟을 수 있는 자격이 있다. PET, FCE, CAE, BEC 등 각종 어학시험 준비반이 있으며 본교에 캠브리지 센터가 있다. 각종 가게와 카페, 식당 등이 가까이 있으며 대중교통을 이용하기 편리하다.

Murdoch Language Institute

주소: Murdoch University, South Street Murdoch WA
전화: +61 8 9312 0800
홈페이지: www.alexander.wa.edu.au
e-mail: info@murdochgroup.wa.edu.au
운영레벨: 6단계(기초/초급/중하급/중급/중상급/고급)
등록기간: 2주~52주
학급 평균 규모: 14명~18명
시설: 학생 오리엔테이션, 복지 상담, 호주, 영국, 미국 등에서 수입한 최신 교육 자료, 최신식 컴퓨터실, 도서관

Alexander Education Group의 Murdoch University 부설 영어연수 학교. 중국, 핀란드, 프랑스, 독일, 홍콩, 인도네시아, 이탈리아, 일본, 한국, 쿠웨이트, 모로코, 폴란드, 타이완, 태국, 스위스 등 다양한 국가에서 학생들이 온다. 교육의 결과뿐만 아니라 학생들에 대한 인성 교육 및 자발적인 능력 개발에 주력하며, 호주 내 약 22개 명문 대학과 자매결연을 맺고 학생들의 진학 및 직업 교육에 있어 활발한 학술 교류를 진행한다. 퍼스 중심에 있으며 최신 어학 자료와 풍부한 시청각 자료 및 호주, 영국, 미국에서 수입된 소프트웨어 교육 자료를 제공한다. 처음 유학 생활을 시작하는 학생들을 위해 학기가 시작하기 전 오리엔테이션을 마련하고 학교생활 중에도 상담 및 학생 복지 활동을 통해 지속적으로 학생들을 관리한다.

태즈메이니아 주변 학교

University of Tasmania 부설

주소: International Services, Hytten Hall, French Street, Sandy Bay
전화: +61 3 6226 2706
홈페이지: www.international.utas.edu.au
e-mail: ISA.Hobart@utas.edu.au
운영레벨: 4단계(초급/중급/중상급/고급)
등록기간: 최소 5주
학급 평균 규모: 13명~15명
시설: 도서관, 과학 자료실, 컴퓨터실, 국제 학생 상담가, 공항 마중 서비스, 국제 학생을 위한 영어 어학 지원(ELSIS), 학생 취업 서비스(SES), 캠퍼스 예배실 및 기도실, 다양한 클럽 및 사교 모임

University of Tasmania는 태즈메이니아 섬의 유일한 대학으로, 1890년 호주에서 네 번째로 설립되었다. 1991년 종합대학으로 승격했으며 폭넓은 전공 분야를 교육한다. 특히 역사학과는 유형 식민지였던 주 역사 연구가 높이 평가되고 있으며, 지질학과는 광산 자원이 풍부한 주의 광맥 탐사, 채굴에 커다란 실적을 남기고 있다. 그 밖에 의학, 약학, 비즈니스, 상학, 경제, 컴퓨터, 법학, 건축, 공학, 측량학, 환경 연구, 교육, 예술, 음악, 도서관학, 해양학, 수산학, 사회학, 자연과학, 응용과학 등의 분야가 있다. 유학생을 많이 유치하고 있으며 상임 유학생을 위해 세심한 지원을 해주고 있다.

South Australian College of English(SACE)

주소: 322 Liverpool Street, Hobart, Tasmania
전화: +61 3 6231 9911
홈페이지: www.tasmania.collegeofenglish.com.au
e-mail: admin@tas.sace.com.au
운영레벨: 6단계(기초/초급/중하급/중급/중상급/고급)
등록기간: 최소 4주
학급 평균 규모: 6명~12명
시설: 아름다운 정원, 벽난로 난방, 학생 휴게실, 모든 시설이 구비된 주방, 발코니, 아름다운 현대식 건물, 최신 컴퓨터실, 광범위한 진학 기회

1997년 SACE 교육 기관에 의해 설립된, 호바트의 첫 번째 사립 영어연수 학교. 태즈메이니아의 조용한 분위기는 학생들에게 최상의 교육 환경을 제공한다. 주말과 주중에 레크리에이션 및 특별활동 프로그램(호주농장 견학, 캥거루 섬과 Finders Ranges 여행, 숲속 걷기, 골프, 다이빙, 윈드서핑 등의 스포츠 활동, 영화 보기 등)을 제공한다. 대중교통수단, 대학, 아트센터, 주립 도서관, 쇼핑몰, 카페, 은행, 영화관 등이 도보 거리에 있다.

호주에서 쓸 한 달 학비로 필리핀에서 한 달 동안 필요한 기숙사비, 학비, 용돈을 모두 충당할 수 있기 때문에 많은 학생들이 필리핀에서 먼저 3개월 정도 어학연수를 하고 호주로 간다. 필리핀 어학연수 학교에서는 대부분 1:1 수업을 진행하고 있어 말하기나 듣기 실력이 낮은 경우 자신감을 향상시켜 알고 있는 문법과 단어들을 사용할 수 있게 한다. 특히 호주의 경우 아르바이트가 합법적이기 때문에 필리핀에서 어느 정도 영어 실력을 쌓은 후 호주에 가면 바로 아르바이트를 시작해서 생활비를 벌 수 있다.

마닐라 지역

Emilio Aguinaldo College(EAC 대학부설)

주소 1113–1117 San Marcelino Street, Ermita, Manila, Philippines
전화 63-2-528-4335
홈페이지 www.eacschool.com
수업시간
1:1수업(5시간)+1:4수업(1시간)+1:8수업(1시간)+무료그룹수업(1시간)=총8시간 1:4, 1:8, 그룹수업은 대만, 중국 학생들과 함께 진행

● 학교
400평 규모의 강의실, 인터넷실, 도서관을 갖추었으며 수영장, 헬스장은 무료로 사용 가능하다. 대학재단의 호텔과 병원 시설 또한 갖추고 있다. 호주, 캐나다의 선진 교육과정에 따라 체계적인 프로그램으로 교육하며 컴퓨터 시스템을 이용해 학생 관리와 학생들의 실력 배양에 역점을 둔다. 대학부설로서 학점 인정도 가능하다. EAC는 서양의 영어권 나라의 절반가량의 연수 비용으로 하루 총 8시간 동안 외국 학생들과 함께 공부할 수 있다. 또한 외국 학생이 거의 없는 다른 어학원에 비해 학생의 50%가 대만, 중국인이라는 것도 장점이다.
* 무료 수영 강습(1시간) 제공, 헬스장 이용 가능

● 기숙사
강의실과 같은 건물 내 6~10층에 위치한 교내 기숙사, 대학에서 도보로 1분 거리에 있는 호텔 기숙사 그리고 15분 거리에 있는 외부 기숙사 이렇게 3개의 기숙사를 운영하고 있다. 교내 인터넷실은 물론이고 교내 기숙사 내에서도 노트북이 있으면 무료 인터넷 사용이 가능하다. 호텔 기숙사에서는 객실 서비스와 호텔 부대시설을 이용할 수 있다.

C21 International Language School(C21)

주소 C21 International Language School #53 Xavierville Ave. Loyola Heights, Quezon City Philippines
전화 63-2-435-8277
홈페이지 www.c21.co.kr
수업시간
정규수업 6시간(맨투맨 3시간+스몰그룹 3시간)+무료 에세이(1시간)+무료 액티비티(영어기숙사, 1시간) = 총 7~8시간

● 학교
1999년에 개원한 전통 있는 어학연수 학교로 수십 개의 강의실과 인터넷실, 토익 테스트실, 독서실, 매점 등이 있으며 아담한 뜰을 포함한 독립 건물로 조용하고 쾌적하다. 스피킹 위주의 수업으로 자신감을 갖고 스피킹 실력을 향상시킬 수 있으며, 일본과 대만을 비롯해 여러 나라 학생들이 함께 공부하고 있다. 주말이나 수업시간 이후에는 저렴한 비용으로 골프강좌, 축구, 농구, 볼링, 당구, 헬스, 수영, 테니스, 스쿠버다이빙 등의 다양한 활동을 즐길 수 있다.

● 기숙사
특별기숙사와 영어기숙사 I, II 층 3개의 기숙사를 운영한다. 영어기숙사에서는 학생과 교사가 한 방에 지내면서 영어만 사용한다. 따라서 24시간 영어 환경에 노출되며 무료 스터디 그룹을 통해 영어 실력을 향상시키고 있다. 특별기숙사에서는 한국인 기숙사 매니저의 철저한 관리를 받으며 지낼 수 있다.

Communicate Near Native speaker(CNN)

주소 4th floor Claretian Communication Bldg #8 Mayumi St. U.P Village Diliman Quezon City Philippines
전화 63-2-433-2437
홈페이지 www.cnn-speakers.com
수업시간
ESL course
정규과정(6시간+open class 1시간)
집중과정(8시간+open class 1시간)
Speical Course
IELTS(1:1 4시간, 그룹 4시간) 비즈니스 전문코스(1:1 4시간, 그룹 4시간) 토익, 토플 코스(1:1 2시간, 그룹 4시간) TESOL 코스(1:1 4시간, 그룹 4시간)

● 학교
마닐라 UP국립대학 인근에 위치해 있으며, 10년 이상 검증된 CNN 자체 레벨업 시스템을 갖춘 전문 어학교다. 필리핀 어학연수 초창기인 1997년부터 수많은 경험자들의 추천과 평판으로 신뢰와 전통성을 유지해왔으며, 2006년 최우수어학교육업체로 선정된(Philippines Quality Awards For English Language School) 바 있다.

● 기숙사

지하 1층 지상 5층 규모의 초현대식 건물로 고급스럽고 깔끔한 인테리어를 자랑한다. 학생들의 개인별 취약점을 분석, 보완해주는 실질적인 R.S(Remedial Study Time) 프로그램으로 운영되는 차별화된 영어기숙사도 보유하고 있어 24시간 영어에 노출된다.

Man to Man Boarding School(MMBS)(딸락 지역)

주소 MMBS Rio Madera Tibag, Tarlac City, Philippines
전화 63-45-982-2658
홈페이지 www.mmbs.co.kr
수업시간
스파르타 S 1:1수업(4시간)+1:5그룹수업(2시간)+무료 그룹수업(2시간)+심화학습(1시간)+Daily test(1시간)
집중코스 A 맨투맨수업 5시간, 그룹수업 1시간, 공개강의 2시간
일반코스 B 맨투맨수업 4시간, 그룹수업 2시간, 공개강의 2시간
수영코스 C 맨투맨수업 4시간, 수영강습 1시간, 공개강의 2시간
골프코스 D 맨투맨수업 4시간, 골프강습 1시간, 공개강의 2시간

● 학교

마닐라 시내에서 2시간 30분 거리에 있는 MMBS는 1999년에 개원한, 필리핀에서 유일하게 자체 부지에서 정적으로 운영되고 있는 학원이다. 필리핀 최대 캠퍼스를 자랑하는 MMBS는 어학원 내에 수영장, 골프연습장, 농구장, 탁구장, 당구장, 배드민턴장, 잔디광장, 산책코스 등을 갖추고 있다. 수업량이 많아 외출할 기회가 없는 학생들에게 다양한 커리큘럼과 쾌적한 캠퍼스 환경을 제공한다.

● 기숙사

캠퍼스 내 일체형 기숙사로, 수많은 망고나무와 야자수 등이 기숙사 곳곳에 자리해 필리핀의 정취에 흠뻑 젖을 수 있다. 새소리, 물소리를 들으며 생활할 수 있는 MMBS캠퍼스는 그야말로 자연친화적이다.

세부 지역

Philinter Center For English Language Inc
(PHILINTER 필인터)

주소 Mustang, Ceniza Street Pusok, Lapu-lapu city Cebu 6015, Philippines
전화 63-32-340-7453
홈페이지 www.philinter.com
수업시간
7시간의 회화 수업을 제공(1:1수업 4시간+1:4그룹수업 3시간+무료 TOEFL수업)

● 학교

2003년 6월에 설립되었으며 50분 단위의 1:1수업과 영역별 전담강사 배정을 필리핀 내 처음으로 편성·운영한 영어교육 전문 어학원이다. 유자격교사(LET)에 의한 50분 단위의 수업, 희망강사 청강을 위한 자유로운 수강신청제도, 버디 시스템(Buddy System), 엄정한 레벨평가와 피드백, 그리고 학습 기간에 따른 개인별 맞춤교육의 클래스 코디네이팅(Class Coordinating)이 특징적이다.
수업의 연계성과 면학 분위기 강화를 위해 토요일 오전까지 정상수업을 확대 운영하며, 비록 스파르타식 교육을 추구하지는 않으나 레벨 측정(14단계) 및 시험 등의 학사일정과 수업 편성은 매우 타이트하게 진행한다.

● 기숙사

수경장, 강의동, 식당 및 카페테리아, 체육실, 외부휴게실, 자습실로 구분되어 있으며 한국인에게 친숙한 마당문화를 접할 수 있다. 인근에 위치한 마리나몰은 막탄의 중심지로서 대형할인마트, 한인교회, 병원 각종 상점이 위치해 있다.

ENGLISH FELLA(FELLA)

주소 Sitio Highway11, Brgy Talamban Cebu-city, Philippines.
전화 63-32-343-3902
홈페이지 www.englishfella.com
수업시간 1:1수업(4시간), 1:4수업(1시간), 1:8수업(1시간)

● 학교

천혜의 자연 경관을 갖춘 세부 중심에 위치해 있으며, 고액의 투자를 통한 세부 최대 규모(1500평 부지에 학교, 기숙사, 인터넷 카페, 수영장, 농구장 등을 일체형으로 건축)를 자랑한다. 영어의 각 영역별 전문화된 강사진을 보유하고 있으며, 모방할 수 없는 커리큘럼과 철저

한 학생 관리 시스템을 개발하여 학생의 만족을 극대화한다.

● **기숙사**

1~3인실을 운영하며 매일 실내 청소와 2주에 한 번 방역을 실시해 늘 청결을 유지한다. 기숙사 복도와 입구마다 정수기가 설치되어 있어 식수에 어려움이 없다. 또한 24시간 안전요원의 순찰로 외부의 침입이 없어 안전하다.

SME

주소 클래식 2141 Andres Abellana Extention, Cebu City, Philippines
스파르타 Academy Barangay Tigbao, Talamban, Cebu City, Philippines(Former Mt. SinaiLearing Center)
전화 클래식 63-32-346-7297 **스파르타** 63-32-346-7297
홈페이지 www.ssenglish.com
수업시간
정규수업(90분씩 3타임, 1:1수업, 1:4수업, 1:8수업 중 선택-1:1수업은 2타임 선택 가능)+무료 수업(공강: 90분씩 2타임, 새벽반/저녁반: 90분씩) = 최대 11시간

● **학교**

집중 스파르타 교육 방식과 세미 스파르타 방식으로 2개의 캠퍼스가 운영되고 있다. 집중 스파르타 방식인 캠퍼스가 있는 탈람반 지역은 CIS 국제학교 및 빌리지가 형성되어 각광받고 있는 지역이다. 중심가에서는 차로 20분 정도 떨어져 있으며, 조용한 분위기에서 공부하기 좋다. 세미 스파르타 방식인 제2캠퍼스가 있는 마볼로 지역은 세부의 가장 중심가에 위치하고 있으며, 다른 캠퍼스로의 전학도 가능하다. SME 클래식 센터는 필리핀 교육법인 최초로 영국문화원에서 공인한 IETLS 교육기관 및 공인 인증 시험센터이다.

● **기숙사**

스파르타는 1~3인실, 클래식은 1~5인실을 보유하고 있으며 각종 운동 시설이 마련되어 있다. 스파르타에는 20미터 길이의 수영장이 있다. 매점과 도서관을 비롯해 편안히 쉴 수 있는 공간도 마련되어 있다. 각 기숙사는 차량으로 10분 정도 거리 내에 있다.

Cebu International Academy(CIA)

주소 Cabahug St. North Reclamation Area Cebu City, Philippines.
전화 63-32-236-8256
홈페이지 www.cebucia.com
수업시간
1:1수업(4시간), 1:4수업(4시간), CNN&NATIVE&IELTS(2시간)/정규

수업 최대 8시간까지 가능

● **학교**

오랜 역사를 자랑하는 어학원으로서 체계적인 수업 방식과 8가지나 되는 다양한 커리큘럼, 90% 이상의 베테랑 선생님으로 이루어져 있어 영어에 목말라 있는 학생들에게 인기가 있을 뿐 아니라 높은 만족도를 인정받은 어학원이다. 학생 스스로 자기에게 맞는 과정을 선택하여 가장 효과적으로 영어 실력을 향상시킬 수 있다.

● **기숙사**

각 방에는 학생들을 위한 편의시설이 잘 갖추어져 있으며 청소와 세탁은 서비스로 이루어진다. 또한 학생들의 체력 보강에 도움이 될 사우나실과 헬스장이 있으며, 공부하는 학생들에게 없어서는 안 될 도서관을 비롯해 식당과 매점을 갖추고 있다.

M.T.M Cebu Language Academy(MTM)

주소 JY Campus Semi-Sparta 2F La Nivel Hotel, JY Square, Lahug, Cebu City
UV Campus UV ESL Academy, UV Banilad Campus, Cebu City
전화 JY Campus 63-32-231-7989
UV Campus 63-32-236-9130
홈페이지 www.mtmcebu.com
수업시간
JY Campus(Semy-Sparta) 1:1수업(3시간)+1:5수업(2시간)+1:10(ASP)+Speech Lab+Vocabulary+Essay
UV Campus 6시간 수업
ESL Course 1:1수업(3시간)+1:5수업(1시간)+1:10수업(2시간)

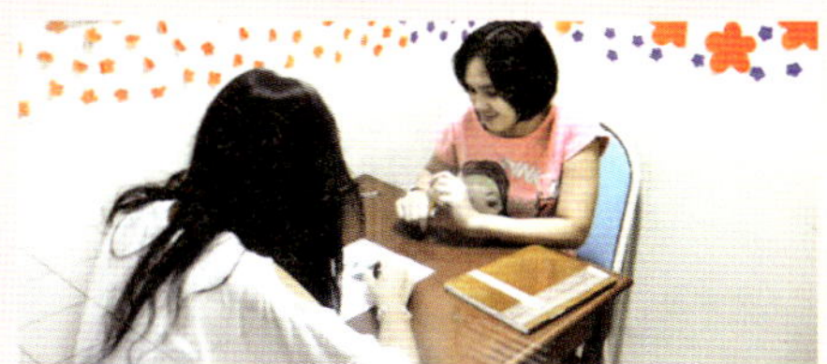

● 학교

세미 스파르타와 ESL 정규과정 2개의 캠퍼스를 운영하는 8년 전통의 현지 법인 교육기관으로 캠퍼스 간 이동이 가능하다. 제1 캠퍼스는 세미 스파르타 캠퍼스로, 매니저의 집중 관리를 받을 수 있다. 의지가 약한 학생 또는 초·중급 이하의 영어 실력으로 단기간에 영어 실력 향상을 목표로 하는 학생들을 대상으로 1일 10시간의 교육과정을 운영한다. 제2 캠퍼스는 일반 회화과정과, 취업준비반(Business English, PT), 시험대비반(IELTS, TOEFL, TOEIC) 등 다양한 과정이 개설되어 있다.

● 기숙사

JY 세미 스파르타는 신상업지구에 위치하며 수업과 숙식 일체형의 1~3인실을 제공한다. UV ESL 캠퍼스는 UV(Univ. of visayas) 대학 내에 위치하여 대학 캠퍼스에서만 볼 수 있는 면학 분위기를 자랑하며 현지 대학생과의 교류도 활발하다. 1인실과 2인실이 있으며 최신 시설을 갖추고 있다.

Cebu Friends

주소 Hr Torist Hotel, Pusok, Lapu-Lapu City, Cebu
전화 63-32-340-3851
홈페이지 www.friendscebu.com
수업시간
Morning class(30분), 1:1수업(6시간), 1:4수업(2시간), Night Class(90분), 정규수업 8시간, 최대 10시간

● 학교

공항에서 5분 거리에 위치하며, 실외에서 가볍게 운동하거나 쉴 수 있는 공간이 많다. 아침 6시 20분 기상, 주중 외출금지, 학원 내 음주금지 등 스파르타 시스템을 통해 학생들을 꼼꼼하게 관리한다. 정규 수업 외에 Night Class는 쉬는 시간 없이 90분 동안 진행되며 Listening, Grammar, Pronunciation 중 선택해서 들을 수 있다.

● 기숙사

리조트 형식의 단층 건물이며 1~4인실 구성이다. 식당, 수영장, 휴게실 등 공부에 지친 학생들이 마음 편하게 휴식을 취할 수 있는 시설이 갖추어져 있다.

EV 어학원

주소 Gov. Mariano Cuenco Avenue-Barangay Kasambagan, Cebu City
전화 63-32-505-3201
홈페이지 www.evenglish.com
수업시간

1:1수업(3시간), 1:5그룹수업(3시간), 1:8그룹수업(3시간), 하루 9시간

● 학교

세부 최고의 요지에 위치하여 교통이 매우 편리하며, 만평의 대지 위에 조성된 EV 신축 캠퍼스는 하루 9시간 주당 45시간의 수업을 운영한다. 강사는 출신 대학, 필기시험, 영어 인터뷰, 성실성 등의 각종 평가기준을 통과한 최강 실력의 강사진으로 구성되어 있다. 정규 수업 외 1:1 개별 테스트가 매일 진행되는데, 오전에는 어휘 시험으로 하루 50~100개의 단어 암기를 통해 기초 어휘력을 확보하고 오후에는 패턴영어로 기본 패턴과 숙어를 활용한 문장을 70~100개 암기하여 영어의 패턴을 익힌다. 세부에서 가장 스파르타한 학습 과정과 규율을 가지고 있고, 이 규율을 지키지 않을 경우 강력한 패널티가 적용된다.

● 기숙사

기숙사 내 침대와 책상, 의자 등은 모두 장시간 사용에 불편함이 없도록 준비되어 있다. 2인실과 3인실로 운영되며 청결하고 아늑한 느낌의 아담한 방으로 매일 식사와 청소 서비스가 제공되며, 세탁은 1주일에 1회 외부 업체가 들어와서 철저하게 관리해준다.
학생들을 위한 편의시설이 준비되어 있다. 매점, 야외 테라스 식당, 여가 시간을 보낼 수 있는 시네마, 필리핀 마사지사가 해주는 발 마사지를 받을 수 있는 마사지숍, 강의시간 외에 자율적으로 학습할 수 있는 도서관기 학원 내 자리하고 있다.

LifeCebu

주소 4th floor, Tower 2, Winland Towers, Juana Osmenia ext. Cebu City
전화 63-32-255-6361
홈페이지 www.lifecebu.com
수업시간
파워스피킹 코스 1:1수업(70분씩 3타임), 그룹수업(70분씩 2타임-소그룹, 네이티브, CNN 중 택2), 스페셜수업(50분씩 2타임-무료 선택수업)
OPC 코스 1:1수업(70분씩 4타임), 그룹수업(70분씩 2타임-소그룹, 네이티브), 특별수업(50분씩 1타임_대그룹)
토익스피킹 코스 1:1수업(70분씩 4타임), 소그룹수업(70분씩 2타임),

필수 스페셜수업(50분씩 1타임)
스파르타 코스 1:1수업(4시간), 소그룹수업(3시간), 대그룹수업(2시간),
테스트(1시간), 의무 자습(2시간) 총 12시간

● **학교**
스피킹을 전문적으로 운영하고 있다. 공부하는 영어가 아닌 말하는
영어를 만들고자 한다. 스피킹 집중프로그램으로 모든 수업이 진행되
는 관계로 평균 2~3개월의 짧은 기간이지만, 최대한의 실력 향상을
가져올 수 있다. 단순 프리토킹식 수업이 아닌 커리큘럼과 학습 목표
에 맞춰 하는 스피킹 수업이다. 입학시험, 중간시험, 졸업시험의 모든
영어 인터뷰 상황을 동영상으로 촬영하여 학생에게 제공함으로써 개
인 실력 향상을 직접 확인해볼 수 있다.

● **기숙사**
세부 업타운의 주택가에 위치하고 있는 고급 콘도미니엄 건물을 기숙
사로 사용한다. 야외정원, 간이수영장 등의 공간이 있어서 안락하며
편안하게 쉴 수 있다. 한 건물 내에 학원과 기숙사가 같이 위치해 있
어, 건물 내에서 학습 및 숙식이 모두 해결 가능하다.
싱글침대 및 침구, 옷장 및 수납장, 책상 및 의자, TV, 냉장고, 에어
컨, 온수기 등이 구비되어 있다. 다른 학원에 비해 충분히 넓은 기숙
사 공간으로 넓고 시원한 전망이 특징이다.

일로일로 지역

MK Education

주소 Sarabia Manor Hotel, 101 General Luna St. Iloilo City
Philippines
전화 63-33-335-1824
홈페이지 www.metro-korea.com
수업시간 1:1수업(4시간)+그룹수업(2시간)=총 6시간

● **학교**
전문 어학연수 센터로 2002년 창립하여 다양한 경험과 프로그램으로
확고한 자리매김을 하고 있다. 교육공학적으로 잘 설계된 프로그램,
엄선된 교재, 자격 있는 원어민 강사진 등이 하나로 어우러져 매우 유
익하고 알찬 어학연수 프로그램을 제공한다.

● **기숙사**
학생들의 안전과 쾌적한 환경에서의 연수를 위해 일로일로 최고의
호텔 기숙사를 이용하고 있다. 호텔 내의 모든 부대시설 이용도 가능
하다.

NEO International Language School(NEO)

주소 Chateau Angelique Hotel#39, Arguelles st. Jaro, Iloilo city ,
Philippines
전화 63-33-329-0240
홈페이지 www.neoya.co.kr
수업시간
일반 ESL 기본수업(6시간)+이브닝클래스(1시간)
세미 스파르타 기본수업(8시간)+이브닝클래스(1시간)

● **학교**
100명이 정원으로, 일본인 학생도 있으며 UP대학을 비롯한 30여 개
의 대학이 있는 필리핀 교육의 중심 도시 일로일로에 위치하고 있다.
일로일로 최초로 필리핀 교육청에서 정식 Language School로 등록
된 SSP, TESDA 인증을 받았으며 현대적인 시설을 갖춘 기숙식 어학
원이다. 또한, 숙련된 Teaching 경험을 가진 양질의 교사들로 구성된
어학원으로서 14년 역사 속에 수많은 우수한 연수생들을 배출하였다.

● **기숙사**
전실 2인 1실로 구성되어 있으며, 학교와 같은 건물에 있는 내부형 기
숙사로 각 방에는 침대, 책상, 옷장, 욕실 및 화장실, 인터폰, TV, 에
어컨 등의 편의시설을 갖추고 있으며 온수 공급과 정기적인 소독으로
쾌적한 기숙사 생활을 할 수 있다.

바기오 지역

Monol International Education Institute(MONOL)

주소 Brentwood's Apartelle 85 Brentwood Village M.Roxas St.
Baguio City 2600 Philippines
전화 63-74-304-2173
홈페이지 www.monol4u.com
수업시간 1:1수업(3시간), 1:4수업(4시간), Special Class or Self-
Study(2시간)

● 학교

학생들이 최상의 교육을 받을 수 있도록 강사들은 세미나 등을 통해 자질을 향상시키며, 안전을 위해 24시간 학원의 입구를 경비하고 있다. 월요일부터 금요일까지 1일 9시간 기준으로 정규수업과 10시간의 의무 자율학습을 정하고 있다.

● 기숙사

많은 숫자는 아니지만 3+1인실을 이용해 학생들이 24시간 영어에 노출될 수 있도록 한다. 학교 내에선 English Only Rule을 철저히 지켜 학생들이 공부에만 집중할 수 있도록 해준다. 단, 규칙을 어기면 주말 외출금지, 벌금, 벌점 등의 규정을 통해 학생들을 엄격하게 관리한다.

Pines International Academy(PINE)

주소 쿠이산 캠퍼스 2nd Floor, CooYeeSan Plaza Hotel, Naguilian Road. Baguio City
로멜 캠퍼스 Romel Building, Naguilian Road, Quezon Hill, Baguio City, Philippines
전화 쿠이산 캠퍼스 63-74-446-8865
로멜 캠퍼스 63-74-424-1514
홈페이지 www.pinesschool.co.kr
수업시간
파스타 1:1수업 3시간+소그룹수업 2시간+대그룹 수업 3시간+선택수업 2시간=총 10시간
우영미 1:1수업 4시간+소그룹수업 2시간+대그룹 수업 3시간+선택수업 3시간=총 12시간
무한도전 1:1수업 3시간+소그룹수업 2시간+대그룹 수업 3시간+기필성 저녁수업 4시간+선택수업 1시간=총 13시간

● 학교

다년간 축적된 경험을 바탕으로 가장 효과적이고 체계적인 6단계 학습 프로그램과 경험이 풍부한 강사진을 통해 빠른 시일 내에 실력 향상을 기대할 수 있다. 또한 현지 호텔을 이용하여 연수를 진행함으로써 연수생들에게 최적의 학습 환경을 제공한다. 또 개개인의 레벨테스트 후 가장 취약한 부분을 중점적으로 교육하며, 한국인 매니저가 개인의 학습을 철저하면서도 따뜻하게 관리해준다.

● 기숙사

호텔 룸을 기숙사로 이용한다. 2, 3인실 그리고 학생 3명과 강사 1명이 함께 사용하는 3+1인실이 있으며 호텔의 시설을 동일하게 이용할 수 있다. 장기 외국 생활에 식사 또한 중요한 요소이므로 1일 3식 한식을 준비 하여 어머니가 보살피듯이 편안한 분위기로 학생들의 건강관리에도 만전을 기하고 있다.

HELP English Institute(HELP)

주소 롱롱 캠퍼스 Help English Institute, La Trinidad City
마틴 캠퍼스 Martin`s Arartelle Brentwood village M.Roxas street Baguio city 2600, Philippines
전화 롱롱 캠퍼스 63-74-423-0899
마틴 캠퍼스 63-74-423-2900
홈페이지 www.helpenglish.co.kr
수업시간
SOS-Sparta 1:1수업(3시간)+그룹수업(2시간)+한인 매니저수업(1시간+스터디(2개)
Semi-Sparta 1:1수업(3시간)+그룹수업(2시간)+선택수업(1시간)+스터디(1개)
SOS Speaking 1:1수업(5시간)+그룹수업(2시간)+선택수업(1시간)
Elite-Sparta 모닝수업(1시간)+1:1수업(4시간)+그룹수업(1시간)+선택수업(1시간)+스터디(2개)
Elite-Speaking 모닝수업(1시간)+1:1수업(5시간)+그룹수업(1시간)
TOEIC/TOEFL/IELTS/GLT/TOEIC 스피킹/OPIC/Business 모닝수업(1시간)+개인수업(4시간)+그룹수업(1시간)+선택수업(1시간)+스터디 2개

● 학교

1996년 필리핀 최초로 스파르타 시스템을 도입한 어학연수 학교다. 오래된 학교이니만큼 남다른 강습 노하우를 가진 수준 높은 강사가 많아 학생들의 수업 만족도가 높다. 특이하게 한국인 교사가 초급, 중급, 고급 문법수업과 리딩수업을 하고, 회화 활용 시의 이해를 돕는다. 일명 '찍찍이' 라고 불리는 어학기가 필수품인데, Shadowing(듣고 따라 말하기), Crazy Reading(소리 내어 읽기), Group Study(단어&패턴 녹음) 등에 필요하다.

● 기숙사

'숲 속의 헬프'라고 불리는 롱롱 캠퍼스는 시내에서 차로 약 15분 떨어진 숲 속에 있다. 230명 정원이며, 골프연습장, 헬스장, 컴퓨터실, 영화관, 분수대, 농구대 등의 편의시설을 갖추고 있다. 특히 학생들이 운영하는 방송반이 있어 점심시간마다 아름다운 음악과 재미있는 사연들을 들을 수 있다. 80명 정원의 '시티 헬프'라고 불리는 마틴 캠퍼스는 시내에서 차로 약 5분 정도 떨어진 곳에 위치해 있으며, 장기연수를 하는 학생들이 많이 모여 있다.

TALK

주소 브렌트우드 센터 No.86 Brentwood Village, M.Roxas St. Baguio City
E&E 센터 Lot A Marcos Highway Brgy, Imelda Marcos Baguio City
전화 브렌트우트 센터 070-8226-4825/ 63-917-581-4094
E&E 센터 070-8242-2744/ 63-917-581-4097
홈페이지 www.canitalk.co.kr
수업시간
스파르타 1:1수업(5시간), 1:4수업(2시간), 단어 암기수업(1시간), 나이트 클래스(2시간)
세미 스파르타 1:1수업(5시간), 1:4수업(1시간), VOCA TEST(1시간)
토익 1:1수업(6시간), VOCA TEST(1시간), 모의토익 TEST(2시간)

● 학교

바기오 브렌트우드와 E&E 캠퍼스가 있는 토크 어학원은 자체 교재를 사용하는 것, 레벨링 시스템을 통해 각 파트별로 심화학습을 하는 것, 전문화된 교육을 위해 파트별 담당 강사가 해당 과목 이외에는 학생을 가르치지 않는 것, 이 세 가지 특징이 있다. 4주마다 한 단계 레벨 업그레이드가 가능한 11단계 레벨링 프로그램을 진행한다. 그리고 8주에 한번 진행되는 액티비티 수업을 통해 스파르타 영어에 지친 학생들이 즐겁게 영어를 접할 수 있는 기회를 제공한다. TOEIC 보장반을 운영하며 토익 점수를 확실히 올릴 수 있도록 스파르타로 학습한다.

● 기숙사

E&E 캠퍼스는 기존의 호텔 건물을 개조한 시설로, 바기오 전경을 한눈에 볼 수 있으며 조용하게 공부에 전념하기 좋은 분위기다. 브렌트우드 캠퍼스 또한 브렌트우드 빌리지 안에 위치해 안전하고 조용하다. 한국인 요리사가 있어서 학생들에게 양질의 식사를 제공한다.

OK English Academy(바콜로드 지역)

주소 Lopue's south square, Tangub, Bacolod city, Philippines
전화 63-34-433-4248
홈페이지 www.ok-english.com
수업시간
클래식 필리핀 1:1수업(4시간)+1:4수업(2시간) or 1:4수업(1시간)&스페셜수업(1시간)
클래식 아메리카 1:1수업(1시간,네이티브)+1:1수업(3시간) or 1:4수업(1시간) & 스페셜수업(1시간)+저녁수업(2시간)
스파르타 필리핀 1:1수업(4시간)+1:4수업(2시간)+스페셜수업(2시간)+저녁수업(2시간)+ 의무자습(2시간)
스파르타 아메리카 1:1수업(1시간, 네이티브)+1:1수업(3시간)+1:4수업(2시간) & 스페셜수업(2시간)+저녁수업(2시간)+의무자습(2시간)

● 학교

OK-English는 바콜로드 시티 남쪽의 조용한 빌리지 내에 위치하고 있다. 도심의 번잡함이나 소음이 없고 야자수들로 조경이 깔끔하게 잘 이루어져 리조트에서 생활하는 것 같은 느낌을 준다. 클래식과 스파르타 2가지 커리큘럼을 운영하고 있으며 경우에 따라 네이티브와 1:1수업을 할 수도 있다. 궁극적으로 연수 후 어떤 분야의 주제를 가지고도 영어로 대화할 수 있도록 다양한 소재로 실제상황과 같이 수업을 진행하며 동시에 정확한 영어를 구사할 수 있도록 최고의 튜터들과 함께 노력하고 있는 학원이다.

● 기숙사

연수생활에서 겪게 되는 불편함을 최소화하고 만족도를 높이기 위해 기숙사 관리에 많은 노력을 쏟고 있다. 기숙사는 최신 시설로 넓고 쾌적하며, 강의실에서 도보로 1분 거리에 있다. 필리핀 튜터와 함께 지낼 수 있는 2+1인실도 운영 중이며, 주중 통금시간을 엄수해야 한다. 기숙사 및 학교 전체에서 무선인터넷이 가능하다.

다바오 지역

E&G Language Center(E&G)

주소 Mary Knoll Road, Bo Vicente Hizon, Davao City,
Philippines
전화 63-82-234-6839
홈페이지 www.engdavao.com
수업시간
1:1수업(4시간)+1:4수업(4시간) 레벨테스트가 있는 금요일은 오전 시험
으로만 이루어짐

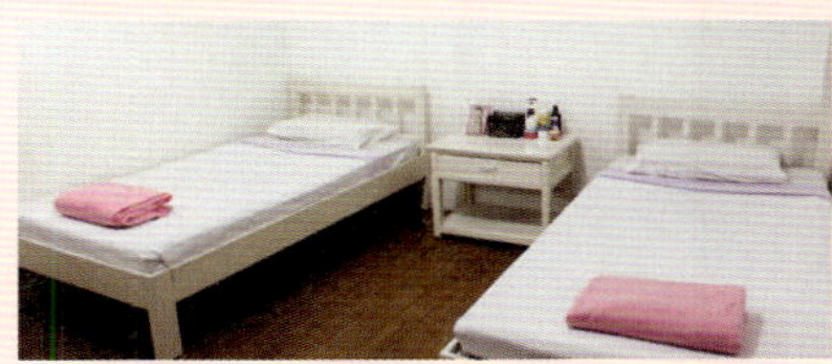

● 학교
스파르타식 어학연수 학교로 바닷가 바로 앞에 있어 아름다운 자연을
학교 내에서도 언제나 접할 수 있다. 철저한 스파르타 교육으로 월요
일부터 목요일까지 외출이 금지되며 금, 토, 일요일에는 외출은 허용
되지만 외박은 할 수 없다. 매일 저녁 의무 자율학습으로 공부에 집중
할 수 있다.

● 기숙사
기숙사 2, 3층에서 내려다보면 바닷가 풍경이 보이며 전망 좋은 테라
스, 야외 정원과 수영장, 농구장이 있다. 한국인이 직접 식사를 관리
하기 때문에 입맛에 맞는 식사를 할 수 있다. 시설이 깨끗하고 에어
컨, 책상, 침대, 온수시설 등이 구비되어 있다.

English Drs Academy

주소 Davao Airport View Commercial Complex Calos P.
Garcia Highway, Buhangin, Davao city
전화 63-82-234-6604
홈페이지 www.englishdrs.com
수업시간
코스 1 1:1수업(6시간), 1:4수업(2시간), 무료 옵션 수업(1시간) 총 9시간
코스 2 1:1수업(4시간), 1:4수업(2시간), 무료 옵션 수업(1시간) 총 7시간

● 학교
소수 정예로 한국인 매니저 4명이 학생들과 함께 생활하며 학업, 출
결사항, 연수생활을 철저하게 관리하는 관리형 연수시스템으로 운영
된다. 코스 A 연수 시 1:1수업이 6시간이며 1:1수업의 비율을 높여 단
기간의 열어 실력 향상에 초점을 맞추고 있다. 서류심사, 인터뷰, 심
층면접, IELTS, 모의수업의 5단계 채용 절차를 통과한 우수한 강사진
들로 구성되어 있고, 강사별로 Specialty를 개발하여 담당 과목제 운
영으로 수업의 전문성을 높였다.

● 기숙사
밝고 깨끗한 분위기의 신축 호텔을 기숙사로 사용한다. 기숙사 내 정
기적인 방역과 청소, 소독 등의 관리를 통해 연수생들이 공부에만 집
중할 수 있도록 쾌적한 환경을 유지, 관리하고 있다. 식당, 라운지, 농
구대, 배드민턴 코트, 슈퍼마켓, 은행, 편의점 등을 가까이에서 편하게
이용할 수 있다.

퀸즐랜드 주

케언스 Cairns

Bowen

퀸즐랜드
Queensland

Emerald

Gayndah

Gatton

누사
Noosa

브리즈번
Brisbane

골드코스트
Coldcoast

뉴사우스웨일스
New South Wales

Wentworth

Mildura

Cobram

Tumut

시드니 Sydney

캔버라 Canberra

빅토리아
Victoria

Batlow

멜버른
Melbourne

태즈메이니아
Tasmania

Huonville

호바트
Hobart

Bowen

토마토

바나나

케언스에서 남쪽으로 600km 지점 떨어진 곳에 있으며 1년 내내 농장 일이 있다. 연중 일자리가 있다 보니 평균 약 2,000여 명의 워커들이 여행자 숙소와 카라반 파크에서 생활한다. 바나나 농장이 주를 이루며 6~11월에는 토마토 및 여러 채소를 수확한다. 여행자 숙소나 카라반 파크에서 농장 일을 알선해주고 아침저녁으로 농장으로 픽업해준다. 추위를 싫어하면서 겨울에 농장 일을 하기 원하는 사람에게 적격이다.

- **Bowen Backpackers Hostel**
  전화번호: 07-4786-3433
  주소: Cnr Dalrymple & Herbert Street, Bowen

- **Barnacles Backpackers Hostel**
  전화번호: 07-4786-4400
  주소: 16 Gordon Street, Bowen

- **Tropical Beach Caravan Park**
  전화번호: 07-4785-1490
  주소: Howard Street, Bowen

- **Bowen job Centre**
  전화번호: 07-4786-2161
  주소: 29 Gregory Street, Bowen

Emerald

면

브리즈번에서 버스나 기차를 타고 북쪽으로 약 650km 정도 가면 Rockhampton이란 지역이 있는데 이 지역에서 서쪽으로 약 250km 정도 더 가면 Emerald에 도착한다. Emerald는 커튼 치핑cotton chipping이나 포도, 오렌지 수확 일이 많은 지역이다. 5~10월까지 오렌지 수확과 포도 가지치기pruning가 많고 10~1월까지 커튼 치핑이 많다. 보통 약 200여 명의 워커들이 일을 하고 있으며 카라반 파크나 여행자 숙소에서 생활한다.

- **The True Blue Gums Caravan Park**
  전화번호: 07-4982-2387
  주소: Andrews Road, Emerald

- **Nogoa Caravan Park**
  전화번호: 07-4982-1589
  주소: 43 Robert Street, Emerald

- **Emerald Cabin Caravan Village**
  전화번호: 07-4982-1300
  주소: 64 Opal Street, Emerald

Gayndah

만다린

브리즈번 북서쪽으로 약 350km 정도 떨어진 곳에 있으며 버스로 이동할 수 있다. 오렌지, 만다린, 레몬 등이 4~10월까지 많이 나오고 여름 시즌인 10~2월까지도 여름 오렌지를 수확한다. 약 1,000여 명의 워커들이 일을 할 만큼 농장이 많고 넓기 때문에 차가 있는 사람들은 농장마다 돌아다니며 직접 농장 주인과 접촉하는 것이 좋다. 만약 차가 없다면 일자리를 알선해주는 Riverview Caravan Park에 연락해보도록 한다.

- **Riverview Caravan Park**
  전화번호: 07-4161-1280
  주소: 3 Rarrow Street, Gayndah

Gatton

브리즈번에서 동쪽으로 약 1시간 30분 정도 떨어진 Gatton은 1년 내내 일할 수 있는 지역이다. 평소 약 500여 명의 워커들이 일을 하고 있으며, 9~10월 양파 시즌이 최성수기다. 파 농장 일은 익숙해지면 어렵지 않게 돈을 벌 수 있기 때문에 여자들에게 인기가 좋다.

- **Gatton job Centre**
  전화번호: 07-5462-3355
  주소: Railway Street, Gatton

Batlow

사과

복숭아

시드니에서 남서쪽으로 약 5시간 정도 떨어진 곳에 위치해 있다. 주로 11월 체리 수확을 시작으로 12월에는 사과 솎아주기thinning, 1~2월에는 복숭아와 배 수확, 3월 초~5월 초에는 사과 수확을 한다. 여자들은 주로 공장에서 일하기 때문에 남자들보다 좀 더 쉽게 일할 수 있다. 사과나무가 작을수록, 사과가 많이 달리고 클수록 돈을 벌기 좋다.

- **Ja&Ba Bowden&Sons**
  전화번호: 02-6949-1845
  주소: 1 Cottams Road, Batlow

- **Wyoal/Mouals Farm**
  전화번호: 02-6949-1519
  주소: 4129 Tumut Road, Batlow

- **Barlow Caravan Park**
  전화번호: 02-6949-1444

Tumut

포도

사과

캔버라에서 서쪽으로 약 190km 정도 떨어진 Tumut은 캔버라에서 버스를 타면 약 3시간 정도 걸린다. 1~3월까지 스톤 프루트(stone fruit, 복숭아 종류의 과일)를 수확하며 3~5월까지는 사과를, 3월부터는 한 달 정도 포도를 수확한다. 성수기에는 약 1,000여 명의 워커가 있으며 시간제보다는 능력제 일자리가 많은 편이다. 이 지역에 워낙 농장들이 많이 있기 때문에 콘트랙터에게 연락하는 것보다 농장 주인과 직접 연락하는 것이 더 유리하다.

- **Tumut Job Centre**
  전화번호: 02-6947-4040
  주소: 91 Wynyard Street, Tumut

- **Tumbarumba Blueberry Farm**
  전화번호: 02-6948-2841
  주소: Taradale Road, Tumut

- **Bullamunta Caravan Park**
  전화번호: 02-6872-2257
  주소: Mitchell Hwy, North Bourke, NSW 2540

애들레이드에서 동쪽으로 약 400km, 멜버른에서 북쪽으로 550km 정도 떨어져 있는 Wentworth는 여름과 겨울이 성수기다. 채소, 멜론, 복숭아, 아보카도, 아스파라거스, 콩 농장 등이 있으며, 6~8월까지 네이블 오렌지, 2~3월까지 발렌시아 오렌지를 수확한다. 콩 수확은 11~1월까지고 포도 수확은 12~3월까지로 성수기에는 1,000명의 워커들이 이 지역에서 일을 한다.

- **Wentworth job Centre**
  전화번호: 03-5027-2203
  주소: 32 Darling Street, Wentworth

- **Mildura Harvest Office**
  전화번호: 03-5022-1797
  주소: 97-99 Lime Avenue, Mildura

- **Riverboad Bungalow**
  전화번호: 03-5021-5315
  주소: 27 Chaffew Avenue, Mildura

- **Wombat Lodge Backpackers Hostel**
  전화번호: 0439-808-217
  주소: 162 Darling Street, Wentworth

Wentworth

호박

아스파라거스

Cobram

참외

수박

멜버른에서 북쪽으로 250km 정도 떨어져 있으며, 멜버른에서 기차를 타고 Shepparton으로 간 후 Cobram으로 가는 버스를 타야 한다. 평균적으로 2,000여 명의 워커들이 일하고 있으며 11~3월까지 여름 시즌에만 과일을 수확한다. 일하는 사람이 부족하기 때문에 성수기에도 좋은 농장을 선택하기 쉽다. 일을 구할 때는 농장 앞에 붙어 있는 광고를 보고 직접 구할 수 있으며 차가 없는 경우 잡 센터나 카라반 파크를 통해 구할 수 있다.

- **Codram East Caravan Park**
  전화번호: 03-5872-1207
  주소: Murray Valley Highway, Cobram

- **Worktrainers Job centre**
  전화번호: 03-5871-2716
  주소: 36 Bank Street, Cobram

Mildura

포도

카라반

카라반

멜버른에서 북쪽으로 약 550km, 애들레이드에서 동쪽으로 약 400km 정도 떨어진 곳에 있다. 1년 내내 여러 가지 농장 일이 있으며 특히 포도 성수기에는 10,000여 명의 워커가 필요한 최대 농장 지역이다.
여행자 숙소 비용은 주당 A$100~A$140 정도며 주로 여행자 숙소나 카라반 파크에서 농장 일을 소개해준다. 여행자 숙소에서 아침저녁으로 농장으로 픽업해줄 경우 하루에 5~10달러 정도 픽업비를 받기도 한다. 차가 있으면 농장주와 직접 접촉해서 일을 구할 수 있다.

- **Mildura International Backpackers Hostel**
  전화번호: 0408-210-132
  주소: 5 Cedar Avenue, Mildura

- **Peninsula Backpackers Hostel**
  전화번호: 03-5982-0488
  주소: 17 Mitchell Street, Mildura

- **Riviera Hotel Backpackers**
  전화번호: 03-5023-3696
  주소: 157 7th Street, Mildura

Adelaide Hills

사과

복숭아

애들레이드에서 버스로 약 30~40분 걸리는 Adelaide Hills는 사과, 복숭아, 배, 포도 등이 주로 재배되는 지역이다. 사우스오스트레일리아에서 생산되는 사과의 90%, 배의 80% 이상이 이 지역에서 생산된다. 성수기가 아니더라도 과일 솎아주기나 나무 가지치기 등의 일이 많다. 차를 타고 농장을 돌아다니면서 농장 앞의 광고gate call를 보고 직접 연락할 수 있으며 타운에 있는 Lenswood Coldstores 게시판에 붙은 광고를 보고 정보를 구할 수도 있다. 차가 없는 경우에는 YHA 여행자 숙소에서 지내면 YHA에서 소개해주는 농장에서 일할 수 있다.

- **Adelaide Hills Getaway**
  전화번호: 08-8388-9295
  주소: 290 Gilles Street, Adelaide

- **Job Centre**
  전화번호: 08-8398-2355
  주소: 3/221 Dutton Road

Renmark

애들레이드에서 북동쪽으로 250km 정도 떨어져 있으며 1년 내내 농장 일이 있기 때문에 약 3,000여 명의 워커들이 이곳을 다녀간다. 농장에 직접 전화해서 일을 구하기도 하지만 잡 센터, 인포메이션 센터

포도

등에서 정보를 얻어 일을 구할 수도 있다. 워낙 워커들이 많이 있기 때문에 카라반 파크에서도 쉽게 정보를 얻을 수 있다. 주로 하는 일은 만다린, 네이블, 오렌지 등 시추러스(Citrus, 오렌지 종류의 모든 과일) 수확이며, 포도 수확이나 포도 가지치기 일도 있다.

- **Riverbend Caravan Park**
  전화번호: 03-5482-6650
  주소: 1134 Stewarts Bridge Road Echuca

- **Renmark Caravan Park**
  전화번호: 08-8586-6315
  주소: Sturt Highway, Renmark

- **Information Centre**
  전화번호: 08-8586-6704
  주소: Murray Avenue, Renmark

- **Job Centre**
  전화번호: 08-8582-9307
  주소: 3 Riverview Drive, Berri

Waikerie

애들레이드 북동쪽으로 약 170km 정도 떨어져 있으며 약 1,000여 명의 워커들이 1년 내내 일한다. 겨울철에 시작하는 오렌지 수확은 5월 말~8월까지 성수기고 여름철인 10~2월까지는 발렌시아 오렌지 시즌이다. 그리고 2월부터 2달 정도가 토마토 시즌인데 토마토 수확은 농장마다 토마토를 기르는 방법이 다르기 때문에 임금과 조건이 다르다. 농장 일을 시작하기 전에 경험 있는 사람들에게 물어보고 농장을 결정하는 것이 좋다.

- **Waikerie Caravan Park**
  전화번호: 08-8541-2651

주소: 49 Peake Terrace, Waikerie

- **Sunlands Caravan Park**
  전화번호: 08-8541-9073
  주소: Cadell Street, Waikerie

- **Job Centre**
  전화번호: 08-8582-9307
  주소: 3 Riverview Drive, Berri

웨스턴오스트레일리아 주

Donnybrook

퍼스에서 남쪽으로 약 210km 정도 떨어져 있으며 봄인 10월과 11월을 제외한 모든 기간에 농장 일거리가 있다. 복숭아, 사과, 포도, 토마토 등을 주로 재배하며 여행자 숙소나 잡 센터에서 일자리를 소개해

준다. 보통 300~400명 정도 일하고 있으며 시간제의 경우 시간당
A$12~A$15 정도 벌 수 있다.

- **Brook Lodge Backpackers**
  전화번호: 08-9731-1520
  주소: 3 Bridge Street Donnybrook

- **Job Centre**
  전화번호: 08-9731-2400
  주소: City Southwest Highway, Donnybrook

Carnarvon

완두콩

피망

옥수수

퍼스에서 북쪽으로 약 900km 정도 떨어져 있으며 호주가 추워지기
시작하는 5월부터 11월 정도까지 일자리가 있다. 겨울철에는 토마토
나 콩, 옥수수, 피망 등 다양한 채소를 재배한다. 대부분 여행자 숙소
에서 일을 소개해주며 지역이 크지 않기 때문에 일할 사람이 많이 필
요하지는 않다.

- **Carnarvon YHA Backpackers Hostel**
  전화번호: 08-9941-1095
  주소: 97-99 Olivia Tce, Carnarvon

- **Plantation Caravan Park**
  전화번호: 08-9941-8100
  주소: Rob Street, Carnavon

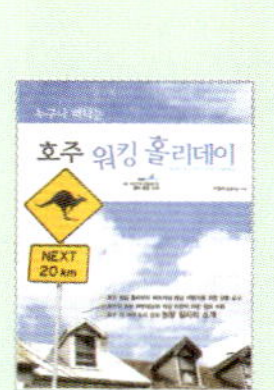

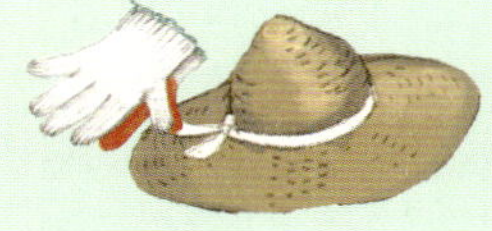

상기에 수록된 농장 정보는
「호주 워킹홀리데이」(BEST HOUSE)에서
제공받았습니다.

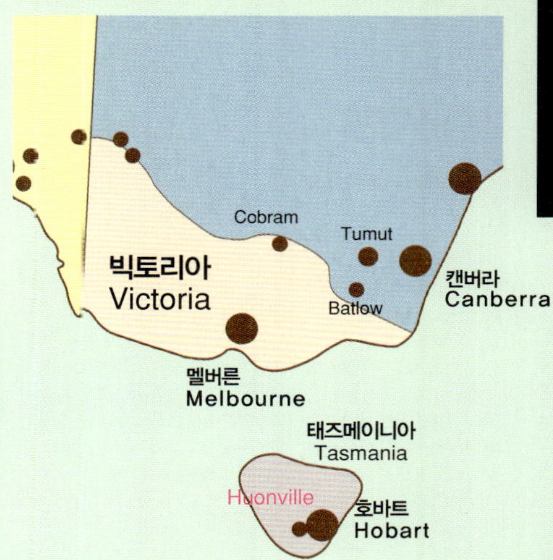

Huonville

사과

호바트에서 버스를 타면 남서쪽으로 약 50분 거리에 있는 지역. 사과
외 체리, 포도 수확 일자리가 있다. 주로 12~4월까지 농장 일이 있으
며 여행자 숙소나 호스텔에서 일자리를 알선해준다. 잡 센터를 이용
하 소개를 받거나 농장에 직접 연락할 수도 있다. 성수기에는 약
2,000여 명의 워커들이 일을 하기 때문에 숙소가 부족할 수 있다. 성
수기가 시작되기 전에 농장에 가는 것이 좋다.

- **Job Centre**
  전화번호: 03-6264-2777
  주소: 3-7 Wilmot Street, Huonville

- **Huon Valley Hostel**
  전화번호: 03-6295-1551
  주소: Sand Hill Road, Cradoc

호주대륙 반바퀴 한달 코스

1일 케언스(6박7일)

케언스Cairns

케언스는 사계절 내내 높은 기온과 맑은 하늘, 야자수 우거진 열대우림과 산호초로 뒤덮인 푸른 바다가 있어 전 세계 여행자들이 선호하는 휴양 도시다. 주변을 관광하기에 좋고 볼거리가 많으며 스노클링, 스쿠버 다이빙, 래프팅 등 다양한 액티비티를 즐길 수 있다. 시티에는 2003년에 오픈한 에스플래너이드 라군Esplanade Laggon이 있는데, 일종의 야외 수영장으로, 수영장, 탈의실 등을 무료로 이용할 수 있고 바닥에 고운 모래가 깔려 있어 바다에서 수영하는 듯한 기분을 느낄 수 있다.

털리 강 래프팅Tully Rafting

케언스에서 래프팅을 즐길 수 있는 곳으로는 러셀 강Russel River, 존스톤 강Johnstone River, 털리 강Tully River, 배런 강Barron River 등이 대표적이다. 래프팅은 코스의 난이도에 따라 1등급에서 6등급까지 있는데 5~6등급은 위험할 수 있기 때문에 초보자들은 위험하지 않고 지루하지 않은 털리 강(4등급)이나 배런 강(3등급)에서 주로 래프팅을 즐긴다. 털리 강은 케언스에서 2시간 정도 떨어져 있으며 아침 6시 30분에 케언스에서 투어가 출발한다. 배런 강 래프팅이 저렴하고 이동 시간도 절약할 수 있지만 털리 강 래프팅이 좀 더 스릴 있기 때문에 털리 강 래프팅을 추천한다. 래프팅이 끝나고 나면 비디오로 촬영한 것을 보여주는데 마음에 들면 비디오테이프를 구입할 수도 있다.

Raging Thunder
전화번호: 07-4030-7900
이용요금: 반나절 배런 래프팅: A$133
　　　　　하루 털리 래프팅: A$190
홈페이지: www.ragingthunder.com.au

스카이다이빙Sky Diving

3km 이상의 상공에서 뛰어내린다!! 보통 담력으로는 하기 힘든 스카이다이빙이지만 일단 하기로 마음을 먹었다면 당당하게 비행기를 타고 하늘로 올라가보자. 20~30분 정도 전문 강사의 설명을 들은 후 특수 장비를 착용하고 숙련된 조교와 함께 2인 1조가 되어 뛰어내린다. 심호흡을 하고 비행기 밖으로 몸을 날리는 순간 온몸으로 느껴지는 짜릿한 스피드와 귓전을 때리는 바람소리, 흰 구름을 뚫고 날아가는 자유로움, 결코 잊을 수 없는 멋진 경험이 될 것이다. 최하 2km,

최고 4km에서 스카이다이빙을 할 수 있으며, 30초~1분 정도 자유낙하한 후 낙하산을 펴고 내려온다. 만약 스카이다이빙 준비 과정부터 낙하와 착륙 과정까지 DVD로 촬영하기 원한다면 약 100달러 정도 추가 비용을 지불하면 된다.

Sky Dive Cairns
전화번호: 07-4031-5466, 1800-444-568(무료)
이용요금: 다이빙 높이에 따라 요금이 달라지
　　　　　며 대략 A$250부터 시작함
홈페이지: www.skydivecairns.com.au

열기구Balloon 탑승

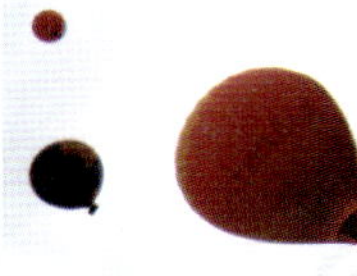

케언스는 열기구를 타기에 기후가 가장 적절한 곳이다. 기구를 타고 바라보는 케언스의 풍경이 너무도 아름답기에 추천해주고 싶은 투어다. 해가 떠오르기 전 어두운 새벽녘, 푸른 불꽃들이 가득한 어스름한 들판 위로 열기구가 둥실 떠오르는 느낌은 탄성을 지를 만큼 스릴 있고 재미있다. 약 1시간 정도 열기구를 타는데, 상공에서 바라보는 장엄한 일출 장면은 평생 잊지 못할 아름다운 기억으로 남을 것이다.

Champagne Balloon
전화번호: 07-4039-9955
이용요금: A$195(출발시간 4:30am)
홈페이지: www.champagneballoons.com

스쿠버다이빙Scuba Diving
자격증 취득하기(PADI 취득 3일 코스)

케언스는 스쿠버다이빙의 천국이다. 산소통을 메고 직접 바다 속으로 들어가서 보는 그레이트 배리어 리프의 산호섬들과 푸른 바다는 말로 표현할 수 없을 만큼 아름답다. 혼자 다이빙을 즐기고 싶다면 PADI(Professional Association of Diving Instructors, 세계 최대의 프로페셔널 다이빙 단체) 오픈 워터 자격증을 따보자. 수영장에서의 훈련과 산호초 다이빙으로 구성된 4일간의 실속 코스로 진행된다. 수영 테스트와 10분 이상 물에 떠 있기, 바다에서 하는 4번의 스쿠버 테스트를 모두 통과하면(건강증명서 필요) PADI 오픈 자격증을 취득할 수 있다. 이 자격증만 있으면 세계 어디에서나 혼자 스쿠버다이빙을 즐길 수 있다.

다이빙 케언스Diving Cairns
전화번호: 07-4041-7536
이용요금: 약 A$830
홈페이지: www.divingcairns.com.au

8일 에얼리 비치(2박 3일)

휘트 선데이Whitsunday 제도
2박 3일 요트 투어Sailing Tour

에얼리 비치는 시티를 가로지르는 슈트 하버 로드를 따라 30분 정도
면 다 돌아볼 수 있는 작은 섬이다. 에얼리 비치에서 출발하는 요트
투어는 최고급 요트에서 숙식을 해결하며 짧게는 몇 시간에서 길게는
4일까지 휘트 선데이 제도의 산호섬을 여행하는 투어다. 휘트 선데이
제도는 호주 사람들도 신혼여행으로 많이 찾는 지역으로 '지상의 천
국'이라 불릴 만큼 아름답다. 세일링을 하면서 스노클링이나 스쿠버
다이빙처럼 다양한 액티비티를 즐길 수 있다. 요트 안에는 침실은 물
론 주방, 화장실, 샤워실 등이 갖춰져 있으며 보통 직원 2명이 함께
승선해서 향해와 요리, 안내를 전부 책임진다. 휘트 선데이 제도의 아
름다운 여러 섬들을 제대로 감상하려면 2박 3일 투어가 가장 적당.
일반적으로 한 요트에 10~20여 명이 타는데, 너무 많은 인원보다 10
여 명 정도가 세일링의 재미를 느끼기에 좋다.

Fantasea Cruise
전화번호: 07-4967-5455
이용요금: 1일 투어: 약 A$120 이상
　　　　　2박 3일 투어: 약 A$280 이상
홈페이지: www.fantasea.com.au

11일 프레이저 섬(3박 4일)

하비 베이Hervey Bay

하비 베이는 그다지 볼 것은 없지만 프레이저 섬에 가기 위해 거쳐야
하는 곳으로 유명하다. 프레이저 섬으로 들어가는 투어 신청은 여행
자 숙소나 하비 베이에 있는 여행사에서 어렵지 않게 할 수 있다. 호
주의 겨울인 7~10월 사이에는, 길이 10~15m, 몸무게 40톤에 달하
는 험프백 고래Humpback Whale가 이곳에 머물면서 점프를 하기

때문에 여행자들이 많이 몰려든다. 고래를 보려면 배를 타고 1~2시
간 정도 바다로 나가야 하기 때문에 4시간짜리 투어를 신청한다.

Quick Cat(고래 투어)
전화번호: 07-4128-9611
이용요금: A$110
홈페이지: www.herveybaywhalewatch.com.au
투어시간: 8시~12시, 13시~17시

Fraser Roving Backpacker
전화번호: 07-4125-6386, 1800-989-811(무료)
이용요금: 약 A$25~A$30/day(6인~10인실)
홈페이지: www.fraserroving.com.au
프레이저 섬 투어: 2박 3일 A$300
(투어 인원에 따라 요금이 달라지며, 식비와 기름값 별도 지불)

프레이저 섬Fraser Island

프레이저 섬은 세계에서 가장 큰 모래섬으로 1992년에 세계유산으로
등록되었다. 최대 길이는 120km, 폭은 가장 넓은 쪽이 약 27km, 가
장 좁은 쪽이 약 5km 정도인데 섬 전체가 모래로 덮여 있다. 프레이
저 섬을 투어할 때는 주로 사륜구동 자동차에 식기를 포함한 야영 장
비 일체를 싣고 4~10여 명이 함께 다닌다. 출발 전 같이 여행할 사
람들과 함께 음식을 구입하고 투어 중에는 당번을 정해 요리해보자.
여러 나라에서 온 젊은 여행자들이 많기 때문에 영어를 할 수 있다면
친구들을 많이 사귈 수 있을 것이다.

15일 브리즈번(1박 2일)

브리즈번 시티Brisbane City와 사우스뱅크Southbank

브리즈번은 그리 크지 않아 걸어 다니면서 시티를 구경할 수 있다. 먼
저 퀸 스트리트Queen St.를 중심으로 시청city hall과 도서관, 식물원
botanical garden, 카지노 등을 둘러보자. 카지노 앞에 있는 다리를
이용해 강을 건너면 브리즈번 박물관과 국립도서관, 브리즈번의 명소

Lone Pane Koala Park
전화번호: 07-3378-1366
이용요금: A$19(VIP카드 보유 시 20% 할인)
홈페이지: www.koala.net
개장시간: 8시 30분~17시

브리즈번 → 골드코스트로 이동(오후 버스)

사우스뱅크에 갈 수 있다. 강 건너 고층 빌딩을 구경하면서 사우스뱅크를 산책하거나 사우스뱅크 안에 있는 인공 해변에서 물놀이를 하는 것도 재미있다. 사우스뱅크 곳곳에 설치된 바비큐 시설을 무료로 이용할 수 있어 많은 사람들이 평일, 주말 구분 없이 고기와 채소를 준비해 간편한 바비큐 파티를 연다. 강변을 따라 이어진 근사한 카페에서 커플들이 데이트를 즐기며 주말에는 재래시장open market이 열려 여러 가지 수공예품들을 감상할 수 있다.

브리즈번 인포메이션
www.brisbanetourism.com.au

사우스뱅크
www.visitsouthbank.com

17일 골드코스트(2박 3일)

골드코스트Gold Coast

퀸즐랜드 주에 위치한 세계적인 관광 휴양지 골드코스트는 42km에 이르는 금빛 모래사장과 온난한 기후로 유명하다. 북쪽의 사우스포트 Southport에서 남쪽의 쿠란가타Coolangata까지 아름다운 해변이 펼쳐져 있는데, 특히 서퍼스 파라다이스 해변은 그중에서도 중심 휴양지다. 관광객들을 위한 고층 호텔과 쇼핑 아케이드, 레스토랑, 나이트클럽 등이 해변을 따라 줄지어 있다. '서핑의 천국'으로 알려진 해변에는 모래범벅이 된 채 옆구리에 서프보드surf board를 낀 젊은이들이 활보하고, 해변을 끼고 발달한 도시답게 거리에는 항상 뜨거운 활기가 넘쳐난다.

골드코스트 관광청
www.verygc.com

무비 월드, 씨 월드, 드림 월드 등의 테마 파크 방문

마운틴 쿠사Mt. Cootha

브리즈번 시청 앞에 있는 애들레이드 스트리트Adelaide St.에서 471번 버스를 타고 서쪽으로 30분 정도 가면 해발 270m 정도 되는 마운틴 쿠사 전망대에 도착한다. 마운틴 쿠사는 우리나라 서울 타워에서 서울 시내를 한눈에 내려다보듯 브리즈번 전체를 한눈에 볼 수 있는 곳이다. 또한 열대 전시관, 호주 최대의 토마스경 브리즈번 천문관Sir Thomas Brisbane Planetarium 등이 있다. 전망대에는 기념품 판매점과 레스토랑이 있어 작은 기념품을 구입하거나 맛있는 커피를 마시며 브리즈번 야경을 감상할 수 있다.

론 파인 코알라 파크Lone Pine Koala Park

1927년에 설립된 론 파인 코알라 파크에는 130마리 이상의 코알라들이 있는데, 코알라를 안거나 캥거루, 야생 붉은 잉꼬새에게 직접 먹이를 줄 수 있으며, 개 양몰이 쇼도 볼 수 있다. 론 파인 코알라 파크에 가려면 브리즈번 시티 퀸 스트리트에 있는 마이어 센터Myer Centre 지하 버스 역에서 430번 버스를 타거나 시청 앞에 있는 애들레이드 스트리트에서 445번 버스를 타고 30분 정도 가면 된다. 론 파인 코알라 파크 홈페이지에 가면 한글로 된 설명을 볼 수 있다.

1. 씨 월드Sea World

테마 파크 중 가장 인기 있는 씨 월드는 호주 최대의 해상공원으로, 서퍼스 파라다이스에서 북쪽으로 3km 정도 떨어진 곳에 있다. 악어와 상어, 바다표범 등 여러 동물들과 돌고래 쇼, 물개 묘기, 미녀들의 수상스키 쇼, 수족관

등 볼거리가 다양하고, 롤러코스트, 해적선탐험, 모노레일, 바이킹, 버뮤다 삼각지 등 놀이기구들이 많다. 대형 미끄럼틀이 있는 수영장이 있어 바닷가에서 미처 수영을 즐기지 못했다면 이곳을 이용해보자. 씨 월드 홈페이지에 가면 한국어로 된 설명을 볼 수 있다.

씨 월드
전화번호: 07-5588-2205
이용요금: A$80
홈페이지: www.seaworld.com.au
개장시간: 10시~17시

2. 드림 월드Dream World

서퍼스 파라다이스에서 북쪽으로 20분 정도 떨어져 있으며 무비 월드나 씨 월드가 이벤트 중심인 데 비해 드림 월드는 놀이기구 위주로 구성되어 있다. 세계에서 가장 높은 곳(120m)에서 시속 135km로 떨어지는 The Giant Drop, 35층 높이로 올라갔다가 뒤로 앉은 채 6.5초간 160km로 떨어지는 Tower of Terror, 최고 속도 87km로 1,207m를 달리는 Thunderbolt 등 놀이기구들이 많다. 또한 호주 최대 자연 야생 동물원 중 하나인 '와일드라이프 익스피리언스'에서 양털 깎기, 양을 모는 목축견, 부시 댐퍼 빵과 함께하는 '호주 농장 쇼' 등을 보며 호주식 농장의 멋을 체험해볼 수 있다. 야생 동물원에는 800마리가 넘는 호주의 토종 동물과 희귀 동물이 살고 있다.

드림 월드
전화번호: 07-5588-1111
이용요금: A$80
홈페이지: www.dreamworld.com.au
개장시간: 10시~17시

3. 무비 월드Movie World

워너브라더스가 만든 '골드코스트의 할리우드' 무비 월드는 영화의 한 장면을 보면서 놀이기구를 타기 때문에 마치 영화 속 주인공이 된 것 같은 기분을 느낄 수 있다. '죽음의 무기Lethal Weapon'와 같이 아찔한 스릴을 맛보는 놀이기구에서부터 다채롭지만 아기자기한 '루니 툰즈 마을Looney Tunes Village' 등 재미있는 놀이기구들이 많다. 웃음을 연발케 하는 '폴리스 아카데미 스턴트 쇼Police Academy Stunt Show', 거리에서 펼쳐지는 배트맨의 활약상 등 볼거리도 많고, 영화 촬영에 사용되는 블루 스크린 효과, 효과음 입력, 특수 촬영기술 등을 실제로 체험할 수 있다.

무비 월드
전화번호: 07-5588-1111
이용요금: A$80
홈페이지: www.movieworld.com.au
개장시간: 10시~17시

호주의 동쪽 끝, 바이런 베이Byron Bay

호주에서 가장 동쪽에 있기 때문에 해가 가장 빨리 뜬다는 바이런 베이는 뉴사우스웨일스 주에 속하지만 차로 가면 시드니에서 13시간, 골드코스트에서 1시간 30분 정도 걸린다. 바이런 베이에서 가장 유명한 곳은 동쪽 끝에 있는 1901년에 만들어진 118m 높이의 흰 등대다. 요즘도 배를 위해 불을 밝히고 있으며 40km 밖에서까지 빛이 보인다고 한다. 등대에서 해변에 이르는 계단을 내려가면 '호주 동쪽 끝'이라는 기념비를 볼 수 있고 등대 주변에서 패러글라이딩도 할 수 있다. 한국인들에게는 많이 알려지지 않았지만 서핑을 즐기기 위해 이곳을 찾는 유럽인들이 많다. 도시가 크지 않기 때문에 주로 걸어 다니거나 자전거를 타고 다닌다.

바이런 베이 인포메이션
전화번호: 02-6680-8558
이용요금: 무료
홈페이지: www.visitbyronbay.com
업무시간: 9시~17시

골드코스트 → 시드니로 출발(비행기 또는 저녁 버스)

20일   시드니(4박 5일)

시드니 시티Sydney City

세계의 3대 미항으로 꼽히는 시드니에는 오페라 하우스Opera House가 있다. 호주에 대해서 잘 모르는 사람이라 하더라도 오페라 하우스는 들어봤거나 사진으로 본 적이 있을 것이다. 시드니에 왔다면 호주코다 더 유명한, 우아한 자태의 오페라 하우스를 먼저 둘러보도록 하자. 오페라 하우스 주변의 달링하버Darling Harbour, 서큘러키Circular Quay, 하버 브리지Harbour Bridge, 더 록스The Rocks 등을 걸어 다니며 구경한다. 시드니 시티 중심가에는 오피스, 쇼핑센터뿐만 아니라 하이드 공원Hyde Park, 왕립 식물원Royal Botanic Garden 등 넓은 녹지대가 펼쳐져 있어 여유로움을 느낄 수 있다.

시드니 인포메이션
전화번호: 02-9240-8788, 1800-067-676(무료)
이용요금: 무료

홈페이지: www.sydneyvisitorcentre.com
업무시간: 9시 30분~17시 30분

맨리 비치Manly Beach와
노우스 헤드 전망대North Head Lookout

노우스 헤드를 끼고 있는 시드니 북부 맨리 지역은 시티에서 차를 타면 약 1시간 정도 걸리고 서큘러 키에서 페리를 이용하면 30분 정도 걸린다. 파도가 높은 맨리 비치는 유럽인들 사이에서 서핑 장소로 유명하다. 맨리 선착장 왼쪽에 있는 웨스트 에스플레네이드West Esplanade B 버스 정류장에서 135번 버스를 타면 노우스 헤드 전망대에 갈 수 있다. 노우스 헤드 전망대에 서면 시드니가 한눈에 내려다보이고 사우스 헤드의 아름다운 절벽이 보인다. 깎아지른 듯한 절벽 아래로 출렁이는 푸른빛의 파도는 놓칠 수 없는 볼거리. 전망대에서 걸어내려 오다 보면 노스 포트 박물관North Port Museum이 있다.

맨리 인포메이션
전화번호: 02-9976-1430
이용요금: 무료
홈페이지: www.manlyweb.com.au
업무시간: 9시~17시(평일), 10시~16시(주말)

킹스 크로스Kings Cross

킹스 크로스는 시티 동쪽 1km 지점인 윌리엄 스트리트William St.의 막다른 곳에 있다. 킹스 크로스는 예전에는 시드니의 부촌이었으나 지금은 다소 외지고 허름한 동네다. 밤이 되면 100m 남짓한 거리가 네온사인 간판 일색의, 가히 좋지 않은 나이트클럽, 레스토랑, 토산물 가게, 섹스 숍, 스트립 극장이 영업하는 번화가로 변신하고, 업소 삐끼들이 영어와 일어, 한국어로 손님들을 유혹한다. 호주의 어떤 지역에서도 이런 광경을 볼 수 없기

때문에 많은 관광객들이 일부러 찾아오기도 한다. 괜한 객기만 부리지 않으면 여행자들이 많은 지역이기 때문에 그렇게 위험하지는 않다.

시드니 동부 해안, 본다이 비치Bondi Beach

시드니에서 가장 유명한 비치를 꼽으려면 본다이 비치라고 할 수 있겠다. '본다이'라는 말은 '바위에 부서지는 파도 소리'라는 뜻의 원주민 언어로, 시원한 파도는 많은 서퍼들을 본다이 비치로 불러들이고 있다. 여름에는 아름다운 여성들이 비키니 차림 또는 반라의 차림으로 선탠을 즐기고, 본다이 비치 근처에 있는 100m 높이의 까마득한 갭 절벽Gap Bluff에는 거센 파도가 와서 부딪친다. 본다이 비치에 가려면 서큘러 키에서 시티 버스 380번 또는 382번, 389번을 타거나 시티에서 시티 레일을 타고 본다이 정션Bondi Junction 역까지 간 뒤 지하에 있는 버스 터미널에서 380번이나 381번, 392번 버스를 탄다.

시드니 타워Sydney Tower

시드니 전경은 낮보다 밤이 더 아름답다. 아름다운 시드니 야경은 시드니 타워에서 보는 것이 최고다. 1981년에 지어진, 높이 305m의 시드니 타워는 4개 층으로 이루어져 있는데 1층과 2층은 360도 회전하는 전망 레스토랑이고 3층은 커피숍, 4층은 전망대다. 4층에서 시드니 전망을 감상할 수도 있지만 좀 더 스릴과 아름다움을 만끽하고 싶다면 스카이워크Skywalk를 이용해보자. 스카이워크는 전망대 밖으로 나와 시드니 타워를 30m 정도 올라간 후 별도로 설치된 전망대에서 시드니를 전망할 수 있는 투어 상품이다. 유리로 되어 있는 전망대 바닥과 허리 높이까지 오는 유리 안전망이 마치 공중에 떠 있는 것 같은 기분을 느끼게 한다.

Sydney Skywalk
전화번호: 02-9333-9200
이용요금: A$65
홈페이지: www.sydneytoweroztrek.com.au
　　　　　www.skywalk.com.au
업무시간: 9시~22시(마지막 스카이워크 시작 시간은 20시 15분)

시티 센트럴 역 → 카툼바 역(기차)

블루 마운틴Blue Mountain

시드니 서쪽 100km 지점, 그림과 같은 아름다운 마을들과 거대한 국립공원이 광활하게 펼쳐져 있다. 루라 마을Leura과 카툼바 마을Katoomba, 세 자매 봉우리Three Sisters, 에코 포인트Echo Point, 관광 열차Scenic Railway 등이 블루 마운틴의 관광 명소들이다. 우리나라 여행자들은 대부분 에코 포인트, 시닉 월드Scenic World를 방문하고 가벼운 부시워킹만 하고 돌아가지만 번지 점프나 암벽 등

반, 협곡 타기, 산악자전거 타기 등 다양한 액티비티를 할 수 있다. 블루 마운틴에 하루 정도 머물 경우에는 혼자 돌아다니는 것보다 카툼바 역 앞에 있는 여러 여행사 중 한 곳을 이용해 하루 투어를 하는 것이 더 낫다.

Fantastic Aussie Tours
전화번호: 02-4782-1866
홈페이지: www.fantastic-aussie-tours.com.au

시드니 → 캔버라로 이동(아침 첫 버스)

24일 캔버라(무박)

캔버라Canberra

원주민 언어로 '사람이 모이는 곳' 이라는 뜻의 캔버라는 호주의 수도다. 캔버라는 작은 도시로, 벌리 그리핀 호수Lake Burley Griffin를 사이에 두고 도시가 남북으로 나뉜다. 호수 남쪽에는 연방정부 의사당 및 각 관청들이 있고 그 건물들을 끼고 주택 지구가 형성되어 있다. 북쪽은 교육 지구, 시청사 지구를 형성하며 그 뒤로 공업 지구, 주택 지구가 발달되어 있다. 자전거를 타고도 충분이 돌아볼 수 있으며 자전거는 유스호스텔 또는 여행자 숙소, 또는 벌리 그리핀 호수 근처에 있는 대여점에서 빌릴 수 있다. 대여료는 하루에 A$39이며 헬멧과 자전거 지도, 잠금장치도 같이 빌려준다.

캔버라 인포메이션
전화번호: 02-6205-0044, 1300-554-114(무료)
이용요금: 무료
홈페이지: www.canberratourism.com.au
업무시간: 9시~17시(평일), 10시~16시(주말)

캔버라 → 멜버른으로 이동(마지막 버스)

25일 멜버른(3박 4일)

멜버른 시티Melbourne City

호주의 문화와 교육의 도시. 호주 안의 유럽이라 불리는 멜버른은 야라 강Yarra River을 중심으로 남북으로 나뉜다. 북쪽은 시티가 중심이며, 질서정연한 도로와 19세기 르네상스 양식의 건물, 그 위를 달리는 트램tram이 마치 영국에 온 듯한 기분을 느끼게 한다. 주 의사당, 구 재무성 빌딩, 타운 홀 등 19세기의 고풍스런 건축물에서 전통과 품위를 느낄 수 있다. 남쪽에는 아름다운 공원들이 많이 있는데 그 중 알버트 공원Albert Park과 왕립 식물원Royal Botanic Gardens이 대표적이다. 중심 거리인 스완스톤 스트리트Swanston St., 버크 스트리트Bourke St., 콜린스 스트리트Collins St.를 알면 멜버른 시티를 보다 쉽게 여행할 수 있다. 멜버른은 크고 외곽에 여행지가 아주 많기 때문에 최소 4일 이상은 머물러야 한다.

멜버른 인포메이션
전화번호: 03-9658-9658
이용요금: 무료
홈페이지: www.thatsmelbourne.com.au
업무시간: 9시~18시

그레이트 오션 로드Great Ocean Road

'그레이트' 란 수식어가 붙을 정도로 아름다운 이곳은, 기묘한 바위들과 깎은 듯한 절벽이 멜버른 남서쪽 지롱Geelong에서 토르키Torquay, 론Lorne, 아폴로베이Apollo Bay, 포트 캠벨Port Campbell을 거쳐 런던 브리지London Bridge까지 이어지는 약 215km의 대장정길이다. 그레이트 오션 로드의 하이라이트는 포트 캠벨 국립공원의 12사도상이다. 12사도상이란 해안 절벽을 따라 섬처럼 떠 있는 바위들이 예수의 12명 제자를 닮았다고 해서 붙여진 이름이다. 종점인 토키Tor-quay는 서핑의 명소로, 세계 각국의 젊은이들이 몰려든다. 그레이트 오션 로드로 가는 길은 매우 꼬불꼬불해서 이 지역 지리를 잘 모르는 사람은 차를 가지고 가지 않는 것이 좋다. 투어 신청은 멜버른 시티에 있는 여행사에서 할 수 있으며, 멜버른에서 새벽 6시에 출발해 대략 저녁 7시쯤 돌아온다.

Go West(투어신청 회사)
전화번호: 03-9877-4264, 1300-736-551(투어 전화 예약)
이용요금: A$125(1일 투어)
홈페이지: www.gowest.com.au
추가내용: 멜버른 여행자 숙소로 아침에 픽업하러 온다.

필립 아일랜드Philip Island
멜버른에서 동남쪽으로 130km 정도 떨어진 필립 아일랜드에는 야생 동물들이 잘 보존되어 있어 길을 걷다 보면 나무에 매달려 있는 코알

라나 물에서 놀고 있는 물개들을 쉽게 볼 수 있다. 필립 아일랜드의 하이라이트는 저녁 무렵 바다에서 집으로 돌아가는 페어리 펭귄들의 퍼레이드다. 대개 펭귄들이 바다에서 돌아오는 시간은 여름에는 8시 전후, 겨울에는 5시 전후. 펭귄들이 카메라 플래시에 실명될 수 있기 때문에 사진 촬영은 할 수 없다.

필립 아일랜드
www.penguins.org.au

Go West(투어신청 회사)
전화번호: 03-9877-4264, 1300-736-551(투어 전화예약)
이용요금: A$130(1일 투어)
홈페이지: www.gowest.com.au
추가내용: 멜버른 여행자 숙소로 아침에 픽업하러 온다.

소버린 힐Sovereign Hill

멜버른에서 북서쪽으로 1시간 30분가량 차로 달리면 닿게 되는 발라랏Ballarat. 발라랏에는 1850년대 골드러시 당시의 생활상을 재현해놓은, 우리나라 민속촌 같은 소버린 힐이 있다. 소버린 힐에 들어서면 옛 사륜마차를 타고 메인 스트리트까지 갈 수 있는데, 메인 스트리트에는 1850년대의 은행이나 대장간, 도서관, 학교 등이 있다. 배우들이 하루에도 몇 차례씩 거리에서 1851~1861년의 골드러시 시대의 생활을 재현하는 거리극을 한다. 금 부자들이 살았던 지역답게 지금도 고딕 양식의 멋진 건축물들이 거리 곳곳에 있다. 또한 계곡에서 사금 채취 시범을 볼 수 있고 자기가 직접 사금을 채취할 수도 있다. 자기가 채취한 사금은 자기가 갖는다.

소버린 힐
www.sovereignhill.com.au

Gray Line(투어신청 회사)
전화번호: 1300-858-0687
이용요금: A$143(1일 투어)
홈페이지: www.grayline.com
여행시간: 8시 30분~17시 30분

멜버른 → 애들레이드로 이동(저녁 비행기)

29일　애들레이드(1박 2일)

애들레이드 시티Adelaide City

애들레이드는 호주에서 가장 여유롭고 매력적인 도시로, 독특한 스타일과 개성, 역사의 흔적이 넘쳐나는 곳이다. 애들레이드 근교로 나가

면 남대양Great Southern Ocean에서 고래가 천둥소리 같은 굉음을 내며 거대한 몸집을 물 밖으로 일으키는 모습을 볼 수 있으며, 호주에서 가장 환상적인 오지 공원 중 하나인 플린더즈 산맥Flinders Ranges 원시림도 볼 수 있다. 세계 최고의 와인이 생산되는 바로사Barossa가 근처에 있으며, 맥라렌 베일McLaren Vale, 애들레이드 플레인즈Adelaide Plains, 애들레이드 힐스Adelaide Hills, 쿠나와라Coonawara와 사우스 이스트South East 지역에서 맛있는 음식과 품질 좋은 와인을 맛볼 수 있다.

애들레이드 인포메이션
전화번호: 03-8303-2220, 1300-655-276(무료)
이용요금: 무료
홈페이지: www.southaustraia.com
업무시간: 8시 30분~17시(평일), 9시~14시(주말)

캥거루 아일랜드Kangaroo Island

캥거루 아일랜드는 호주에서 세 번째로 큰 섬으로, 섬의 지형이 캥거루를 닮아서 캥거루 아일랜드라 불린다. 애들레이드에서 115km 정도 떨어져 있으며 섬 서쪽에는 플린더스 체이스 국립공원Flinders Chase National Park이나 어드미럴 아치Admirals Arch, 리마커블 록스Remarkable Rocks 등 유명한 관광지들이 있고 섬 동쪽에는 리조트나 숙소, 식당 등 거주 시설이 있다. 대중교통이 발달되어 있지 않기 때문에 혼자 여행하기는 힘들고 현지 여행사의 투어 프로그램에 참여하는 것이 좋다. 자연 보호를 위해 음식점이 많지 않기 때문에 음식은 여행 전에 미리 준비하도록 하자. 캥거루 아일랜드의 실 만Seal Bay에서는 바다표범을 볼 수 있으며, 그 오 리틀 사하라, 캥거루, 에무, 포섬, 왈라비 등 다양한 호주의 야생동물들을 볼 수 있다.

Sea Link(투어회사)
전화번호: 08-8202-8666(호주 내에서), 08-8202-8688(외국에서)
이용요금: A$130(애들레이드에서 캥거루 섬 투어: 투어 종류에 따라 금액이 달라짐)
홈페이지: www.sealink.com.au

캥거루 아일랜드 인포메이션
전화번호: 08-8553-1185
홈페이지: www.tourkanggarooisland.com.au
이용시간: 9시~17시(평일), 10시~16시(주말)

애들레이드 → 쿠버 페디로 이동(지역 버스)

31일 쿠버 페디(무박)

쿠버 페디Coober Pedy

애들레이드와 앨리스스프링스의 중간 지역에 위치한 세계적인 오팔 생산지다. 이 지역에는 1889년 이후부터 지금까지 계속되는 오팔 채굴로 독특한 지하 세계가 만들어졌다. 도시가 작아서 걸어 다녀도 충분하다. 땅 속에 만들어진 주택이나 호텔, 교회들은 쿠버 페디가 아니면 볼 수 없으며 오팔로 유명한 곳인 만큼 오팔과 오팔 광산, 박물관이 가볼 만하다. 1년 중 3분의 2 이상이 여름이고 비가 많이 오지 않아 숲이나 나무를 거의 볼 수 없는 준 사막 지역이다.

쿠버 페디 인포메이션
전화번호: 08-8672-5298, 1800-637-076(무료)
홈페이지: www.opalcapitaloftheworld.com.au
이용시간: 8시 30분~17시(평일)

쿠버 페디 → 앨리스스프링스로 이동(아침 버스)

32일 앨리스스프링스(3박 4일)

앨리스스프링스Alice Springs

앨리스스프링스는 호주의 레드 센터Red Centre로 불리는 중부 내륙의 중심축 역할을 하는 곳이다. 황량한 대지Outback로 둘러싸여 있으며 주위에는 에어스록(울루루)이나 킹스 캐니언 등 호주를 대표하는 관광 명소가 많다. 몇 천 년 전부터 이 지역에 살던 원주민 애버리지니들은 이 지역을 자신들의 정신적인 고향이라 생각하며 신성시한다. 앨리스스프링스 지역은 4~9월 사이에 여행하는 것이 가장 좋다. 사막 한가운데 있기 때문에 여름에는 40~45℃까지 기온이 올라가고 겨울에는 일교차가 심해 밤에 온도가 5℃ 전후까지 내려간다. 이곳을 여행할 때는 가벼운 스웨터나 재킷을 준비하도록 하자. 에어스록이나 킹스 캐니언에 가려면 개인적으로는 여행하기 힘들고 주로 여행사의 투어 프로그램을 신청한다. 앨리스스프링스에 여행사들이 여럿 있기 때문에 자기 스타일에 맞는 투어 프로그램을 신청할 수 있다.

앨리스스프링스 인포메이션
전화번호: 08-8952-5800
홈페이지: www.centralaustraliantourism.com
이용시간: 8시 30분~17시 30분(평일), 9시~16시(주말)

에어스록 투어 참여(2박 3일)

에어스록Ayers Rock

지구의 배꼽이라 불리는 에어스록(원주민들은 울루루Uluru라고 부른다)은 앨리스스프링스에서 남서쪽으로 460km 떨어진 곳에 있다. 둘레 8.8km, 해발 867m, 바닥에서의 높이 330m의, 단일 바위로는 세계 최대의 바위다. 그나마 바위의 나머지 2/3는 땅 속에 묻혀 있다고 한다. 에어스록은 바라보는 시간에 따라 바위색이 일곱 가지 색으로 변한다. 그래서 많은 여행자들이 최소한 이곳에서 1박 2일을 머물면서 에어스록의 일출과 일몰을 기다린다. 에어스록을 등반할 때는 안전장치 없이 쇠줄을 잡고 기어올라 가야 한다. 때때로 몸이 날려갈 것 같은 강한 바람이 불기 때문에 등반할 때는 절대 장난을 치지 말고, 모자가 날아가지 않도록 끈 있는 모자를 준비한다. 낮에는 바위 온도가 35도 이상 오르기 때문에 아침 일찍 등반을 시작해서 점심 전에 마쳐야 한다.

Discovery Ecotours Australia(투어회사)
전화번호: 08-8956-2563
이용요금: 투어 종류에 따라 차이가 큼
홈페이지: www.ecotours.com.au

킹스 캐니언Kings Canyon

'호주의 그랜드 캐니언'이라 불리는 킹스 캐니언은 앨리스스프링스에서 약 300km 떨어진 와타르카 국립공원Watarrka National Park 안에 있다. 대중교통이 전혀 없기 때문에 이곳을 여행하려면 렌터카를 이용하거나 투어에 참여해야 한다. 장엄한 스케일의 기암들과 사암 절벽, 골짜기마다 흐르는 계곡물, 한 발짝 내디딜 때마다 병풍과 같이 펼쳐져 있는 날카로운 바위 절벽은 감탄사가 절로 나올 만큼 감동적이다. 킹스 캐니언을 가면 오래된 소철 야자가 울창하게 서 있는 잃어버린 도시Lost City와 에덴의 정원Garden of Eden을 꼭 들러보자.

AAT Kings(투어회사)
전화번호: 08-8952-1700
이용요금: A$630~A$900
투어내용: 3일 동안 에어스록과 킹스 캐니언을 투어한다. 시즌에 따라 비용이 달라질 수 있다.
홈페이지: www.aptouring.com.au

지역 간 이동 거리와 시간

출발지	도착지	이동거리(km)	항공편(Hrs)	버스(Hrs)	기차(Hrs)
Adelaide	Broken Hill	508	1.10	17	7
Adelaide	Alice Springs	1533	2.00	19	20
Adelaide	Perth	2706	3.10	34	38
Adelaide	Brisbane	2045	2.45	33	40
Alice Springs	Uluru	443	0.40	6	n/a
Brisbane	Sydney	965	1.2	15	15
Brisbane	Melbourne	1674	2.10	25	25
Cairns	Brisbane	1716	2.05	28	30
Canberra	Melbourne	648	1.00	10	9
Darwin	Alice Springs	1489	1.55	19	24
Darwin	Kakadu	200	n/a	4	n/a
Melbourne	Hobart	610	1.10	n/a	n/a
Melbourne	Adelaide	731	1.05	10	12
Melbourne	Perth	3434	4.00	44	50
Sydney	Adelaide	1412	1.40	22	25
Sydney	Canberra	286	0.45	5	4
Sydney	Melbourne	872	1.10	14	10
Sydney	Perth	4110	4.00	56	65

주요 도시별 지도
시드니 (뉴사우스웨일즈 주)
❶ ❷ ❸
❶

SYDNEY HARBOUR BRIDGE
CAMPBELLS COVE
SYDNEY COVE
WALSH BAY
SYDNEY OPERA HOUSE
Opera House
GOVERNMENT HOUSE
DAWES POINT PARK
DAWES POINT
CAMPBELL'S STOREHOUSE
OVERSEAS PASSENGER TERMINAL
THE ROCKS MARKET
THE ROCKS
FIRST FLEET PARK
CIRCULAR QUAY TERMINAL
MATILDA CRUISES
Station
CIRCULAR QUAY STATION
ALBERT ST
YOUNG
LOFTUS
ST
ARGYLE STORES
SUSANNAH PLACE MUSEUM
Museum
GEORGE
ALFRED
PITT
DALLEY ST
BRIDGE
CAHILL EXPRESSWAY
ESSEX
HARRINGTON
CUMBERAND
GROSVENOR
LANG PARK
GARRISON CHURCH
HERO OF WATERLOO HOTEL
OBSERVATORY PARK
SYDNEY OBSERVATORY MUSEUM
Museum
ERVIN GALLERY
NATIONAL TRUST CENTRE
BRADFIELD
HICKSON
LOWER FORT ST
POTTINGER ST
WINDMILL ST
LORD NELSON BREWERY HOTEL
KENT
HIGH
FORESHORE
WALK
WHARF 8
TOWNS PL
DALGETY RD
MERRIMAN
CLYNE RES
SYDNEY MARINE BASE
MILLERS POINT

어학연수 학교
Ⓐ_ILSC : 190 George St.
Ⓑ_APC : 189 Kent St.

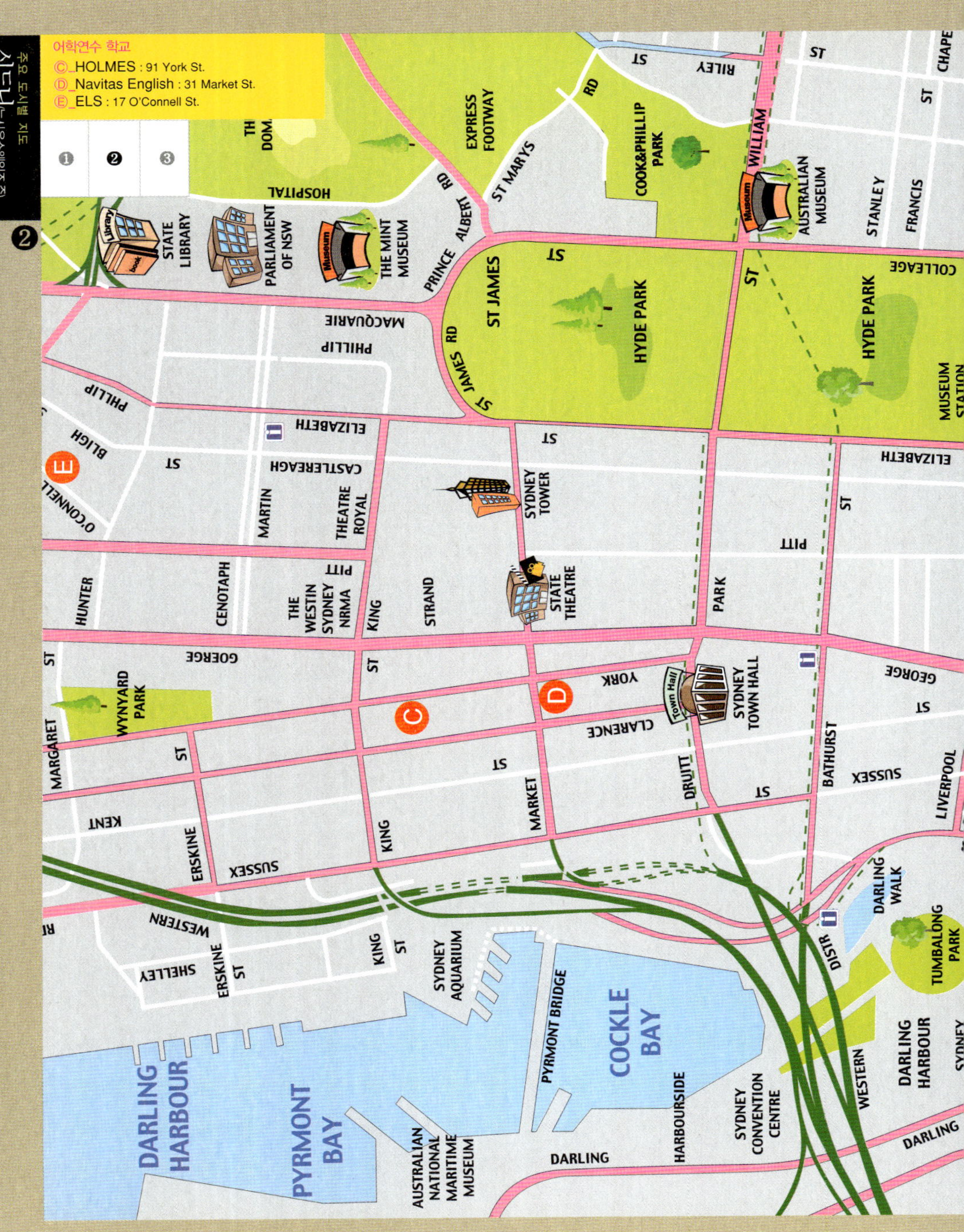
어학연수 학교
C_HOLMES : 91 York St.
D_Navitas English : 31 Market St.
E_ELS : 17 O'Connell St.
시드니/뉴사우스웨일즈 주
호주 도심가 지도
THE DOM.
EXPRESS FOOTWAY
ST MARYS
RILEY
ST
ST
CHAPE
COOK&PHILLIP PARK
WILLIAM
Museum
AUSTRALIAN MUSEUM
STANLEY
FRANCIS
HOSPITAL
PRINCE ALBERT RD
Library
STATE LIBRARY
PARLIAMENT OF NSW
Museum
THE MINT MUSEUM
MACQUARIE
PHILLIP
ST JAMES RD
ST JAMES
ST
HYDE PARK
HYDE PARK
COLLEAGE
MUSEUM STATION
PHLLIP
BLIGH
ELIZABETH
CASTLEREAGH
ST
ELIZABETH
O'CONNELL
E
ST
MARTIN
THEATRE ROYAL
SYDNEY TOWER
ST
PITT
HUNTER
CENOTAPH
PITT
THE WESTIN SYDNEY NRMA
KING
STRAND
STATE THEATRE
PARK
ST
GOERGE
ST
C
YORK
Town Hall
SYDNEY TOWN HALL
GEORGE
WYNYARD PARK
D
CLARENCE
BATHURST
SUSSEX
MARGARET
ST
ST
MARKET
DRUITT
ST
SUSSEX
LIVERPOOL
KENT
ERSKINE
SUSSEX
KING
ST
DARLING WALK
DARLING
TUMBALONG PARK
WESTERN
ERSKINE
ST
KING
ST
SYDNEY AQUARIUM
DISTR
SHELLEY
ERSKINE ST
PYRMONT BRIDGE
COCKLE BAY
WESTERN
DARLING HARBOUR
SYDNEY
DARLING HARBOUR
PYRMONT BAY
AUSTRALIAN NATIONAL MARITIME MUSEUM
HARBOURSIDE
SYDNEY CONVENTION CENTRE
DARLING
DARLING
1
2
3
2

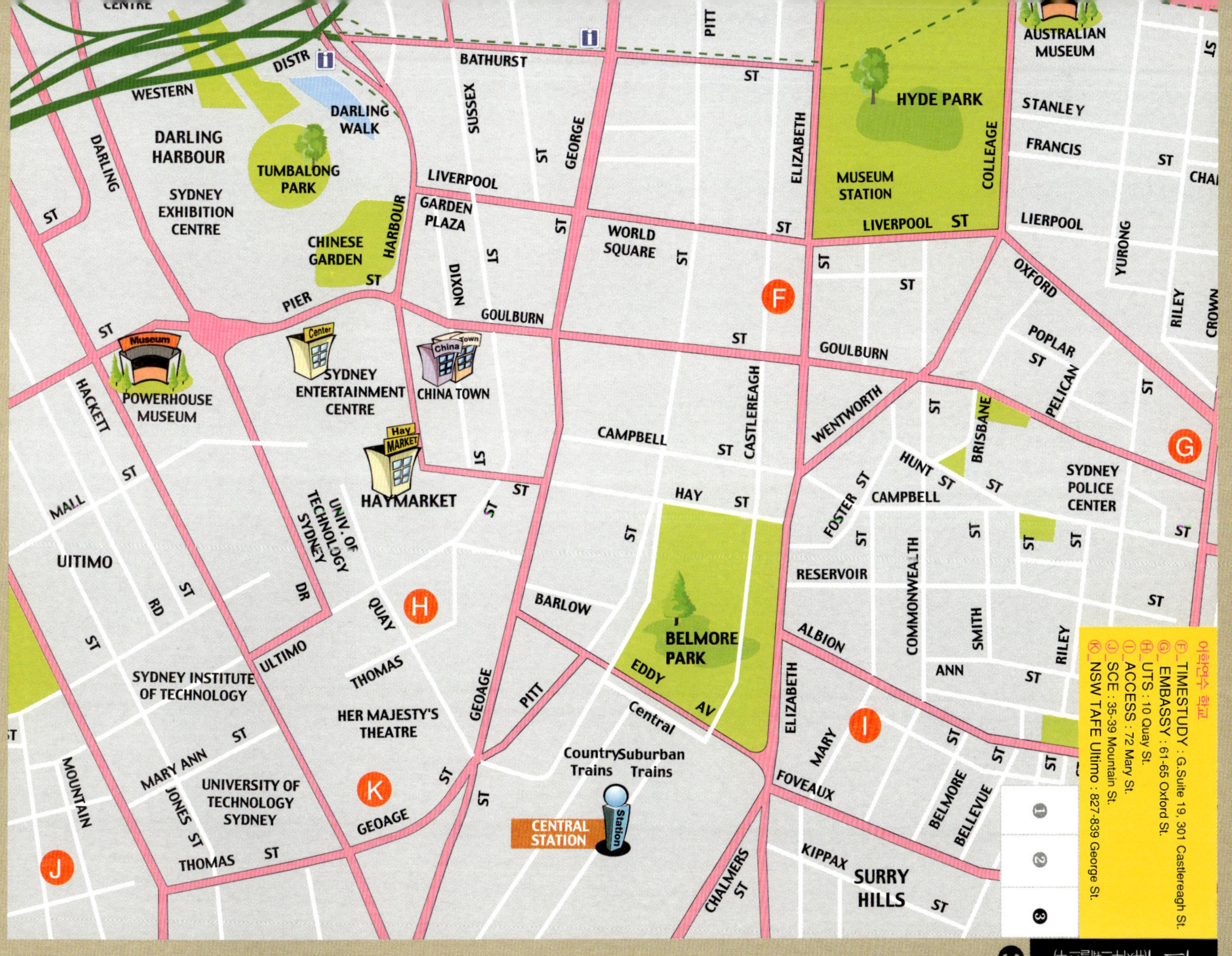

어학연수 학교
F_TIMESTUDY : G.Suite 19, 301 Castlereagh St.
G_ EMBASSY : 61-65 Oxford St.
H_UTS : 10 Quay St.
I_ACCESS : 72 Mary St.
J_SCE : 35-39 Mountain St.
K_NSW TAFE Ultimo : 827-839 George St.
주요 도시별 지도
시드니 (뉴사우스웨일즈 주)
CENTRE
WESTERN
DISTR
BATHURST ST
PITT ST
AUSTRALIAN MUSEUM
DARLING WALK
DARLING HARBOUR
DARLING ST
SUSSEX ST
GEORGE ST
ELIZABETH ST
HYDE PARK
STANLEY
FRANCIS ST
TUMBALONG PARK
SYDNEY EXHIBITION CENTRE
LIVERPOOL ST
MUSEUM STATION
COLLEAGE
LIERPOOL
YURONG
HARBOUR ST
GARDEN PLAZA
WORLD SQUARE
LIVERPOOL ST
RILEY
CROWN
CHINESE GARDEN
DIXON
GOULBURN
ST
OXFORD
PIER
Center
China Town
POPLAR ST
PELICAN
Museum
POWERHOUSE MUSEUM
SYDNEY ENTERTAINMENT CENTRE
CHINA TOWN
GOULBURN
ST
CASTLEREAGH
WENTWORTH
HUNT ST
BRISBANE
HACKETT
Hay MARKET
CAMPBELL
FOSTER ST
CAMPBELL
SYDNEY POLICE CENTER
HAYMARKET
ST
HAY ST
RESERVOIR
COMMONWEALTH
SMITH
RILEY ST
MALL
UNIV. OF TECHNOLOGY SYDNEY
UITIMO
RD
ST
DR
ULTIMO
QUAY
H
BARLOW
BELMORE PARK
ALBION
ANN
THOMAS
EDDY
AV
ELIZABETH
MARY
I
SYDNEY INSTITUTE OF TECHNOLOGY
HER MAJESTY'S THEATRE
GEOAGE
PITT
Central
FOVEAUX
BELMORE
BELLEVUE
MOUNTAIN
MARY ANN
JONES ST
UNIVERSITY OF TECHNOLOGY SYDNEY
K
GEOAGE
ST
CountrySuburban Trains Trains
CENTRAL STATION
Station
KIPPAX
SURRY HILLS
THOMAS
CHALMERS
J

NICHOLSON
PARLIAMENT
Station
A
SPRING
ST
ST
EXHIBITION
BIRRARUNG MARR
YARRA RIVER
Museum
CHINA MUSEUM
China Town
CHINA TOWN
ST
E
RUSSELL
China Town
CHINA TOWN
G
Town Hall
MELBOURNE TOWN HALL
Station
FLINDERS ST STATION
SOUTHBANK PROMENADE
F
QV
MYER
DAVID JONES
i
H
Library
STATE LIBRARY OF VICTORIA
Drug Store
i
SWANSTON ST
ST
Station
MELBOURNE CENTRAL
I
B
ELIZABETH
MARKET
ST
C
FRANKLIN
QUEEN
ST
QUEEN
B
QUEEN
Supreme County
SUPREME COURT OF VICTORIA
COLLINS
QUEEN
WILLIAM
ST
FLINDERS LANE
Station
FLAGSTAFF
LONSDALE
BOURKE
D
WILLIAM
STAFF GDENS
LONSDALE
LITTLE
LITTLE BOURKE
LITTLE COLLINS
ST
ST
SPENCER ST
COLLINS

어학연수 학교

A_HOLMES : 185 Spring St.
B_CIC : 459 Lt. Collins St.
C_EMBASSY : 399 Lonsdale St.
D_Impact : 620 Bourke St.
E_OZFORD : 42-46 La Trobe St.
F_Ability : 55 Swanston St.
G_Hales : 3/55 Swanston St.
H_RMIT : 124 La Trobe St.
I_TIMESTUDY : Suite 804, L8, 343 little Collins St.

∗carrick : 370 Docklands Drive Docklands

호주 가이드 지도
멜번 언어연수원

어학연수 학교
Ⓐ_Navitas English : 20-32 Lake St.
Ⓑ_Kaplan Aspect : 130 Mcleod St.
Ⓒ_HOLMES : 18 Lake St.
＊SPC : LOT 2 Poolwood Rd
주요 도시별 지도 케언스（퀸즐랜드주）
GATTON
ST
KERWIN ST
ST
ST
DUNN
ST
ESPLANADE
UPWARD
ST
ST
B
McLEOD
CALVARY
HOSPITAL
ST
MINNIE
SHERIDAN
ST
GRAFTON
ST
LAKE
ABBOTT
WATER
MUNRO
MARTIN
PARK
ESPLANADE
FLORENCE
ST
WATER ST
OASIS
RESORT
ST
APLIN
ST
CAIRNS
HARBOUR
MARKET
LIBRARY
ST
CAIRNS RAILWAY STATION
Station
ST
ST
QANTAS
Center
ST
SHIELDS
MALL
ST
CAIRNS
CENTRAL
SHOPPING
CENTRE
McLEOD
ART GALLERY
ESPLANADE
FOGARTY
PARK
SPENCE
ST
CAIRNS REEF
BUNDA
SHERIDAN
GRAFTON
LAKE
ABBOTT
Casino
A
CASINO
C
INLET
HARTLEY ST CENTRAL
EAST
WHARF ST
TRINTRY WHART BUS TERMINAL
TRINITY
KENNY
ST

어학연수 학교
A_ Navitas English: 211 Newcastle St.
B_ CIC : 297 Hay St.
C_ Milner : 379 Hay St.
* Phoenix : 223 Vincent St.
* Murdoch : 90 South St. Murdoch
A
B
C
MOORE
GODERICH
VICTORIA SQ
ADELAIDE
AV
WAY
BURT
HILL
TERRACE
LANGLEY PARK
ST
NASH
MOORE
PIER
STIRLING
ST
ST
ST
ST
ST
TCE
IRWIN
ST GEORGES CATHEDRAL
Cathedral
Government
Perth
Concert
PERTH CONCERT HALL
RD
VICTORIA
RIVERSIDE
GOVERNMENT HOUSE
TERRACE
TERRACE
SWAN RIVER
JAMES
WELLINGTON
MURRAY
HAY
Myer
David Zone
Station
PURTH TRAIN STATION
ROE
i
DAVID ZONE
MYER
STIRLING GARDENS
SUPREME COURT GARDENS
BARRACK
THE ESPLANADE
FERRY TERMINAL
QUEEN
ST
ST
ST
WILLIAM
AUSTRALIAN WOODCRAFT GALLERIES
Gallery
Woodcraft
KING
ST
ST
ST GEORGES
MILL
CITY BUS TERMINAL
DR
MILLIGAN
RD
ST
SPRING
RIVERSIDE
MURRAY
HAY
ELDER

어학연수 학교
A Navitas English : 410 Ann St.
B ICQA : 372. 376 George St.
C SouthBank TAFE
D HOLMES 10 Herschel St.
E IH : 126 Adelaide St.
F EU : 115 Queen St.
G LSI : 93 Edward St.
H EMBASSY : 119 Charlotte St.
I ILSC : 232 Adelaide St.
J Browns : 102 Adelaide St.
K RUSSO : 82 Ann St.
L Lexis : 15 Adelaide St.
M VIVA : 90-112 Queen St.
IIA : 449 Logan Road, Greenslopes
주요 도시별 지도
브리즈번(퀸즐랜드)
LEICHHARDT ST
ROMA STREET PARKLAND
WICKHAM ST
ROMA
TURBOT
NORTH QUARY
RIVEARSIDE
VICTORIA BRIDGE
BRISBANE
EXPRESSWAY
Brisbane
CENTRAL STATION
Station
이민성
EDWARD ST
TURBOT ST
CREEK ST
QUEEN ST
EAGLE ST
City Hall
ANN
ADELAIDE
Myer Center
QUEEN ST MALL
ELIZABETH
Casino
CHARLOTTE
MARY
GEORGE
MARGARET
WILLIAM ST
ALBERT
ALICE
BANK
ANZ BANK
Carthedral
STEPHEN'S CATHEDRAL
FELIX ST
BRISBANE RIVER
Parliament
PARLIAMENT HOUSE
BOTANIC GARDENS

어학연수 학교
(A)_SACE : 47 Waymouth St.
(B)_Uni. of SA / CELUSA : Brookman Building
(C)_Eynesbury : 16-20 Coglin St.
(D)_CIC : 22-26 Peel St.
(E)_ECA : 118 King William St.
(F)_Uni. of Adelaide : North Terrace

BOTANIC PARK
ADELAIDE BOTANIC GARDEN
ADELAIDE ZOO
ZOO
FROME RD
BOTANIC RD
NORTH TCE
EAST TCE
HUTT ST
RUNDLE ST
RUNDLE MALL
HINDMARSH SQ
GRENFELL ST
PIRIE ST
FLINDERS ST
GAWLER
WAKEFIELD
ANGAS
CARRINGTON
HALIFAX
GILLES
HURTLE SQ
PULTENEY ST
KING WILLIAM ST
VICTORIA SQUARE
ART GALLERY OF SA
UNI. OF ADELAIDE
UNI. OF SA
FROME ST
MALL
TRAILGLOVER PLAYGROUND SOUTH
TRAILGLOVER PLAYGROUND
CHINATOWN
CENTRAL MARKET
MARKET
WEST TCE
LIGHT SQ
WHITMORE SQ
MORPHETT ST
HINDLEY
CURRIE
WAYMOUTH
FRANKLIN
GROTE
GOUGER
WRIGHT
STURT
GILBERT
SOUTH
MEMORAL
WAR
NORTH TCE
GLOVER AVE
KINGSTON GARDENS
WEST TERRACE CEMETERY
PRINCESS ELIZABETH PLAYGROUND
UNI. OF SA

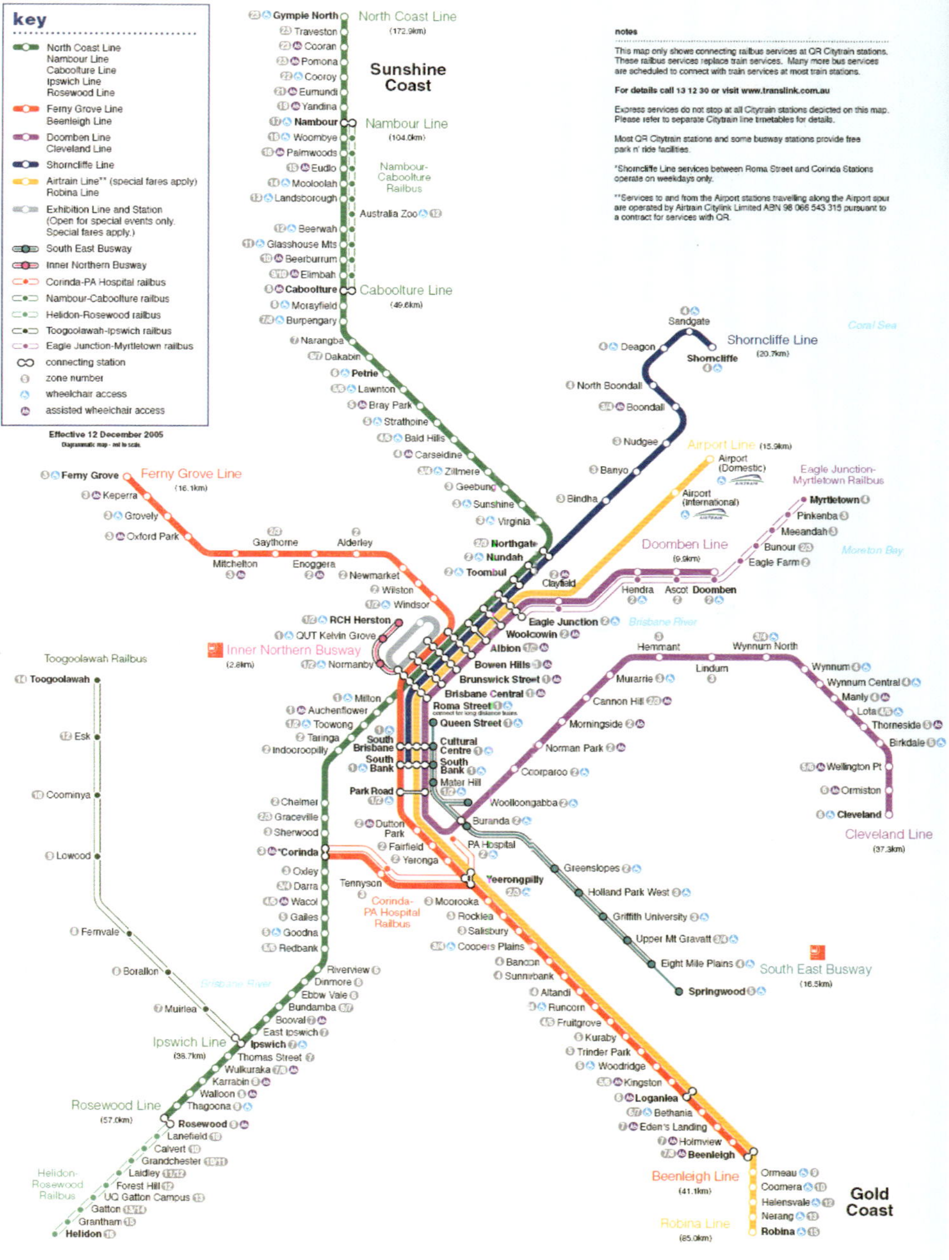
key
North Coast Line
Nambour Line
Caboolture Line
Ipswich Line
Rosewood Line
Ferny Grove Line
Beenleigh Line
Doomben Line
Cleveland Line
Shorncliffe Line
Airtrain Line** (special fares apply)
Robina Line
Exhibition Line and Station
(Open for special events only.
Special fares apply.)
South East Busway
Inner Northern Busway
Corinda-PA Hospital railbus
Nambour-Caboolture railbus
Helidon-Rosewood railbus
Toogoolawah-Ipswich railbus
Eagle Junction-Myrtletown railbus
connecting station
zone number
wheelchair access
assisted wheelchair access
Effective 12 December 2005
Diagrammatic map - not to scale

notes
This map only shows connecting railbus services at QR Citytrain stations.
These railbus services replace train services. Many more bus services
are scheduled to connect with train services at most train stations.
For details call 13 12 30 or visit www.translink.com.au
Express services do not stop at all Citytrain stations depicted on this map.
Please refer to separate Citytrain line timetables for details.
Most QR Citytrain stations and some busway stations provide free
park n' ride facilities.
*Shorncliffe Line services between Roma Street and Corinda Stations
operate on weekdays only.
**Services to and from the Airport stations travelling along the Airport spur
are operated by Airtrain Citylink Limited ABN 98 066 543 315 pursuant to
a contract for services with QR.

Gympie North
North Coast Line
(172.9km)
Sunshine Coast
Traveston
Cooran
Pomona
Cooroy
Eumundi
Yandina
Nambour
Nambour Line
(104.0km)
Woombye
Palmwoods
Eudlo
Nambour-Caboolture Railbus
Mooloolah
Landsborough
Australia Zoo
Beerwah
Glasshouse Mts
Beerburrum
Elimbah
Caboolture
Caboolture Line
(49.6km)
Morayfield
Burpengary
Narangba
Dakabin
Petrie
Lawnton
Bray Park
Strathpine
Bald Hills
Carseldine
Zillmere
Geebung
Sunshine
Virginia
Northgate
Nundah
Toombul

Coral Sea
Sandgate
Deagon
Shorncliffe Line
(20.7km)
Shorncliffe
North Boondall
Boondall
Nudgee
Banyo
Bindha

Airport Line (15.9km)
Airport (Domestic)
Airport (International)
Eagle Junction-Myrtletown Railbus
Myrtletown
Pinkenba
Meeandah
Bunour
Eagle Farm
Moreton Bay
Doomben Line
(9.9km)
Hendra
Ascot
Doomben

Ferny Grove
Ferny Grove Line
(16.1km)
Keperra
Grovely
Oxford Park
Gaythorne
Alderley
Mitchelton
Enoggera
Newmarket
Wilston
Windsor
RCH Herston
QUT Kelvin Grove
Inner Northern Busway
(2.8km)
Normanby

Clayfield
Eagle Junction
Brisbane River
Woolowin
Albion
Bowen Hills
Hemmant
Murarrie
Cannon Hill
Morningside
Norman Park
Coorparoo
Wynnum North
Lindum
Wynnum
Wynnum Central
Manly
Lota
Thorneside
Birkdale
Wellington Pt
Ormiston
Cleveland
Cleveland Line
(37.3km)

Brunswick Street
Brisbane Central
Roma Street
connection for long distance trains
Queen Street
Milton
Auchenflower
Toowong
Taringa
Indooroopilly
Cultural Centre
South Brisbane
South Bank
Park Road
Mater Hill
Woolloongabba
Buranda
PA Hospital
Greenslopes
Holland Park West
Griffith University
Upper Mt Gravatt
Eight Mile Plains
South East Busway
(16.5km)
Springwood

Toogoolawah Railbus
Toogoolawah
Esk
Coominya
Lowood
Fernvale
Borallon
Muirlea

Chelmer
Graceville
Sherwood
*Corinda
Oxley
Darra
Wacol
Gailes
Goodna
Redbank
Riverview
Dinmore
Ebbw Vale
Bundamba
Booval
East Ipswich
Ipswich Line
(36.7km)
Ipswich
Thomas Street
Wulkuraka
Karrabin
Walloon
Thagoona
Rosewood Line
(57.0km)
Rosewood
Lanefield
Calvert
Grandchester
Helidon-Rosewood Railbus
Laidley
Forest Hill
UQ Gatton Campus
Gatton
Grantham
Helidon

Dutton Park
Fairfield
Yeronga
Tennyson
Corinda-PA Hospital Railbus
Yeerongpilly
Moorooka
Rocklea
Salisbury
Coopers Plains
Banoon
Sunnybank
Altandi
Runcorn
Fruitgrove
Kuraby
Trinder Park
Woodridge
Kingston
Loganlea
Bethania
Eden's Landing
Holmview
Beenleigh
Beenleigh Line
(41.1km)
Robina Line
(85.0km)

Gold Coast
Ormeau
Coomera
Helensvale
Nerang
Robina

Legend
Train Station with Bus Connection
Train Station
Train Station with Train Connection

Clarkson
Currambine
Joondalup
Edgewater
Whitfords
Greenwood
Warwick
Stirling
Glendalough
West Leederville
Subiaco
Daglish
Shenton Park
Showgrounds
Swanbourne
Grant Street
Cottesloe
Mosman Park
Victoria Street
North Fremantle
Fremantle
City West
Karrakatta
Loch Street
Claremont
Leederville
Perth
McIver
Claisebrook
Maylands
Mt Lawley
East Perth
Meltham
Bayswater
Ashfield
Bassendean
Guildford
Success Hill
East Guildford
Woodbridge
Midland
Belmont Park
Burswood
Victoria Park
Carlisle
Oats Street
Welshpool
Queens Park
Cannington
Beckenham
Kenwick
Thornlie
Maddington
Gosnells
Seaforth
Kelmscott
Challis
Sherwood
Armadale

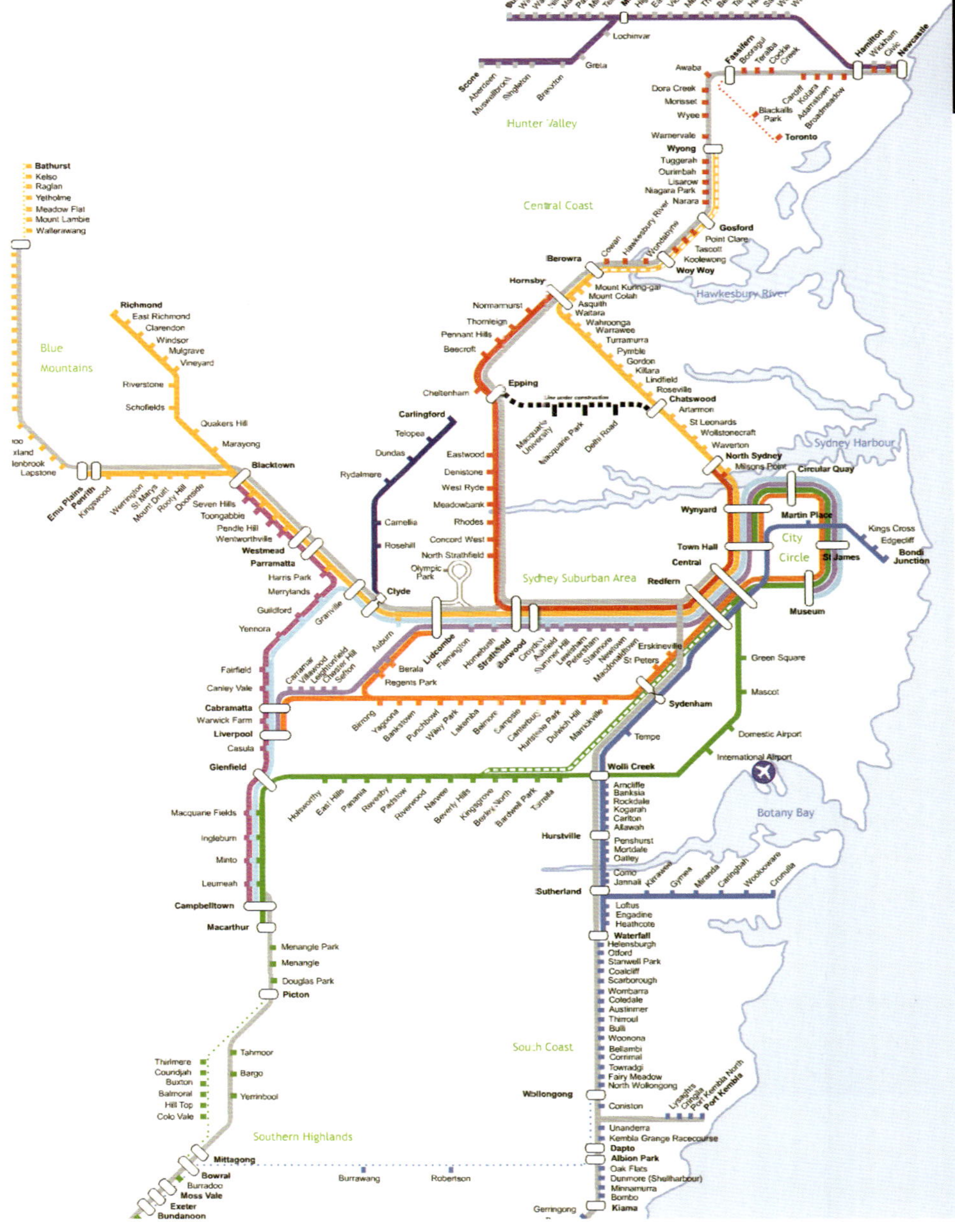
주요 도시별 기차 노선도
시드니(뉴사우스웨일스 주)

Scone
Aberdeen
Muswellbrook
Singleton
Branxton
Greta
Lochinvar

Bunpog
Wirragulla
Walarobba
Martins Creek
Paterson
Mindaribba
Telarah
Maitland
High Street
East Maitland
Victoria Street
Metford
Thornton
Beresfield
Tarro
Hexham
Sandgate
Warabrook (University)
Waratah
Hamilton
Wickham
Civic
Newcastle

Hunter Valley

Awaba
Fassifern
Booragul
Teralba
Cockle Creek
Dora Creek
Morisset
Wyee
Blackalls Park
Cardiff
Kotara
Adamstown
Broadmeadow
Toronto
Warnervale
Wyong
Tuggerah
Ourimbah
Lisarow
Niagara Park
Narara

Central Coast

Gosford
Point Clare
Tascott
Koolewong
Woy Woy
Wondabyne
Hawkesbury River
Cowan
Berowra
Hornsby
Normanhurst
Thornleigh
Pennant Hills
Beecroft
Cheltenham
Epping
Mount Kuring-gai
Mount Colah
Asquith
Waitara
Wahroonga
Warrawee
Turramurra
Pymble
Gordon
Killara
Lindfield
Roseville
Chatswood
Artarmon
St Leonards
Wollstonecraft
Waverton
North Sydney
Milsons Point

Hawkesbury River
Sydney Harbour

Line under construction
Macquarie University Park
Macquarie Park
Delhi Road

Carlingford
Telopea
Dundas
Rydalmere
Eastwood
Denistone
West Ryde
Meadowbank
Rhodes
Concord West
North Strathfield
Olympic Park
Clyde

Bathurst
Kelso
Raglan
Yetholme
Meadow Flat
Mount Lambie
Wallerawang

Blue Mountains

Richmond
East Richmond
Clarendon
Windsor
Mulgrave
Vineyard
Riverstone
Schofields
Quakers Hill
Marayong
Blacktown

100
xland
lenbrook
Lapstone
Emu Plains
Penrith
Kingswood
Werrington
St Marys
Mount Druitt
Rooty Hill
Doonside
Seven Hills
Toongabbie
Pendle Hill
Wentworthville
Westmead
Parramatta
Harris Park
Merrylands
Guildford
Yennora
Granville
Auburn
Lidcombe
Flemington
Homebush
Strathfield
Burwood
Croydon
Ashfield
Summer Hill
Lewisham
Petersham
Stanmore
Newtown
Macdonaldtown
Erskineville
St Peters

Fairfield
Canley Vale
Carramar
Villawood
Leightonfield
Chester Hill
Sefton
Berala
Regents Park
Cabramatta
Warwick Farm
Liverpool
Casula
Glenfield

Birrong
Yagoona
Bankstown
Punchbowl
Wiley Park
Lakemba
Belmore
Campsie
Canterbury
Hurlstone Park
Dulwich Hill
Marrickville
Sydenham
Tempe

Wynyard
Martin Place
Town Hall
City Circle
Central
St James
Museum
Redfern
Circular Quay
Kings Cross
Edgecliff
Bondi Junction

Sydney Suburban Area

Green Square
Mascot
Domestic Airport
International Airport
Wolli Creek
Botany Bay

Macquarie Fields
Ingleburn
Minto
Leumeah
Campbelltown
Macarthur

Holsworthy
East Hills
Panania
Revesby
Padstow
Riverwood
Narwee
Beverly Hills
Kingsgrove
Bexley North
Bardwell Park
Turrella

Arncliffe
Banksia
Rockdale
Kogarah
Carlton
Allawah
Hurstville
Penshurst
Mortdale
Oatley
Como
Jannali
Sutherland
Karawai
Gymea
Miranda
Caringbah
Woolooware
Cronulla

Loftus
Engadine
Heathcote
Waterfall
Helensburgh
Otford
Stanwell Park
Coalcliff
Scarborough
Wombarra
Coledale
Austinmer
Thirroul
Bulli
Woonona
Bellambi
Corrimal
Towradgi
Fairy Meadow
North Wollongong
Wollongong
Coniston

Menangle Park
Menangle
Douglas Park
Picton

Thirlmere
Couridjah
Buxton
Balmoral
Hill Top
Colo Vale
Tahmoor
Bargo
Yerrinbool

South Coast

Lysaghts
Cringila
Port Kembla North
Port Kembla

Southern Highlands

Mittagong
Bowral
Burradoo
Moss Vale
Exeter
Bundanoon
Burrawang
Robertson

Unanderra
Kembla Grange Racecourse
Dapto
Albion Park
Oak Flats
Dunmore (Shellharbour)
Minnamurra
Bombo
Kiama
Gerringong

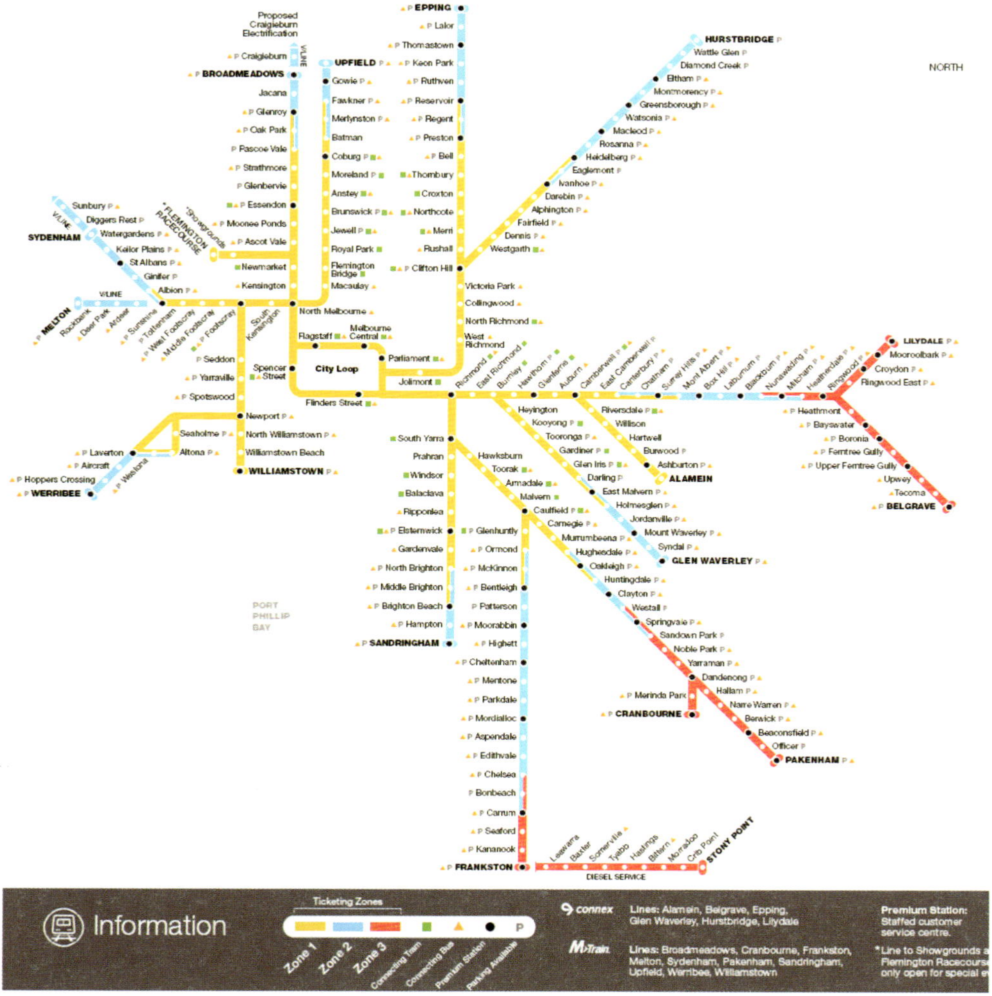

주요 도시별 기차 노선도
멜버른(빅토리아주)

NORTH

Proposed Craigieburn Electrification
Craigieburn
BROADMEADOWS
VLINE
Jacana
Glenroy
Oak Park
Pascoe Vale
Strathmore
Glenbervie
Essendon
Moonee Ponds
Ascot Vale
Newmarket
Kensington

UPFIELD
Gowrie
Fawkner
Merlynston
Batman
Coburg
Moreland
Anstey
Brunswick
Jewell
Royal Park
Flemington Bridge
Macaulay

EPPING
Lalor
Thomastown
Keon Park
Ruthven
Reservoir
Regent
Preston
Bell
Thornbury
Croxton
Northcote
Merri
Rushall
Clifton Hill

HURSTBRIDGE
Wattle Glen
Diamond Creek
Eltham
Montmorency
Greensborough
Watsonia
Macleod
Rosanna
Heidelberg
Eaglemont
Ivanhoe
Darebin
Alphington
Fairfield
Dennis
Westgarth

Victoria Park
Collingwood
North Richmond
West Richmond

Sunbury
Diggers Rest
Watergardens
SYDENHAM
Keilor Plains
St Albans
Ginifer
VLINE
Albion
MELTON
Rockbank
Deer Park
Ardeer
Sunshine
Tottenham
West Footscray
Middle Footscray
Footscray
Seddon
Yarraville
Spotswood
Newport
Seaholme
North Williamstown
Williamstown Beach
WILLIAMSTOWN
Laverton
Altona
Westona
Aircraft
Hoppers Crossing
WERRIBEE

FLEMINGTON RACECOURSE
Showgrounds

North Melbourne
South Kensington
Flagstaff
Melbourne Central
Spencer Street
City Loop
Parliament
Jolimont
Flinders Street

Richmond
East Richmond
Burnley
Hawthorn
Glenferrie
Auburn
Camberwell
East Camberwell
Canterbury
Chatham
Surrey Hills
Mont Albert
Box Hill
Laburnum
Blackburn
Nunawading
Mitcham
Heatherdale
Ringwood

LILYDALE
Mooroolbark
Croydon
Ringwood East

Heathmont
Bayswater
Boronia
Ferntree Gully
Upper Ferntree Gully
Upwey
Tecoma
BELGRAVE

Heyington
Kooyong
Tooronga
Gardiner
Glen Iris
Darling
East Malvern
Holmesglen
Jordanville
Mount Waverley
Syndal
GLEN WAVERLEY

Riversdale
Willison
Hartwell
Burwood
Ashburton
ALAMEIN

South Yarra
Prahran
Windsor
Balaclava
Ripponlea
Elsternwick
Gardenvale
North Brighton
Middle Brighton
Brighton Beach
Hampton
SANDRINGHAM

Hawksburn
Toorak
Armadale
Malvern
Caulfield
Glenhuntly
Ormond
McKinnon
Bentleigh
Patterson
Moorabbin
Highett
Cheltenham
Mentone
Parkdale
Mordialloc
Aspendale
Edithvale
Chelsea
Bonbeach
Carrum
Seaford
Kananook
FRANKSTON

Murrumbeena
Hughesdale
Oakleigh
Huntingdale
Clayton
Westall
Springvale
Sandown Park
Noble Park
Yarraman
Dandenong
Hallam
Narre Warren
Berwick
Beaconsfield
Officer
PAKENHAM

Merinda Park
CRANBOURNE

Leawarra
Baxter
Somerville
Tyabb
Hastings
Bittern
Morradoo
Crib Point
STONY POINT
DIESEL SERVICE

PORT PHILLIP BAY

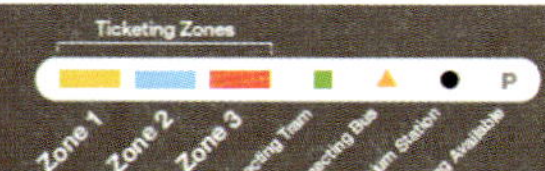

Information
Ticketing Zones
Zone 1   Zone 2   Zone 3
Connecting Train
Connecting Bus
Premium Station
Parking Available
P

connex
Lines: Alamein, Belgrave, Epping, Glen Waverley, Hurstbridge, Lilydale

M-Train
Lines: Broadmeadows, Cranbourne, Frankston, Melton, Sydenham, Pakenham, Sandringham, Upfield, Werribee, Williamstown

Premium Station:
Staffed customer service centre.

Line to Showgrounds and Flemington Racecourse only open for special events

저자 한마디

호주에서, 그리고 인생이라는 무대에서 당당히 홀로서자!

지금 여러분이 준비하고 있는 호주 어학연수, 유학, 워킹홀리데이는 여러분의 인생에서 처음이자 마지막이 될 수 있습니다.

한국 학생들 대부분이 학창 시절 동안 영어를 열심히 해야 한다는 생각으로 공부를 해왔지만 자신이 투자한 시간에 비해서 영어 실력은 낮을 것입니다.

영어는 학문이기 이전에 언어기 때문에 책상 앞에서 달달 외우는 것보다 실생활에서 자주 사용하는 것이 훨씬 중요합니다. 그렇기 때문에 한국이 아닌 호주에서 영어 공부를 할 경우 10배 이상의 효과를 기대할 수 있습니다.

만약 이번 기회에 영어 실력을 업그레이드하지 못한다면 여러분은 어쩌면 평생 영어를 제대로 구사하지 못하게 될지도 모릅니다. 영어 생활권에서 장기간 해외체험을 하는데도 불구하고 영어가 늘지 않는다면 어떤 방법으로 영어 실력을 향상시킬 수 있을까요?

하지만 이와 반대로 해외체험을 통해 본인의 영어 실력을 향상시킬 수 있다면, 여러분은 전 세계 어느 누구와도 친구가 될 수 있으며, 나아가 역량 있는 글로벌 인재로 거듭날 수 있을 것입니다.

바로 지금이 공부할 시간입니다. 처음이자 마지막이 될지도 모를 이 한 번의 기회를 잘 활용하여 호주에서, 그리고 인생이라는 무대에서 당당히 홀로설 수 있기를 바랍니다.

2012년 2월, 한용석

다윈
46hr
2hr
1500Km
2890Km
케언스
1hr
650Km
에얼리 비치
28hr
29hr
3hr
940Km
Rockhampton
4460Km
킹스 케니언
앨리스 스프링스
1930Km
14hr
Bundaberg
440Km
6hr
에어스 록
프레이저 섬
3700Km
20hr
2hr
하비 베이
55hr
3hr
5hr
3.5hr
330Km
브리즈번
골드코스트
쿠버 페디
1.3hr
바이런 베이
2hr
978Km
2780Km
3hr
Coffs Harbour
Perth
39hr
Port Macquarie
Fremantle
24hr
2hr
15hr
Newcastle
애들레이드
10hr
1.5hr
4hr
285Km
시드니
캥거루 아일랜드
739Km
소버린 힐
650Km
캔버라
9hr
1.2hr
멜버른
그레이트 오션 로드
필립 아일랜드
Hobart